기후변화시대 기업의 대응전략

오와다 다키요시 · 오카무라 다카시 엮음
박덕영 · 박지은 · 김경우 옮김

세창출판사

본서는 2010년 정부재원(교육과학기술부 인문사회과학역량 강화사업비)으로 한국연구재단의 지원을 받아 연구되었습니다.
[NRF 2010-330-B00247/기후변화에 대한 각국의 입법 및 정책의 국제통상법적 쟁점 연구]

역자 서문

기후변화문제는 현대사회가 당면한 가장 국제적으로 심각한 문제이며 단순히 환경문제라고 할 수 없는 정치적 · 경제적 · 사회적 · 과학적 문제들이 얽혀 있는 복합적이고 종합적인 문제이다. IPCC 제4차 평가보고서는 상승된 지구온도로 인하여 지구생태계와 인간사회가 심각한 영향을 받을 것으로 예측하고 있다. 이렇듯 국제사회는 기후변화의 위험성이 명백하다는 데 동의하고 있으며, 다양한 레벨에서 기후변화에 대응하려고 노력하고 있다. 지구적 차원에서 국제적인 규범을 만들어 기후변화에 대응하기 위하여 기후변화협약 및 교토의정서가 채택되었고, 현재 포스트 교토체제를 확립하기 위해 국제사회가 노력하고 있다. 또한 이러한 국제적 흐름의 영향을 받으면서, 각 국가는 기후변화에 대응하고 적응하기 위해 다양한 법과 정책을 채택하고 있다. 우리나라도 1993년에 기후변화협약에 가입하여 국제적인 노력에 동참해 오고 있으며 기후변화대응을 위한 법제도 및 정책들을 수립해 왔다.

한편, 기후변화문제의 특성상 어느 한 부분에서 노력한다고 해서 기후변화 문제가 해결되지 않는다는 것은 자명하다고 할 수 있다. 따라서 국제적 수준에서 그리고 또한 국가적 수준에서 기후변화에 대응하는 것과 더불어 민간의 노력도 기후변화대응에 매우 중요한 역할을 한다. 또한 기후변화문제는 민간 특히 기업들의 생존전략과도 밀접하게 관련되어 있다. 따라서 지구온난화문제에 대응하는 것은 사회 모든 구성원들의 관심사항일 뿐만 아니라 글로벌 기업경영 전략상 필수적이라고 볼 수 있다.

시대상의 변화에 대처하기 위하여 기업들은 실무적인 대응능력 이외에도 가까운 미래를 예측하고 그 흐름을 파악하여야 한다. 이를 위해서 기업들은 기후변화에 대한 세계적인 동향과 현황을 분석하고 정책적 동향을 아우르는 종합적인 능력을 갖춘 인재를 육성하여야 한다. 이 책은 이러한 기후변화시대에 대응하기 위한 기업전략이라는 관점에서 기업이 유용한 통찰력을 가지고 시대를 살아가기 위한 실효성 있는 대응전략은 무엇인가에 초점을 두고 있다. 우리나라에서 기후변화와 관련하여 많은 책들이 번역되어 소개되었으나, 기후위기의 시대에 기업이 어떻게 생존하고 또한 번영할 것인가를 다룬 책은 그렇게 많지 않다. 이 책의 번역 및 출판은 이러한 상황에서 매우 의미가 있다고 볼 수 있다.

이 책은 일곱 가지의 내용에 대하여 논의하고 있다. 우선, 지구온난화와 예측과학 · 기술의 발전에 대한 배경지식을 설명한다. 기후변화예측에 대한 과학기술의 발전과 지구온난화에 대한 논쟁을 살펴본다. 둘째, 기후정책이 어떻게 구축되는지를 다룬다. 이 부분에서는 정책적 관점에서 저탄소사회로의 변화에 대하여 논의한다. 셋째, 지구온난화 문제의 바람직한 해결을 모색하기 위하여 기후변화와 관련된 국제협상에 대하여 살펴본다. 다자간 국제협력이라는 관점에서 지구규모의 정책선택으로 나아가야 한다는 것을 보여준다. 넷째, EU환경정책의 전개와 법적 문제에 대하여 논의한다. 특히 배출권거래시장이 실제로 작동하고 있는 EU의 사례를 통하여 그 이행상황과 문제점에 대하여 살펴본다. 다섯째, 기업의 온실가스 정보공개 동향에 대하여 알아본다. 환경회계라는 관점에서 세계 주요기업의 온실가스 배출량 실적과 이에 수반되는 리스크와 기회를 논의하고 기업 본래의 재무정보뿐만 아니라 기후변화정보와 같은 비재무정보의 중요성에 대하여 살펴본다. 여섯째, 일본과 미국의 에너지 전략에 대하여 검토한다. 이 부분에서는 정부성장동력의 핵심으로 떠오르고 있는 에너지 · 환경산업에 대하여 일본과 미국이 어떻게 대처하고 있는지 살펴본다. 마지막으로 중국이 감축의무를 부담하게 하여 중국이 움직이는 방향으로 비즈니스 기회를 맞추어야 한다는 점을 강조한다. 세계 제1의 CO_2 배출국인 중국이 받아들일 수 있는 민간기술이전에 대하여 고민한다.

본 역서는 한국연구재단의 한국사회기반연구사업(SSK) ‘기후변화에 대한 각국의 입법 및 정책의 국제통상법적 쟁점 연구'라는 주제로 연구비지원을 받아 번역을 진행한 결과물이다. 이 책이 나오기까지 참여해주신 모든 분들, 특히 초벌 번역을 해준 박지은 석사와 김경우 석사과정생에게 감사드리고, 끝으로 보다 나은 번역을 위하여 초벌 번역본을 꼼꼼하게 챙겨 읽어주신 법학연구원 이태화 연구교수님께도 감사드린다. 본서의 출간을 허락해주신 세창출판사 관계자분들께도 감사의 말씀을 올린다. 아무쪼록 본 역서가 우리나라 기업 관계자분들에게 조금이라도 도움이 되어, 기후변화에 대응하고 지속가능한 사회를 건설하는데 우리 기업들이 일조할 수 있는 역할을 할 수 있기를 바란다.

2013년 6월

박 덕 영 씀

본서의 개요

지구온난화문제는 오늘날 사회전반의 관심대상이 되고 있으며 기업에게는 경영전략상 피할 수 없는 문제가 되었다. 일본기업의 최대의 현안은 국제경쟁력을 향상시키는 방향으로 국제화를 꾀하는 것이라고 할 수 있으며 온난화 대응은 이러한 사태를 극복할 수 있는 좋은 기회라고 할 수 있다.

오늘날 국제화전략을 모색하기 위해서 기업들은 온난화문제에 대한 세계적인 동향과 현황분석, 정책론 등을 아우르는 종합적인 능력을 갖는 인재를 육성할 필요가 있다. 또한 시대상황의 변화에 발맞추어 기업이 그 핵심을 간파하고 대응력을 높이기 위해서는 실무적인 대처뿐만 아니라 가까운 미래를 예측하고 그 흐름을 장악해야 한다.

이에 본서에서는 각 분야에서 기업이 유용한 통찰력을 가지고 시대를 살아가기 위한 실효적인 프론티어란 무엇인가에 초점을 두고, "기업전략을 위한 프론티어의 추구"에 관한 내용으로 구성하였다. 또한 기업에게 실무적인 대처방법을 제시하는 도서는 이미 다수 존재하므로, 각 분야의 프론티어의 추구에 관한 기업전략을 선도할 수 있도록 하는 것에 중점을 두고 종합하여 온난화감축달성이라는 비전을 그려낼 수 있도록 하였다.

구체적으로 '기업전략을 위한 프론티어의 추구'나 '기업전략을 선도한다'는 것은 온난화문제에 관하여, 기업이 지금 당장은 깨닫지 못하고 있는 외국의 또는 국제적인 인식 · 제도 · 경로 · 전략 등을 제시함과 동시에 기업이 의욕적으로 그 스스로의 성장과 지구환경의 유지를 양립시킬 수 있도록 국제환경을 양성하는 비전을 제시한다는 두 가지 측면을 명확하게 하려고 하였다.

본서는 제일선에 있는 연구자에 의한 새로운 원고이며, 크게 두 가지 부분으로 구성되어 있다. 제1장에서 제3장까지는 야마가타(山形), 니시오카(西岡), 니시무라(西村)가 각각 지구온난화과학, 정책화절차, 국제협상이라는 관점에서 해당 사안의 기초를 이루는 기본적인 논의를 전개하고 있다. 제4장에서 제7장까지는 오카무라(岡村), 우오즈미(魚住), 게센(気仙), 오와다(大和田)가 EU환경법, 환경회계 및 기업활동, 에너지와 미국, 중국의 관점에서 앞서 논의하였던 전체적인 해결의 방향을 이루고 있는 필수적인 심화분야에 대하여 논의하고 있다. 이하 각 장의 개요를 대강 소개한다.

제1장 지구온난화와 예측과학 · 기술의 진전

지구온난화의 미래상, 기후변화 예측모델은 각국의 정책결정과정이나 사회경제활동에 크게 영향을 끼칠 가능성이 있다. 지구온난화 비즈니스를 생각하고 있다면 우선 지구온난화의 과학에 대한 이해, 즉 온난화와 기후변화는 어떻게 예측할 수 있을 것인지에 대한 이해가 필요할 것이다. 제1장에서는 지구온난화의 메커니즘을 밝히는 최첨단 과학의 연구성과가 전개되고 있다.

지구온난화문제는 지구의 대기전체의 온도가 아니라 지표부근의 온도가 장기간 어떻게 변할 것인지에 대한 문제이며, 온실효과는 온난화 기체가 태양에서 오는 단파복사는 거의 흡수하지 않고, 지표의 장파복사를 잘 흡수하기 때문에 발생되는 것이라고 분석되고 있다. 기후시스템의 전환(Regime Shift)이 일어난 해로 잘 알려져 있는 1976년 이후, 지상기온의 상승률은 이전 백 년간의 지구기후시스템이 보여준 평균상승률의 두 배로 증가하였다. 이것이 오늘날의 지구온난화에 대한 경종으로 이어졌으며, 이 해를 경계로 열대 태평양은 전체적으로 엘니뇨의 영향을 받는 대형 엘니뇨현상이 빈발하게 되었다.

온난화기체를 증가시킨 모형시험에서는 열대 태평양에 상시 엘니뇨현상이라고도 할 수 있을 만한 상황이 발생한다. 지구온난화현상이란 대기하층의 열배출구라고 할 수 있는 해양을 데워 거대한 열주머니를

끌어안는 형상과 마찬가지라고 필자는 말한다.

이에 실제로 엘니뇨와 같은 이상기온과 지구온난화와의 관계를 해명하고 이것이 세계 각지의 기상에 끼치는 영향을 예측하는 것이 국제적으로 큰 과제가 되고 있다. 이상기상로부터 기후변화에 이르는 자연계의 구조를 바르게 이해하고 해석하며 예측하는 것은 지구온난화문제에 대한 대응책, 감축방법을 모색하기 위해서도 매우 중요하다.

우리 사회에 직접적인 영향을 끼치는 이상기상, 대기와 해양의 극단현상은 자연계의 변화인 기후변화에 의한 것이므로 이러한 기후변화를 예측하는 것은 재난을 방지하거나 감소하는 것에는 물론, 오늘날을 살고 있는 우리 사회경제활동에도 직접적으로 공헌한다. 지구온난화현상은 이러한 자연변화현상의 진폭이나 발생빈도, 각 현상 간의 관계에 장기적인 변화를 주는 것으로 이해하여야 하며, 이는 지구온난화현상의 원인으로 지목되는 비정상적인 온난화기체농도의 증가를 억제하기 위한 노력을 모델로 하는 비즈니스의 국제적인 확장이 인류사회에 진정한 안녕으로 이어지도록 하기 위해서도 불가결하다고 필자는 역설하고 있다.

기후변화예측에 따른 가뭄, 홍수, 냉하, 혹서 등의 사전정보는 농업뿐만 아니라 여러 가지 산업에도 유익하며 방재, 감재(減災)는 물론 사람들의 건강유지라는 면에서도 효과적이다. 기후변화예측의 확대는 새로운 기후비즈니스의 모태가 되어 우리 사회의 지속가능한 발전에 기여할 가능성이 크다. 그러나 기후비즈니스에서는 예측정보를 어떤 식으로 전달하면 좋을지, 정보를 이용하는 쪽의 판단능력을 어떻게 계발해 나아갈지에 대한 접근도 중요성을 더해가고 있다.

제2장 기후정책은 어떻게 구축되는가 —목표에서 로드맵으로—

저탄소사회로의 전환이 불가피한 오늘날, 이를 새로운 비즈니스 기회로 삼아 적극적으로 대처하는 것은 효용이 크다. 제2장에서는 정책화 절차라는 관점에서 지구온난화문제에 대응할 필요성에 입각하여 일본의 정책이 어떤 방식으로 구축되어 왔는지, 저탄소사회로의 변화의 필연성과 이에 대응하는 산업의 존재양식에 대해서 다루고 있다.

세계적으로 저탄소사회를 향한 트렌드가 이미 구축되어 있으며 국제적인 산업도 일제히 저탄소사회를 전제로 하는 기술개발이나 경영혁신에 매진하고 있다. 이러한 경향은 그 자체가 하나의 질서가 되어 이후의 세계 사회경제를 결정해 나아갈 것이다. 그러나 일본에서는 산업계 일부의 반대로 저탄소사회를 향한 전환신호가 쉽게 발현되지 못하고 있기 때문에 세계적인 흐름에 뒤처지고 있다. 일본은 최근 15년간 에너지강도(GDP당 에너지 사용량)나 이산화탄소강도(GDP당 이산화탄소배출량) 개선이 거의 이루어지지 않고 있으며, 태양광발전이나 풍력발전이 늦어지고 있는 점에서도 볼 수 있듯이, 유럽 국가들에 비해서 정책적인 면에서 뒤떨어져 기술적인 면에서도 추월당하고 있다. 이대로는 일본의 산업이 세계시장에서 경쟁하여 이길 수 있는 경쟁력이 저하되어 일본의 기술력을 살릴 수 없다.

온난화방지를 위한 정책으로서는 탄소세 및 배출권거래의 도입, 규제 및 기준강화, FIT(Feed in Tariff, 발전차액지원제도), 저탄소화 추진을 위한 보조금이나 감면세 등의 세제개혁, 도시 · 산업 · 국토이용관련의 각 주체에 의한 계획책정 등을 들 수 있다. FIT 이외에는 아직 일본에 도입된 것이 없다. 세금이나 배출권거래제 도입에는 효과에 대한 의문과 국제경쟁력을 약화시킨다는 관점에서 산업계의 강한 반대가 있기 때문에 아직 일본에는 설립되어 있지 않다. 에코포인트 등의 보조금에 의한 에너지절약기기 및 단열주택선호 촉진을 경기침체(recession)의 대책으로 여기고 있으나, 재정적인 면에서 보아도 항구적인 것으로 볼 수 없다. 일본에서는 실효적인 정책편성에 대한 검토가 거의 이루어지지 않고 있는 것에 반해, 영국 등지에서는 일찍부터 세금, 배출권거래제, 보조금 등 분야에서 탄력적인 정책편성을 실시하고 있다.

또한 일본에서는 이해관계자 간의 직접대화형 의견교환이나 합의형성절차가 전혀 확보되어 있지 않다. 국가에 따라 형태는 크게 다르지만, 네덜란드나 북유럽국가들은 물론 캐나다에서도 국민이 참가하는 합의형성절차가 존재한다.

세계적인 규모로 일어나는 대규모 변혁을 기한부로 수행해야 할 경우 취해야 할 정책의 절차 및 조직의 설계가 있다. 일본은 온실가스감축정책에 관련된 에너지정책, 국토정책 등의 정책조정절차의 번잡함을 해소하는 한편, 저탄소사회화를 향한 이해관계자 간의 정책대화합의형성과정에 대한 검토도 긴급하다고 필자는 지적하고 있다.

기후비즈니스의 범위는 매우 넓다. 현재에도 지금까지의 기술체계, 사회인프라 및 사회제도의 대변혁이 진행되고 있으며 이는 커다란 비즈니스 기회가 되고 있다. 업계 간 경계를 초월하는 여러 가지 시스템산업이 활발해질 것이다. 정부의 역할은 이러한 전환의 필요성에 대한 국민의 이해를 돕고, 저탄소사회를 향한 로드맵을 제시하여 전환에 따르는 아픔을 경감하여 산업을 고무하여 현재의 필연적인 전환을 기회로 삼는 정치적 의도를 명확하게 국민에게 전달할 필요가 있다.

제3장 기후변화의 국제협상
—온난화문제의 올바른 해결을 위하여

국제무대에서는 기후변화를 저지하기 위해서 선진국과 개도국이 온실가스를 어떻게 감축할 것인지, 대기 중의 농도를 어떠한 수준에서 안정화할 것인지 등 온난화방지협상이 전개되고 있다. 제3장에서는 다자간 국제협력이라는 관점에서 온난화방지 분야의 협상은 국제협상으로서는 드물게 난항을 겪고 있으며, 발전전략을 둘러싼 국가 간 이해관계가 복잡하게 교착되고 있으므로 기후변화를 방지한다는 기본적인 과제에 대한 논의의 수렴을 위해서는 지구규모의 정책선택으로 나아갈 수밖에 없다는 것을 보여주고 있다.

최근 국제사회의 논의는 2℃ 또는 1.5℃를 기후안정화의 세계목표로 인식하는 수준에까지 이르렀다. 이 목표는 각국의 재량에 따른 국가별 감축량 총계로는 달성할 수 없다. 이를 달성하기 위해서는, CO_2 등 온실가스의 전 지구적인 배출량에 기후안정화를 보증할 수 있는 상한량을 정하고 탄소예산을 배출권의 형태로 각국에 초기 배분하는 방법이 있으며, 이것이 기후변화를 2℃ 이내로 억제하기 위한 유일한 수단으로서 세계가 나아가야 할 방향이라고 필자는 보고 있다.

이 제도에서는 국가 또는 기업이 상한을 정하는 것이 아니며, 각국 정부는 자국기업의 배출감축을 이행할 의무를 지지 않는다. 온실가스의 배출을 낮추어 기후를 안정시키는 것은 국제적인 합의에 의하여 결정된 탄소예산의 총량이다. 국가에 할당된 배출권은 국내탄소시장에서 경매로 매각된다. 참가국의 국내탄소시장은 국제적으로 연결되어 있으므로 실제로는 단일한 세계탄소시장에 매각되는 것과 같다. 생산활동으로 온실가스를 배출하는 세계의 여러 기업은 경매에 참가하여 배출권을 구입해야 한다.

희소해진 탄소예산은 원유나 철광석 등과 마찬가지로 희소자원이 된다. CO_2의 배출 자체를 희소자원으로 취급하는 것이다. 희소자원의 적정한 사용은 시장기능이 가장 효율적으로 실현시킬 수 있다. 기업이 효율적인 투자를 통하여 생산에너지 효율을 올리면 낮은 비용으로 탄소예산을 사용할 수 있게 되어 고부가가치생산을 유지할 수 있다. 이로서 감축량을 기업별로 부과하여 생산 및 성장억제적인 측면을 갖게 된 현행의 국가별 상한제의 단점을 해소할 수 있게 된다. 또한 구식기술을 사용하여 대량의 CO_2를 배출하여 제품을 생산하는 기업은 수익이 줄어들고 경쟁에 불리해지게 되므로 기업혁신으로 나아가게 된다.

세계적으로 이러한 움직임이 진행되고 있으므로 한계감축비용은 기업 전반에 균일화되어 전 지구적 탄소시장에서 세계단일의 탄소가격이 성립된다. 탄소가격은 세계전체의 수급관계에 따라 결정되며, 기업은 탄소가격을 제품이나 서비스가격으로 전환할 것이므로 가계가 최종적인 탄소가격을 부담하게 된다. 따라서 가계는 가격이 비싼 고탄소함유제품에서 저탄소함유제품으로 전환된다. 사회 전체에서 저탄소투자와 저탄소제품의 선택이 이루어지며 최종적으로 2℃ 이내라는 목표를 실현할 수 있게 된다.

그러나 사회에는 빈곤계층도 있고 기업 중에는 곤란한 상황에 처한 경우도 있을 수 있다. 이러한 취약계층이나 취약부문은 고탄소함유제품이나 서비스가격이 상승하면 어려움이 가중될 수 있으므로, 정부가 국가에 배분된 탄소권을 시장에서 매각하여 확보한 새로운 국고수입으로 이를 지원한다.

최근 개도국에 의한 탄소스페이스(배출권)의 배분요구(Entitlement) 목소리가 높아지고 있다. 단일한 탄소가격을 전제로 하는 세계경쟁에서 개도국은 약자의 입장에 서게 되므로 참가국정부의 합의에 따라 개도국에 우선적으로 배출권의 초기배분을 하고, 신규수입이 개도국에 상대적으로 많이 배분될 수 있도록 조치하면 될 것이다.

제4장 EU환경정책의 전개와 법적 문제

배출권거래시장이 실제로 작동하고 있는 곳이 유럽연합(EU)이다. EU회원국 27개국이 참가하여 세계최대의 규모를 자랑하고 있다. EU법의 하나인 '결정'의 형태로 제정된 환경행동계획은 EU환경정책의 대강을 나타내고 있으며, 기후변화나 유해화학물질 등을 포괄적으로 규정하고 있다. 제4장에서는 그 일환으로서 발전되어 온 EU역내 배출권거래제도(EU-ETS)의 이행규칙이나 이행상황 및 문제점에 대해서 그 법적 구속력을 EU환경정책 전체에 비추어 논의해 볼 것이다.

EU-ETS는 2005년을 시작으로 2007년까지의 제1단계, 2008년부터 2012년까지의 제2단계, 2013년부터 2020년까지의 제3단계로 나뉘어 있으며, 현재는 제2단계가 진행되고 있다. 제2단계에서는 제1단계와 마찬가지로 각 회원국이 배출허용량을 기업에 무상배분하여 거래하도록 하는 하류형 상한거래제(Cap & Trade)를 채택하나, 독일 등 일부 국가에서는 전력부문은 생산량당 기준배출량을 설정하는 방식으로 배출허용량을 배분하여 기업의 감축노력을 반영하기 쉬운 벤치마킹제를 도입하고 있다.

EU-ETS 제2단계에서 유럽이사회는 배출감축방법에 관한 포괄적인 종합정책을 수립하고, 총배출허용량을 2005년 대비 -5.6%로 엄격하게 설정하였다. 가격전가가 용이한 전력부문은 엄격하게, 국제경쟁력 저하가 우려되는 산업부문에 대해서는 보다 관용적으로 허용량을 할당하였다. 또한 제2단계에서는 회원국의 배출허용량 거래를 CDM이나 JI와 연계할 수 있도록 하는 '지침' 101호(Dir. 2004/101)에 의하여 교토크레딧(CER/ERU)을 연계활용하는 수단을 도입하였다. 이는 교토의정서에 의한 거래제도의 준용을 인정하고 UN의 CDM이사회나 JI의 주최국에 의하여 인정된 배출감축단위를 EU에서도 동등한 가치를 가지는 것으로 보는 유연성조치이며, 기업이 자사의 배출허용량과 수지를 맞추기 위해서 원칙 10%, 최대 20%까지 인정한다.

또한 제2단계에서 제3단계로 잉여배출허용량을 다음으로 넘기는 이월(banking)에 대한 제한은 없지만, 배출허용량을 넘은 부분에 대해서 차기배분예정인 배출허용량을 미리 끌어오는 차입(borrowing)은 인정되지 않으며 허용량을 초과한 사업자에게는 톤당 100유로의 과징금을 부과한다.

2013년 이후의 제3단계의 특징은 회원국 각각의 국내할당계획(NAP)에 따른 배출허용량 할당을 폐지하고, EU전체에 하나의 배출허용상한선을 도입하여 이를 2020년까지 매년 감소시키는 것이다. 배출허용량 할당방법에 있어서는 유상할당을 대폭 상향하여 산업부문은 제3단계 첫해부터 배출허용량의 15%를, 발전부문은 원칙적으로 100% 경매에 의한다. 대상 온실가스는 CO_2, N_2O 및 PFC이며, 규제부문은 알루미늄, 화학 등으로 순차적으로 확대한다.

유연성조치인 교토크레딧과의 연계활용은 2005년의 배출실적의 3%를 상한으로 하지만 일정요건을 만족하는 회원국은 최빈국 및 도서국의 프로젝트에서 추가적으로 1%를 더 인정한다. 또한 배출감축과 국제경쟁력 저하와의 관계에 주목하여 제3단계에서는 직·간접비용의 증가분과 총수출입금액의 비율에 비추어 심각한 영향을 받게 되는 부문에는 100% 무상할당을, 그렇지 않은 부문에 대해서는 무상할당 비율을

2013년 80%, 2020년 30%로 단계적으로 감축한다.

제5장 기업의 온실가스정보공시의 동향

CO_2 등의 온실가스의 배출을 가능한 한 빠르게 통제하기 위한 전 지구적인 목소리가 높아지는 가운데 선진국, 특히 EU를 중심으로 기업의 온실가스 배출량에 관한 정보를 공개하도록 하는 제도가 검토되고 있다. 제5장에서는 환경회계라는 관점에서 기업의 온실가스 정보공개 동향에 대해서 다루고 있다.

최근 세계적인 주요기업들이 온실가스 배출량 실적뿐만 아니라 기후변화에 수반되는 리스크와 기회, 전략 등의 정보를 공개해야 한다는 요청이 거세지고 있는데, 이러한 흐름의 선단에는 탄소정보공개프로젝트(CDP)라는 비영리단체가 있다. 런던에 본부를 두고 있는 이 단체는 그 활동영역을 착실하게 확대하여 주목을 받고 있다. 세계표준이 될 가능성이 있는 CDP의 탄소정보공개방식을 따라가기 위해서는 일본기업의 적극적인 대응이 필요하다고 필자는 말한다.

또한 스위스의 경제연구기관인 세계경제포럼이 설립한 컨소시엄인 기후정보공시기준위원회(CDSB)는 CDP와 국제회계사무소는 물론 주요국의 회계사협회가 참여한 기술작업반을 통해서 자주적인 보고매체인 CSR 보고서 등을 넘어선 연차재무보고서에 의한 기후변화정보공시를 위한 기본 틀을 마련하고, 이에 준하여 제도적인 공시를 할 수 있도록 각국 정부에 법령개정을 촉구하고 있다. 필자는 기후변화문제가 기업의 실적이나 전망에 어떠한 영향을 줄 것인지, 특히 우려되는 리스크에 대응하는 기업관리의 유용성과 관련하여 기업 자체적으로 이루어지는 현재의 보고만으로는 투자자가 기업을 평가할 수 있는 정보를 충분히 얻을 수 없으므로 효율적인 자원배분이 저해되고 있다고 한다. CDSB의 기초작업은 세계의 투자자들이 정확하고 표준화된 형태로 기후변화문제가 기업에 끼치는 재무적 영향을 알 수 있도록 관련 정보를 공개하도록 하여 기업과 투자자 간의 '정보의 비대칭성'을 해소하는 것을 목표로 하고 있다.

지구환경문제 등 지속가능성 문제와 기업비즈니스와의 관련성에 대한 관심이 높아지고 있는 가운데 기업 본래의 재무정보 이외에 기후변화정보 등의 비재무정보가 기업경영에서 중요성을 더해가고 있어 재무정보 및 비재무정보의 통합보고(connected reporting)를 모색하려는 움직임이 생겨났다. 통합보고에서는 투자자의 의사결정이라는 측면에서 특히 중요한 지속가능성 문제를 나타내는 핵심성과지표(KPI)를 재무실적과 관련하여 공시하도록 하고 있다.

한편 미국에서는 미국증권거래위원회(SEC)가 재무보고 공시제도에서 기후변화정보공시에 대한 해석지침을 공표하였다. 가령 기업에 기후변화와 관련된 정보를 공개해야 할 법제적 의무가 있는지를 판단하는 한편 기후변화문제에 관련된 규제 또는 비즈니스의 물결이 가져올 현실적 · 잠재적인 영향에 대해서 공시규칙에 기초한 정보공시의 필요성을 고려해야 한다고 한다.

일본기업 중에서도 SEC에 등록된 소니와 도요타를 비롯한 파나소닉이나 기린 등의 많은 기업이 기후변화정보를 공시하고 있다. 실제로 기업이 어떠한 방식으로 공시를 하는지 어떤 사항을 기재하는 것이 높은 평가를 받을 수 있는지에 대해서 CDP가 정보공개요청서를 통해 기업에서 수집한 기후변화정보 중 높은 점수를 받은 기업의 우수사례를 살펴본다.

제6장 에너지전략이 과제인 일본, 실리를 중시하는 미국

기후변화문제에 대한 기업의 자세 및 전략 중 CDP가 중요한 정보라고 여기는 항목 중에서 정책과의 협동, 외부와의 커뮤니케이션은 일본기업이 이후의 활로를 모색하기 위한 자세 및 전략이기도 하다. 일본은 최근 '기술에서 승리, 비즈니스에서는 패배'라는 막다른 현실에 직면하여 국제전에서 고전을 면치 못하고 있다. 제6장에서는 이러한 상황을 타개하기 위해서 정부가 성장전략의 핵심으로 추구하고 있는 에너지 ·

환경산업의 부흥을 위한 민관협동이라는 방향성과 아시아 각국의 경제성장을 반영한 새로운 비즈니스 모델을 모색하기 위하여 일본기업이 풀어야 할 외부와의 커뮤니케이션이라는 측면에서 파트너로서의 미국을 살펴본다.

저탄소사회로의 신속한 이행은 어느 정도 경제회복을 앞당길 수 있을 것이고, 지구온난화 비즈니스로 세계 경제에 대응하는 산업구조로 만드는 것이 경제회복으로 이어지는 것과 같이 저탄소사회로 가는 것과 경제회복은 표리관계를 이루고 있다. 양자의 선순환을 위한 성장전략은 어떤 것이며 개별 기업은 무엇을 할 수 있을 것인가?

정부는 일본기업이 강점을 갖는 환경기술이나 인프라 정비를 통합하여 아시아국가에 제공하여 경제성장에 수반되는 지구환경에 대한 부담을 경감하는 동시에 일본기업의 활로를 마련하고자 한다. 전략적 프로젝트로서 고속철도 및 도시철도, 원자력발전, 물관리, 고효율석탄화력발전, 재생가능에너지, 송배전, 스마트그리드(차세대송전망) 및 스마트 커뮤니티, 환경공생형도시의 개발지원 등에 민관이 협력하고 있다.

문제는 정부가 주도권을 명확하게 해서 산발적으로 추진되는 각 부서의 성장전략을 통일적으로 추진해 나갈 수 있을 것인가 하는 점인데, 결정자가 없다거나 집단의 협상권자가 명확하지 않다는 등의 외국인들의 불평이 있는 것을 볼 때, 일본의 민간기업도 동일한 문제를 가지고 있다. 또한 '일본기업은 부품가게'라는 험담을 듣는 등 단품제품이나 개별 기술의 판매가 많다는 것이 문제이므로 컨설팅에서 유지보수 및 인재양성까지 포함하는 통합적인 시스템 지원을 패키지로 판매할 필요가 있다.

최근 기술력도 그렇지만 세계의 현실은 어떤 표준화가 채택되고 어떠한 규칙이 정해지느냐에 따라 국제경쟁의 결과가 크게 달라진다. 일본은 지금까지 국제표준화 책정작업에 참가하지 않았기 때문에 많은 비즈니스 기회를 잃어 왔다. 세계의 표준화를 이끌어 온 미국이나 유럽은 환경비즈니스에서도 우위에 서 있다. 표준화를 결정하는 국제회의는 이너서클적인 성격이 짙어 오래된 회원이 발언력을 가지는 경우가 많은

데, 인사이동이 빈번한 일본의 기업인은 다른 회원들과 친분을 쌓지 못해 사전작업을 할 수 없다. 일본은 기반을 다지기 위해서 일본국제협력기구(JICA)나 민간은행, 컨설팅 회사 등에 시장조사나 사업의 중개를 맡기고 국제협력은행 등이 자금을 지원하는 구조를 구축하는 것이 급선무라고 필자는 주장한다.

오바마 정권은 2010년 7월, '에너지 효율향상에 관한 국제 파트너십(GSEP)'에서 일본과 공동으로 '2년간 오프셋'이라는 공통의 규칙을 만들기 위한 협의에 들어갔다. 스마트그리드 분야에서는 2010년 4월에 경제산업성 NEDO의 도움으로 일본기업 290개사로 이루어진 기업연합이 스마트그리드의 표준화를 목표로 미국의 그리드와이즈 얼라이언스(GridWise Alliance, 122개사)와 제휴하였고 양국이 협력하여 아시아에 스마트그리드를 수출할 계획을 세우고 있다.

第7장 어떻게 하면 중국이 감축의무를 지게 될까
—중국이 움직이는 방향으로 비즈니스를 조준하라—

온실가스의 대량 감축을 실현하기 위해서는 선진국에서 개도국으로 기술이 이전되어야 하며 이를 위한 자금의 조달이 가능해야 하지만 현실적으로 기술이전이나 국제적인 자금지원이 순조롭게 진행되고 있다고는 할 수 없다. 제7장에서는 대폭적인 감축이 필요한 세계 제1의 CO_2 배출대국인 중국에 초점을 두고, 중국이 받아들일 수 있는 방향으로 민간기업의 채산성을 고려한 기술이전을 하기 위한 충분한 자금 조성에 비즈니스의 핵심을 맞추어 나갈 방법을 모색한다.

중국에서 온난화 비즈니스를 성공시키기 위해서는 중국의 사정을 알아야 한다. 중국에서 CO_2를 대폭 감축하기 위해서는 기존 생산공정에 대한 대대적인 에너지절약이 필요하며 이러한 점에서 중국에는 여전히 큰 잠재력이 존재한다. 그러나 중국에는 유효한 감축기술이 부족하고 이를 수입하기 위한 자금의 마련도 어렵기 때문에 경제성장을 저하시키지 않고서는 에너지절약을 추진하는 것이 쉽지 않다. 지적재산권 보호시스템 등 선진기술을 받아들이는 사회기반의 정비도 낙후되어 있다.

한편 기술이전과 자금지원이 이렇다 할 진전을 보이지 못하는 것은 국제사회, 선진국 측의 사정도 있다. 리먼쇼크 이후, 거액의 재정적자를 떠안게 된 선진국은 공적 개발원조(ODA)와 같이 개도국에 대한 자금원조를 확대하기보다는 탄소시장 등 민간자금을 활용한 국제제도를 활용하려 하고 있다. 그중에서도 개도국에서 널리 받아들여져 대대적인 에너지절약을 촉진할 수 있을 교토메커니즘의 CDM에 기대하는 바가 크다. 선진국 기업이 실시한 에너지절약사업에서 발생한 CDM배출감축크레딧(CER)은 개도국에 커다란 경제적 이익을 주는 동시에 막대한 기술수입자금의 국가 간 조달을 가능하게 할 수 있다.

그러나 현행 CDM은 에너지 절약을 대대적으로 촉진할 수 있을 정도의 자금을 조성하지는 못하고 있기 때문에 CDM에 획기적인 자금 메커니즘을 추가할 필요가 있다. 사실 CDM은 아직 제도설계가 이루어지고 있는 도중이라고 할 수 있어 원자력발전소의 신설이나 CO_2의 지하저장사업에 대해서 새로이 CER을 인정하자는 논의가 있다. 현행제도는 주로 재생가능에너지 개발이용이나 생산공정에서의 연료에너지 효율화를 대상으로 하지만 이는 확대의 여지가 있다. 에너지 절약에 의한 열에너지의 절감은 활발히 인정되고 있다는 점에서 자원재생으로 에너지절약을 달성한 경우를 새로이 인정할 수 있을 것이며 이는 급증하는 폐기물의 자원화를 서두르는 중국이 바라는 CDM확장의 방향이기도 하다.

기업전략으로서는 이러한 가능성을 예측하고 장래 CDM 프로젝트로서 인정될 만한 사업을 선정하여 효과적인 선행투자를 할 것인지를 결정해야 할 것이다. 일본의 환경성도 중국에서 환경오염의 개선과 온난화대책을 양립시킬 수 있는 협력사업을 추진하고 있으며, 머지않은 미래에 환경개선 중에서도 특히 폐기물대책과 온난화대책이 수렴·융합될 수 있으므로 기업도 그러한 방향으로 대응할 수 있도록 준비하는 것이 필요할 것이다.

다만 국제 기술이전은 민간기업에만 맡길 수 있는 것이 아니며, 이를 받아들이는 쪽과의 기술보호협정 등 정부나 지자체에 의한 공적인 지원이 필요하다. 하지만 여전히 중국 국내에서의 지적소유권의 보호시스템이 온전하지 않다는 점에서 민간기업의 비즈니스가 성립되기 위해서는 고차원적인 해결방법을 고안해야 하며, CDM의 확장은 선진기술이 유실되는 대상국(주로 개도국) 내부의 기능을 외부에서 무효화할 수 있는 국제사회의 초국경적인 체제의 신설이 전제되어야 한다.

오늘날 온실가스 감축체제구축이 난항을 겪고 있는 가운데 세계의 총배출량의 대폭감축을 향해서 미국이나 중국 등 배출대국의 의미 있는 참가를 실현하는 것이 무엇보다 중요한 것이 아닐까? 따라서 서로 간의 양보가 필요할 국제협상에서는 현실적인 대응 및 전략이 필수라는 것을 명심해야 하기 때문이다. 저탄소사회에 대비하고 있는 환경선진기업군이 발을 맞춘 비즈니스기회를 향한 단체행동이야말로 국제협상이 직면한 장벽을 뚫고 나갈 수 있는 전략의 결정타가 되는 것이며, 그 단체행동이 불러올 참신한 국제무대를 구축하는 것에 본서가 얼마간이라도 공헌할 수 있기를 바라고 있다.

마지막으로 본서는 (재)미츠비시UFJ환경재단의 지원으로 세상에 나올 수 있었다는 것에 특히 감사의 뜻을 전하고 싶다.

2011년 1월 1일

편집자

차 례

제1장 | 지구온난화와 예측과학 · 기술의 진전

야마가타 도시오

제2장 | 기후정책은 어떻게 구축되는가
—목표에서 로드맵으로—

니시오카 슈조

제3장 | 기후변화의 국제협상
—온난화문제의 올바른 해결을 위하여—

니시무라 무츠요시

제4장 | EU환경정책의 전개와 법적 문제

오카무라 다카시

제5장 | 기업의 온실가스정보공개의 동향

우오즈미 류타

제7장 | 어떻게 하면 중국이 감축의무를 지게 될까
—중국이 움직이는 방향으로 비즈니스를 조준하라—

오와다 다키요시

제1장

지구온난화와 예측과학 · 기술의 진전

_ 야마가타 도시오(山形俊男)

1. 지구온난화의 과학

산업혁명 이래, 이산화탄소로 대표되는 온실가스의 농도가 대기 중에서 현저하게 증가하였고 기후변화에 관한 정부 간 패널(IPCC) 제4차 보고서에서 자세하게 보고된 바와 같이 최근의 지구온난화현상과의 관계가 확실시되기에 이르렀다. 기후게이트(Climate Gate) 사건 등이 발생하기도 하였지만 지구온난화의 과학 그 자체를 뒤흔들 수 있을 정도의 것은 아니다. 2004년 가을에 러시아가 비준함으로써 교토의정서가 발효되었고 국제적인 이해하에 온실가스 배출규제가 구속력을 가지게 되자 '교토메커니즘'과 관련된 국내외의 거래를 포함하여 국가 · 지역차원에서 산업계와 행정적인 대응이 활발해지고 있다.

한편 일본의 슈퍼컴퓨터인 '지구시뮬레이터'를 비롯한 거대한 고속 컴퓨터 시스템이나 계산과학의 발전과 함께 근래 지구온난화에 수반한 이상기상을 빈발시키고 있는 기후변화현상 그 자체를 지구관측데이터에 기초하여 예측하기 위한 수치모델도 빠른 속도로 고도화되고 있다. 기상예보차원의 실용화를 목전에 두고 있는 기후변화예측모델에 따른 계절예측은 사회경제활동이나 각국의 정책결정과정을 크게 변화시킬 가능성을 품고 있다. 이러한 예측에 기초한 기후 비즈니스를 고려함에 있어서는 우선 지구온난화의 과학에 대한 이해가 선행되어야 할 것이다.

(1) 대기 중의 온난화기체와 지상기온의 관계

지구는 고온의 태양에서 단파복사를 받게 되지만 그 30%를 그대로 반사[이 반사율을 알베도(albedo)라고 한다]해 버리기 때문에 나머지 70%가 대기를 데우게 된다. 데워진 대기는 장파(적외선)를 우주공간에 방출하므로, 전체적으로 지구의 대기는 복사평형 상태가 된다. 이때 대기의 열평형온도는 섭씨 -18도가 된다. 이를 수식을 사용해서 나타내 보자. 열평형온도(유효복사온도)를 T_e라고 하면 $4\pi a^2 \sigma T_e^4 = \pi a^2 (1-A) F_s$이라고 나타낼 수 있다. 여기에서 a는 지구의 반경, σ는 슈테판-볼츠만 상수($5.67 \times 10^{-8} Wm^{-2}K^{-4}$), A는 지구-대기계의 반사율(알베도: 약 0.3), FS는 태양상수($1.37 \times 10^3 Wm^{-2}$)이다. 여기서 $T_e = 255K(-18℃)$가 얻어진다. 이는 지구대기의 평균온도(250K)의 근사치에 해당한다. 그러나 지표의 평균기온은 288K(15°C)로 훨씬 높다. 이 차이를 설명하는 것이 다원자분자에서 만들어지는 온난화기체(수증기, 이산화탄소 메탄 등)의 존재이다. 다원자분자의 진동, 회전상태가 전이하는 과정에서 지표에서의 장파의 꽤 많은 부분이 흡수된다. 이러한 다원자분자를 포함한 대기에서 지표를 향한 장파복사를 고려하면 지상기온으로서 거의 타당한 수치를 구할 수 있다. 이것이 온난화기체로 불리는 이유이다. 여기서의 온난화문제는 지구 전체의 온도가 아니라 지표부근의 온도가 장기적으로 어떻게 변할 것인가라는 문제임을 이해하고 있는 것이 중요하다.

현재의 지구대기와 같이 대기 중에 온난화기체가 있는 경우를 생각해보자. 우선 대기의 상단에서의 열수지를 고려한다. 지표에서의 장파의 일부는 대기에서 흡수되어 τt의 비율만이 도달한다면, 키르히호프(Kirchhoff)의 복사능과 흡수능에 관한 법칙에 의해 대기에서의 상향복사는 흑체복사(black body radiation)로부터 (1-τt)의 비율만 벗어나기 때문에, $\pi a^2(1-A)F_s = \tau_t 4\pi a^2 \sigma T_s^4 + (1-\tau_t)4\pi a^2 \sigma T_a^4$의 등식이 얻어지다. 계속해서 지표면에서의 에너지수지를 생각해보자. 온난화기체로부터 지표를 향해 복사되는 부분을 새로 고려하면 $4\pi a^2 \sigma T_s^4 = (1-\tau_t)4\pi a^2 \sigma T_a^4 + \tau_s \pi a^2(1-A)F_s$가 된다. 여기에서 TS는 지표면의 온도, Ta는 대기의 온도, τs는 태양에서의 단파복사가 지표에 이르는 비율이다. 위 두 개의 평형식에서 $T_a = T_e\{(1-\tau_s\tau_t)/(1-\tau_s)(1+\tau_t)\}^{1/4}$는 대기온도, $T_s = T_e\{(1+\tau_s)/(1+\tau_t)\}^{1/4}$는 지표온도가 된다. 여기서 $T_e = \{(1-A)F_s/4\sigma\}^{1/4}$는 유효복사온도라고 불린다. 온난화기체가 없는 경우에는 $\tau_t = \tau_s = 1$에 대응하여 $T_s = T_e$가 된다. 지구대기에서는 $\tau_t = 0.2$, $\tau_s = 0.9$정도이기 때문에 지표온도는 $T_s = (1.6)^{1/4} T_e \sim 286$K가 된다. 이것은 관측치 288K와 잘 맞는다. 온난화기체는 태양에서의 단파복사에 대해서는 그다지 흡수하지 않고, 지표에서의 장파복사를 잘 흡수하기 때문에 온실효과가 작동하는 것이다. 바꿔 말하면 온난화기체가 증가하면 지구대기는 장파복사에 관해서는 광학적으로 불투명하게 되고 다른 천체로부터 적외선을 이용하여 지구의 지표를 관측하려고 하여도 잘 보이지 않게 된다. 이대로는 우주공간에의 장파복사량은 감소해버리기 때문에 복사평형은 이루어지지 않게 된다. 태양에서부터 지구에 쏟아지는 단파복사는 지금 논의하고 있는 수백 년 정도의 시간 흐름에서는 변하지 않는다고 보아도 되기 때문에 지구대기의 복사평형이 성립하기 위해서는 지구로부터 우주공간에 방출되는 장파복사량을 증가시켜야 한다. 지표온도가 올라갈 수밖에 없기 때문이다. 이러한 행성의 가장 큰 예로는 금성을 들 수 있다.

지표온도는 $T_s = T_e\{(1+\tau_s)/(1+\tau_t)\}^{1/4}$, 복사유효온도는 $T_e = \{(1-A)F_s/4\sigma\}^{1/4}$인 것을 보았지만 여기서 인위적으로 바꿀 수 있는 것은 알베도 A, 태양광의 투과율 τ_s, 적외복사의 투과율 τ_t이다. 여기에서 각각에 섭동(攝動, perturbation) Δ를 덧붙이면 위의 식에서 $\Delta T_s/T_s = -\Delta A/\{4(1-A)\} + \Delta\tau_s/\{(4(1+\tau_s)\} - \Delta\tau_t/\{4(1+\tau_t)\}$가 얻어진다. 이 섭동식의 의미를 생각해보자.

예를 들어 1) 구름(구름물량)이나 에어로졸의 증가나 도시화, 사막화, 산림벌채 등에 의한 지표상태의 변화에 수반하여 태양으로부터의 단파반사율, 즉 지구시스템의 알베도 A가 커진다면, 지표의 온도는 한랭화될 것이다. 2) 에어로졸, 매연 등 때문에 태양광의 투과율 τ_s가 작아지더라도 한랭화될 것이다. 3) 대기를 구성하는 성분 중에서 수증기나 이산화탄소 등 온난화기체가 증가하여 지표로부터 장파복사의 투과율 τ_t가 더욱더 작아진다면 온난화될 것이다. 이 마지막의 경우가 지구온난화문제에 대응한다.

지구온난화문제를 논의하는 데에는 특히 1)과 3)의 효과를 정확히 전망하는 것이 필수적이다. 이산화탄소의 증대는 3)의 지표로부터의 장파복사의 투과율을 적게 하고 지상온도를 상승시키는 방향으로 작용한다. 미국해양대기청(NOAA) 지구유체역학연구소의 S. 마나베(Manabe)는 1967년에 1차원의 복사·대류평형모델을 이용하여 이 시나리오를 확실히 하였다. 기온이 상승하면 포화증기압이 올라가기 때문에 대기 중의 수증기양은 증가하고(거대한 물의 공급원으로서 해양이 존재하기 때문에) 온난화는 더욱더 강화된다고 생각하는 것이 보통이다. 그러나 수증기양의 변화는 구름의 변화를 불러일으켜 특히 구름물량의 변화는 1)의 반사율를 변화시킨다. 온난화에 수반하여 증가한 수증기가 어느 고도에 어떤 복사특성을 가진 구름을 생성할지는 아주 어려운 문제이다. 기후변동예측이나 지구온난화예측에 사용되는 대순환모델조차, 이러한 구름의 복사특성을 정확히 파악하는 모델은 전혀 없다고 할 수 있다. 위성관측은 역으로 모델에서는 구름이 실질적으로 온난화효과를 가지는 것으로 보는 것이 대부분이다. 예를 들어 캘리포니아나 페루 앞바다 등 차가운 해수가 솟아올라 해수온도가 낮게 유지되고 있는 해역의 상공에 생긴 층적운은 태양으로부터의 단파 반사율을 높여 에어로졸 등과 같은 냉각화 효과를 가지게 되는 것이 관측으로부터 명확해졌다. 구름의 복사특성을 보다 깊이 이해하여 모델화하는 것은 지구온난화모델이 가지는 불확실성을 적게하기 위한 중요한 과제가 되고 있다.

(2) 해양에 의한 이산화탄소의 흡수

IPCC 제4차 보고서에 의하면 대기 중에 1년간 배출되는 인위적인 이산화탄소배출량(탄소환산량) 7.2기가 톤 중 2.2기가 톤은 해양에, 0.9기가 톤은 육상의 식물에 흡수되어 대기 중에서 사라지므로, 온난화에 직접영향을 끼치게 되는 것은 4.1기가 톤이다. 해양은 대기 중에 배출된 이산화탄소의 약 30%를 흡수하는 것으로 보고 있지만 관측 데이터가 적은데다 그 흡수과정이 완전히 밝혀지지 않았기 때문에 30%라는 수치에는 부정확한 요소가 많이 포함되어 있다. 또한 온난화로 발생된 물리, 화학, 생물학적 요인의 변화로 대기에서 해양으로 이산화탄소가 흡수되는 과정이 많이 변했을 가능성도 있다.

해양의 이산화탄소 흡수는 해면을 통한 이산화탄소 농도차이에 의해서 발생한다. 이산화탄소농도는 1기압의 대기 중에 포함된 이산화탄소의 분압으로 표현되고, 현재의 대기 중의 농도는 390ppm으로 어느 곳에서 측정해도 거의 비슷하다. 한편 해표면의 이산화탄소 분압은 장소와 시간에 따라 큰 차이가 있으며 대기 농도보다 낮아지기도 하고 높아지기도 한다. 이에 따라 대기에서 해양으로 이산화탄소가 흡수 또는 배출되게 된다. 기온이나 수온, 해면에서의 바람의 세기 등의 영향을 받아 다양한 시공간규모에서 변동하기 때문에, 지구규모의 관측 데이터 축적은 필수이며 최근에 이르러서야 이러한 변동이 서서히 밝혀지고 있다. 온난화에 수반되는 변화의 경우, 이들의 지역적인 분포를 모두 누계하여 1년간의 평균을 구할 필요가 있다.

해면에서 흡수된 이산화탄소는 대기와 상시 접촉하는 표층에 남겨진 경우 다시 대기 중에 배출될 우려가 있다. 한편, 어떤 과정을 거쳐서 해양의 중심층에 보내진 이산화탄소는 다시 대기와 접촉할 때까지 해양 내부에 축적된다. 이 표층에서 중심층까지의 연직수송(vertical transport)을 담당하는 펌프역할을 하는 것에는 주로 해양의 순환에 의한 것(물리펌프)과 생물활동에 의한 것(생물펌프)이 있다.

물리펌프(physical pump)는 북대서양이나 남극주변해역에서 해저

부근까지 가라앉은 해수가 수천 년에 걸쳐 지구전체의 해양을 도는 심층순환이나, 북태평양에서 수백 미터 깊이까지 가라앉은 해수가 해분규모에서 순환하는 중층순환과 직접적으로 관련되어 있다. 이 순환의 존재와 강약, 가라앉은 해수의 수온에 의하여 어느 정도의 이산화탄소가 해양중심부에 축적될 것인가가 결정된다.

한편 생물펌프(biological pump)는 식물플랑크톤의 광합성 등 생물생산으로 만들어진 유기물이나 플랑크톤 껍데기가 심해로 가라앉으며서 녹아들어가는 과정에서 이루어지며, 표층에서의 생물생산은 프랑크톤이 필요로 하는 영양염(nutrient)농도에 따라 달라지므로 영양염농도의 분포는 해양의 순환계에도 많은 변화를 주고 있다.

해양은 온난화의 원인이 되는 대기 중 이산화탄소농도의 증가를 완화하여 온난화를 지연시키는 역할을 한다. 하지만 이후에 온난화가 진행되는 경우에 현재와 같이 저장고로서의 역할을 감당해 줄 것인지, 역으로 이산화탄소의 공급원이 되어 버릴 것인지를 평가하기 위해서는 이산화탄소의 흡수에 관한 개개의 물리, 화학, 생물과정을 상세히 파악하고 복잡한 지구시스템 내에서 해양의 지위를 고려하여야 할 것이다. 해양을 포함한 지구기후시스템에서의 탄소순환과정에 대한 이해는 아직 요람기에 머물러 있다고 볼 수 있을 것이다.

2. 지구온난화문제의 역사

이제 지구온난화 연구의 역사를 개관해 보자. 우선 18세기 후반부터 19세기 전반에 활약했던 프랑스의 수리물리학자 J.B. 푸리에(Fourier)를 빼 놓을 수 없다. 수학의 세계에서는 푸리에 급수 등으로 잘 알려져 있는 푸리에는 열역학에도 조예가 깊어, 온도가 높은 곳에서 낮은 곳으로 흐르는 열량은 온도기울기(temperature gradient)에 비례한다는 푸리에 법칙을 정립한 것으로도 잘 알려져 있다. 그는 1824년에 지구대기의 온난화 효과를 알아냈고 이것이 마치 온실의 '유리'와 같은 역할을 한다는 뜻으로 '유리효과'라고 불렀는데 이것이 오늘날에는 '온실효과'로 불리게 된다.

1859년에 아일랜드의 물리학자 J. 틴달(Tyndall)은 지구대기에서 온실효과에 가장 중요한 역할을 하고 있는 것이 수증기이며, 바로 다음으로는 낮은 농도이긴 하나 이산화탄소가 차지한다는 것을 정확하게 지적하였다. 또한 지질시대의 빙하기는 이산화탄소의 농도가 감소되어 야기된 것이라고 생각하였다. 그러나 남극 등의 보링조사(Boring Survey)에 따른 빙하코어의 해석으로는 제4기의 빙하기-간빙기의 기온변화와 이산화탄소의 농도변화는 긴밀한 상관관계를 보이고 있지만 양자의 인과관계에 대해서는 아직 밝혀지지 않았다. 빙하기의 출현이 틴달(Tyndall)이 말한 바와 같이 대기 중의 이산화탄소농도가 감소했기 때문에 대류권 하층에서의 기온이 내려갔기 때문인지, 아니면 차가워진 빙상이 확대되어 생물활동이 줄어들고 탄소순환도 억제되어 대기 중의 이산화탄소농도가 감소한 것 때문인지 확실하지 않은 것이다. 아마도 태양궤도의 주기적 변화에 따라 지구에 도착하는 복사량이 크게 감소하고 어떤 이유에서인지 지구의 기후시스템이 불안정해져서 위와 같은 두 개의 시나리오가 상호 간에 정(正)의 피드백을 일으켜 서서히 빙하기가 출현한 것이라고 생각된다. 나아가 태양에서 지구에 도착하는 복사량이 크게 증가한 경우에는 역(逆)의 피드백 구조가 작동된다고 가정하면 간빙기의 출현도 어느 정도는 설명할 수 있게 된다. 그러나 왜 간빙기의 출현이 빙하기의 출현에 비해서 급격하게 이루어지는 것인지는 알 수 없다〈그림 1-3 참조〉. 태양에서 지구에 도착하는 복사량의 변화와 빙하기-간빙기 사이클의 관계는 1941년에 세르비아의 지구물리학자 M. 밀란코비치(Milanković)가 처음으로 가설로서 주창한 것이다.

인간활동이 대기 중의 이산화탄소농도를 증가시켜 지구온난화를 야기할 가능성이 있음을 처음으로 지적한 것은 스웨덴의 화학자 S.A. 아레니우스(Arrhenius)이며 1896년의 일이었다. 그는 비교적 간단한 계산으로 이산화탄소를 배가시킨 경우에 지구의 평균기온은 5~6도 상승한다고 하였다. 이는 오늘날에 보아도 놀라우리만큼 정확한 지적이다. 1938년에는 영국의 아마추어 기상학자 G.S. 캘린더(Callendar)가 인간활동에 기인한 이산화탄소 농도 상승이 이미 지구온난화를 일으키고 있다고 주장하였다. 미국의 스크립스 해양연구소(Scripps Institution of Oceanography)의 C.D. 킬링(Keeling)은 국제지구관측년인 1958년부터 하와이의 마우나로아에서 이산화탄소 농도의 관측을 시작하였고 매년 0.4-0.5% 정도 증가하고 있다는 것을 밝혀냈다. 18세기 후반의 산업혁명까지는 약 280ppm으로 일정했던 이산화탄소의 농도가 지금은 390ppm을 넘을 정도로 증가되어 있다.

참고로 킬링(Keeling)의 관측예산자금을 지원한 것은 미국기상청(당시)의 H. 웨슬러(Weschler)로서 프린스턴 고등연구소에서 범용컴퓨터를 개발하고 있었던 J. 폰노이만(John von Neumann)이 시도했던 세계최초의 일기예보나 이후 기후연구의 중심이 된 지구유체역학연구소의 설립도 지원하였다고 알려져 있다. 폰노이만의 지명으로 지구유체역학연구소의 초대소장이 된 J. 스마고린스키(Smagorinsky)는 S. 마나베(Manabe)를 일본에서 초빙하여 상세한 복사과정, 대류과정을 고려한 온난화연구를 본격적으로 개시함과 동시에 K. 브라이언(Bryan)과의 공동팀을 결성하여 대기-해양결합대순환모델의 발전에 전력을 기울였다. 오늘날 IPCC 보고서는 물론 지구온난화문제를 논의하기 위해서 사용되는 대기-해양결합대순환모델은 모두 어떠한 형태로든 이 마나베-브라이언 모델(Manabe-Bryan Model)을 기초로 하고 있다.

3. 기후변동과 기후변화

기후변동은 Climate Variations의 번역어로서 기후의 평년상태와의 차이(편차)를 의미한다. 여기에서 기후의 평년상태로 통상 과거 30년간의 평균을 사용하는 경우가 많다. 한편 기후변화는 Climate Change의 번역어로서 기후의 평균상태가 대기조성이나 태양복사 등 대기해양시스템 이외의 영향으로 장기적으로 변화되는 것을 말한다.

태평양의 열대지역에서 몇 년에 한 번 정도의 간격으로 발생하여 세계각지에 이상기상을 일으키고 있는 엘니뇨현상은 전형적인 기후변동 현상이다. 2004년의 맹서, 2006년의 폭설, 2010년의 혹서 등은 일상의 현상으로 보면 기상현상이지만, 그러한 이상기상이 계속되는 계절 전체를 평년의 계절과 비교하면 그 차이가 바로 기후변동이 되는 것이다. 한편 산업혁명 후 계속적으로 증가하고 있는 이산화탄소 등 대기 중의 온난화기체의 농도와 1970년대 후반 이후로 현저해진 지표부근의 온도상승과의 상관관계는 지구온난화문제로서 사회적으로나 정치적으로 크게 문제가 되고 있는데 이것은 기후변화의 문제이다. 그러한 의미에서는 IPCC를 '기후변동에 관한 정부 간 패널', UNFCCC를 'UN기후변동기본협약'이라고 번역하는 것은 잘못된 것이라고 할 수 있다. 각각 '기후변화에 관한 정부간 패널', 'UN기후변화기본협약'이라고 번역해야 하는 것이다. 또한 지구온난화의 미래를 생각하는 Global Warming Projection을 일본에서는 지구온난화예측이라고 번역하는 경우가 많은데, 엄밀하게 말하면 예측이라는 단어는 수리과학의 초기값 문제를 다루는 것이므로, 장래의 경제사회구조 등 시나리오에 의존하는 매우 불확실한 미래에 대한 논의인 본 용어는 지구온난화의 예상, 또는 추정이라고 번역해야 옳을 것이다. 한편 기후변동예측은 완전히 수리과학세계의 문제이다. IPCC 보고서에서는 변동(variations)과 변화(change), 예측(prediction)과 예상(projection)을 신중하게 구분하여 사용하고 있는데, 일본에서는 기후연구의 전문가들 사이에서조차 여전히 혼용하고 있다는 것은 안타까운 일이 아닐 수 없다. 한자문화권에 속하는 일본은 자신도 모르게 서로 다른 철학개념을 축소 · 퇴화시켜 버리는 경향이 있음에 주의해야 한다.

기후변동의 예측(prediction)은 위성이나 현장관측으로 얻어지는 지구관측 데이터를 초기값으로 삼아 대기해양시스템의 시간발전을 컴퓨터로 풀어내어, 수개월에서 수년 후의 미래를 실제로 예측(predict)하는 것이다. 대기해양시스템에는 복수의 시상수(time constant)를 갖는 현상이 계층구조를 이루어 발생하기 때문에 일주일 후의 일기예보는 곤란해도 1년 후의 엘니뇨현상은 예측가능하게 되는 것이다. 우리 사회에 직접적인 영향을 끼치는 이상기상이나 대기·해양의 극단적인 현상은 자연계의 변동인 기후변동에 의한 것으로 이러한 기후변동을 예측하는 것은 방재(防災) 및 감재(減災)를 포함하여 현대를 살아가는 우리 사회경제활동에 직접적으로 공헌한다. 지구온난화현상은 이러한 자연변동현상의 진폭이나 발생빈도, 현상 상호 간의 관계에 장기적인 변화를 주는 것으로 이해해야 한다. 그러나 이러한 이해는 지구온난화현상의 원인이라고 생각되는 온난화기체농도의 비정상적인 증가를 제어하려는 노력을 감퇴시키는 것이어서는 아니 된다. 도리어 이러한 노력은 비즈니스모델로서 지속적으로 국제적으로 전개되고 인류사회의 진정한 안녕으로 이어지기 위해서 필수적인 이해라는 것을 역설하고 싶다.

여기에서 변동과 변화의 차이를 보다 정확하게 이해하기 위해서 변동예측의 눈부신 성공사례인 기상예보의 역사를 간단하게 살펴보자. 노르웨이의 기상학자인 V. 비야크네스(Bjerknes)는 1904년에 일기예보란 대기운동을 지배하는 역학, 열역학방정식계의 초기값, 경계값 문제를 푸는 것이라고 정확한 정의를 내렸지만, 비선형의 편미분방정식계를 풀어내는 기술이 이에 미치지 못하여 일기예보는 오랫동안 통계와 경험에 기초하여 이루어져야만 하였다. 1922년에 L.F. 리처드슨(Richardson)은 지구상의 모든 유체현상을 기술할 수 있는 방정식계를 차분화하여 17세기에 B. 파스칼(Pascal)에 의해서 고안된 이래 거의 진보하지 않았던 수동식계산기를 사용하여 기상예보에 도전하였다. 그러나 계층구조를 이루는 기상현상의 역학구조에 대한 이해가 미진했던 점과 낙후된 계산기법때문에 성공을 거두지는 못하였다. 리처드슨은 낙후된 계산기술을 제대로 이해하여 64,000대의 수동식계산기를 준비하였고, 깃발을 이용해서 신호를 주고 받으면 날씨가 바뀌기 전에 계산결과를 낼 수 있다고 생각하고는 '날씨공장'에 대한 꿈을 키웠다. 이를 일기예보에 대한 '리처드슨의 꿈(Richardson's Dream)'이라고 한다. 리처드슨의 위대함은 여기에서 그치지 않았다. 전문가들에게도 거의 알려지지 않았지만, 해양이나 육상의 상황을 고정적인 것으로 여기고 있었던 당시의 일반적인 견해와는 달리, 그는 앞으로 이 둘을 상호작용하는 시스템으로 다루어야 한다는 점에 대해서 지적하고 있다. 이것이야말로 이후의 기후변동예측에도 계승된 선구적인 시각이며, 리처드슨의 또 하나의 꿈이라고 보아도 좋을 것이다.

제2차 세계대전이 끝나고 점차 냉전구조가 자리를 잡기 시작하면서 핵겨울(nuclear winter)에 대한 두려움이 현실화되어 가고 있었던 1940년대 후반부터 50년대에 J. 폰노이만은 프린스턴 고등연구소에서 범용컴퓨터를 개발하고 있었다. 폰노이만이 범용컴퓨터의 첫 도전과제로 삼은 것이 일기예보였다. 그는 기상학자인 J.G. 차니(Charney) 등과 공동으로 일기예보에 세계최초로 성공하였다. 1950년의 일이었다. 당시 사회 · 산업활동이 활발해지고 있었던 것은 중위도지역이었고 일기예보란 중위도의 고기압과 저기압의 발생, 성장, 감쇠과정을 사전에 파악하는 것이었다. 이에 차니(Charney)는 우선 단순화된 지형풍(geostrophic wind)에 준하는 발전방정식을 도출하여 경압불안정(baroclinic instability)론이라는 고기압과 저기압의 발생이론을 구축하였다. 이 단순화된 방정식과 계산기술의 발전이 일기예보를 가능하게 한 것이다. 1955년 N. 필립스(Phillips)가 대기의 이층모델을 사용해서 무역풍이나 편서풍을 재현하는 것을 본 폰노이만은 지구기후연구소를 구상하였지만 이것이 스마고린스키(Smagorinsky) 등의 노력으로 실현된 것은 1963년의 일이었다. 이곳이 전술한 지구유체역학연구소이다. 폰노이만은 1954년에 태평양 마샬제도 비키니 환초에서 진행된 수폭실험 시찰 도중에 피폭되어 이 연구소의 창립을 보지 못하고 1957년에 원폭증으로 사망하였다.

예측에는 그 초기값이 되는 관측 데이터가 필요하다. 여기에서는 다루지 않았지만 1957, 58년에 이루어진 국제지구관측년 실현을 위한 지구물리학자의 노력과 그 즈음에 발사된 인공위성 스푸트니크의 성공, 냉전체제 내에서도 변함없이 인류는 일기예보를 필요로 한다는 점 등에 근거하여 미국의 J.F. 케네디 대통령은 1961년의 UN총회에서 세계기상감시(World Weather Watch) 시스템과 데이터 송신시스템의 구축을 제창하였다. 일기예보는 비얄크네스(Bjerknes)의 공식까지 거슬러 올라가면 한 세기 이상의 역사를 가진다. 폰노이만과 차니의 최초의 성공부터 헤아려도 반세기 이상의 세월이 경과하여 지금은 지구규모의 대기관측과 이를 기초로 슈퍼컴퓨터를 사용한 예측은 사회생활이나 농경생활에도 필수적인 것이 되었다. 기후변동 예측도 이러한 시험의 연장선상에 있는 것으로 상당한 가능성이 보이고 있다. 이러한 '기후변동예측'이라는 실증과학분야를 사회과학과 융합하여 높은 불확실성을 갖는 '기후변화예상'과 혼동해서는 안 된다. 이상기상에서 기후변동에 이르기까지 자연계의 계층구조를 바르게 이해하고 해석하여 예측하는 것은 지구온난화문제에 관하여 구체적인 대응책, 감축책을 고려할 때에도 매우 중요하다.

4. 기후시스템에서 발생하는 기후변동과 이상기상

제1절에서도 언급한 바와 같이 지구의 기후시스템은 태양으로부터 단파로 유입되는 열에너지를 장파의 형태로 우주공간에 방출하여 전체적으로는 열평형의 상태를 이루고 있다. 지구온난화는 이 열평형상태를 망가뜨리는 것은 아니다. 위도별로 나누어 보면 연중 저위도에는 과도한 태양에너지가 공급되고, 고위도에서는 우주공간으로의 열에너지 방출이 과도하게 이루어지고 있다. 지축의 기울기는 태양으로부터의 열에너지 공급의 위도분포에 계절변화를 주게 되지만, 증발이나 응결에 수반되는 잠열의 흡수 · 방출과정이 대기해양시스템의 정(正)의 피드백을 강화하여 그 순환에 강한 계절성을 부여한다. 그러나 해양이나 해수, 빙상의 열용량이 커서 계절성은 그 해에는 지역적으로 해소되지 못하고 잔차(residual)로서 잔존하게 된다. 이를 해소하기 위해서 대기해양시스템에는 경년변동(interannual variability)이 존재한다. 이러한 변동, 즉 기

후변동의 대표적인 것으로 열대태평양의 엘니뇨현상이나 열대 인도양의 다이폴모드 현상을 들 수 있으며, 그 영향이 세계각지에 파급되어 이상기상을 일으키고 있다. 이 절에서는 이러한 기후변동현상에 대해서 자세히 살펴보도록 하겠다.

(1) 열대태평양의 엘니뇨(El Niño)현상

엘니뇨현상은 통상 필리핀에서 인도네시아 부근의 서태평양에 축적되어 있는 대량의 온수가 4~5년 정도의 간격으로 페루 앞바다의 동태평양에서 중앙부태평양에 이동해버리는 해양현상이다. 이 현상이 소규모인 것은 열대수렴대의 남하와 함께 매년 12월경에 페루 앞바다 주변에 생긴다. 이 시기에는 대기가 불안정하게 되고 사막지역에 내리는 비가 꽃밭을 만들어 내는 것을 보고 콘키스타도르(Conquistador, 스페인 정복자)들은 엘니뇨(아기 예수)라고 부르며 환영하였다. 1532년에 잉카제국을 멸망시킨 프란시스코 피사로(Francisco Pizarro)는 엘니뇨에 의해 무성해진 식물 때문에 높은 곳까지 군마를 진군시키는 것이 가능하였다고 한다.

세계적인 이상기온을 초래하는 엘니뇨현상과 그 대기측의 남방진동(southern oscillation)현상에 대해서는 19세기 말경부터 활발한 데이터 분석이 이루어져 왔으나 특히 1982/83년의 강력한 현상을 계기로 엘니뇨현상의 발생원인에 대한 이해가 현저하게 늘어났다. 본고의 저자들이 1980년대 중엽에 명확히 한 엘니뇨현상의 발생원인은 극히 간단하다. 우선 열대에서 부는 바람이 해류를 움직인다. 이 해류에 의해 운반되어 저장된 온수가 대기를 따뜻하게 한다. 그리고 연료라 할 수 있는 수증기를 공급받은 대기는 상승하고 대류권의 중층에서 잠열을 방출하여 보다 강력한 상승류를 발생시킨다. 권계면(tropopause)에서 뚜껑이 덮힌 상태인 대류권내의 바람은 점점 강해진다. 상승지역에 수렴하는 바람이 해류를 당기지 않고 이것을 강하게 하기 때문에 점점 온수가 모이게 된다. 이렇게 하여 대기와 해양간의 정(正)의 피드백 관계가 작동하는 것이다. 요컨대, 엘니뇨현상 발생의 필요조건은 대기의 바람과 해류가 실질적으로 정의 상관관계를 가지는 것이다. 각운동량(angular momentum)의 보존으로 대표되는 역학적 제약은 엘니뇨현상의 형태를 결정한다.

1990년대에는 관측기술이 현저하게 진보하여 특히 인공위성에 의한 해상의 바람과 해면고도가 아주 정밀하게 측정될 수 있게 되었다. 해류도 태평양 열대지역에 약 70대 설치되어 있는 계류부이에 의해 실시간으로 측정되어 엘니뇨 발생의 필요조건은 데이터상에서도 검증된다. 엘니뇨현상의 발생 문제는 유체역학에서는 비평형상태에 있는 대기해양이층류체계의 불안정문제로서 정식화되고 있으며 그 성장률은 고유값(eigenvalue)의 허수부분에서, 그 형태는 고유함수(eigenfunction)에서 부여된다.

(2) 인도 몬순과 남방진동(southern oscillation)

대륙의 대기는 여름에는 데워져 상승한다. 이를 보상하듯이 해양에서 바람이 분다. 한편, 겨울에는 대륙에서 식은 대기는 상대적으로 기압이 낮은 따뜻한 해양으로 향한다. 이렇게 여름과 겨울에 풍향이 역전된 거대한 해륙풍을 몬순이라고 부른다. 이 계절풍은 인류의 문명에 큰 영향을 주어 왔다. 오래된 것은 기원전 2000년경의 수메르인이 인도 몬순의 계절성을 메소포타미아 문명과 인더스 문명의 도시들을 연결하는 해상교역에 이용해 온 것으로 보인다. 몬순은 그리스 상인 히파루스(Hipalus)가 아라비아와 인도의 항해에 이용한 것이라 하여 '히파루스의 바람'이라고 불리는 시기도 있었다. 시대를 좀 더 올라오면 399년 동진의 승려, 법현(法顯)은 불전을 구하러 겨울 계절풍을 이용하여 실론으로 건너갔다. 7세기 중엽에는 사라센(이슬람)제국의 시대가 시작되어 인도양의 계절풍을 이용한 해상교역이 매우 활발해졌다. 당시의 '계절'을 의미하는 아라비아어 'mawsim'이 현재의 몬순의 어원이 되었다고 한다. 역사 교과서에서는 육지의 실크로드가 동서교역에 미치는 역할이 강조되는 경우가 많으나, 오히려 몬순을 이용한 바다의 실크로드가 대량의 물자 운송을 가능하게 하고 중요하였다. 몬순 문화권에 속하는 일본의 역사에 눈을 돌려보자. 나라(奈良)시대에 시작한 발해국과의 교류에서는 북쪽에서 온 사신은 의외로 황량한 겨울의 동해를 건너고 있는 것이 당시의 한시집(漢詩集)에서 알 수 있다. 이것은 겨울 계절풍이 수도를 향하는 안정된 해상항로를 약속하였기 때문이다.

그런데 인도에서 몬순이라 함은 더 한정된 의미로 즉, 여름비를 말한다. 이것은 인도의 많은 지역에서 여름비가 농업에 결정적인 영향을 주기 때문이다. 좋은 몬순은 여름에 충분한 강우를 제공하기 때문에 환영받지만, 나쁜 몬순은 역으로 가뭄을 초래하기 때문에 두려워한다. 1899년의 인도 몬순은 매우 나빠서 처참한 기근을 초래하였다. 이 직후에 기상청 장관으로 부임한 G. T. 워커(Walker)경은 이 몬순의 좋고 나쁨을 예보하려고 시도하였다. 이렇게 하여 워커경과 동시대인들[미나카나 쿠마구스(南方態楠) 및 네이처지의 창간자이며 아마추어 천문학자인 J. N. 로키어(Lockyer) 등과도 교류가 있었다]은 열대지역의 인도양과 태평양에 머물러 있는 거대한 대기압의 진동현상(남방진동)을 발견하게 되었다.

이 진동은 여러 가지 주기의 현상으로 구성되지만 이상기온을 초래하는 것은 2년부터 9년 정도의 시간흐름을 가지는 것이다. 남방진동은 워커경의 시대부터의 역사적 유래를 존중하여 타히티섬의 지상기압으로부터 오스트레일리아 북부의 다우닝의 기압을 당긴 양(量), 즉, 남방진동지수로 나타내고 있다. 일반적인 상태에서는 인도네시아를 중심으로 하는 해역의 해면기압은 낮고, 동태평양의 기압은 높은 해역에서 동풍이 불고 있다. 이것이 무역풍(편서풍)이다. 열대에서는 해면수온이 높은 곳에서는 해면기압은 낮고, 그 역도 성립한다. 만일 인도네시아 주변 해역의 해면수온이 내려가 동태평양의 해면온도가 상승하면 해면기압의 편차분포도 역전되어 무역풍도 약해진다. 이 상태가 엘니뇨 현상시에 실현된다. 강한 엘니뇨현상이 일어나면 무역풍 그 자체의 방향이 역전되는 일이 일어날 수 있다. 이러한 남방진동은 열대태평양의 해양현상인 엘니뇨현상과 밀접한 관련이 있고 최근에는 일괄하여 ENSO(ElNiño/

Southern Oscillation) 현상이라고 불리는 경우가 많다. 정(正)의 ENSO 현상이 발생하는 시기에는 인도네시아는 물론 인도 주변까지 고기압화되어 하강기류에 뒤집혀 가뭄이 발생하게 된다. 워커경은 당시의 한정된 기압 데이터로부터 인도에 나쁜 몬순을 초래하는 원인을 훌륭하게 밝혀내었다.

그런데 최근 인도의 여름 몬순에 수반하는 강수량과 남방진동지수 간에 거의 상관관계가 없다. 지구의 기후는 도대체 어떻게 된 것일까?

이 수수께끼를 풀 수 있는 열쇠는 인도양에 발생하는 다이폴모드 현상에 있다.

(3) 열대인도양의 다이폴모드(Dipole Mode) 현상

1994년의 혹서의 원인을 탐구하는 과정에서 본고의 저자들은 인도양에도 엘니뇨현상과 닮은 기후변동현상이 존재하는 것을 찾아내어, 1999년에 네이처지에 발표한 논문에서 이것을 (정의) 다이폴모드 현상이라고 이름 지었다. 이 현상이 발생하면 우선 5월경에 남동무역풍이 인도양 동남부에서 이상하게 강해지기 때문에 자바 앞바다에 찬 해수가 솟아올라 온다. 또한 강한 바람은 해수의 증발을 활발하게 하기 때문에 더 해수온도를 낮춘다. 적도를 남반구에서 북서방향으로 지나가는 남동무역풍은 적도에 따른 방향을 갖기 때문에 온수를 서쪽방향으로 운반한다. 동시에 온수는 적도에서 분리된 방향으로 날려버리기 때문에 부메랑과 같은 형태를 한 해면수온이상의 패턴을 낳는다. 이렇게 하여 동서로 해수온도의 경도가 발생하여 여기에 호응하여 해수기압차도 발생하기 때문에 동풍성분이 점점 강해진다.

동인도양에서 공급된 수증기는 케냐 주변에서 수렴하여 상승하고 다이폴모드 현상의 최성수기인 10월경에 적도지역 동아프리카에 이상할 정도로 많은 비를 뿌린다. 이것은 워커순환(Walker circulation)이라고 불리는 대기순환의 변동에 의한 것이다. 한편, 북쪽으로 운반된 수증기는 히말라야와 인도차이나 산악지대에서 상승하여 특히 여름의 몬순계

절에 인도 북부주변에서 동남아시아 지역에도 많은 비를 뿌린다. 이것은 해들리 순환(Hadley circulation)이라고 불리는 변동에 대응한다. 이는 아시아 국가들의 여름 예측에 매우 중요한 의미를 가진다. 다음 절에서 상술하지만 상승한 대기의 일부는 대기의 파동[긴 로스비파(Rossby wave)]으로서 서진하고 지중해에서 아프리카 북부주변에서 하강하여 하층의 고기압을 강화하여 유럽에 혹서 및 가뭄을 일으키는 것도 알게 되었다. 남아시아와 지중해주변을 연결하는 프로세스는 영국의 M. J. 로드웰(Rodwell)과 B. 호스킨스(Hoskins)에 의해 '몬순사막 메커니즘'이라고 이름 붙여졌다. 아시아의 여름 몬순이 활발해지면 유럽은 건조하다는 흥미로운 관계가 명확해지고 있다고 할 수 있다. 인도 북부와 동남아시아에 많은 비를 초래한 대기의 일부는 더욱 북상하여 중국과 일본 부근에서 하강하여 극동지역에 혹서와 가뭄을 일으킨다.

과거 데이터에 의하면 정의 다이폴모드 현상의 약 3할은 엘니뇨현상에 수반되고 있다. 그러나 양자의 시계열(time series)의 상관관계는 계절성을 고려한 경우에는 0.5를 넘는다. 여기서 다이폴모드 현상은 엘니뇨현상에 부수하는 현상이 아닐까 하는 가설도 나왔다. 그러나 2007년의 다이폴모드 현상과 같이 엘니뇨현상과는 반대의 현상인 라니냐 현상을 수반한 것도 있으며 인도양 자체의 대기해양 상호작용현상에서도 발생하는 것이 명확하게 되었다. 다이폴모드 현상은 그 구성요소인 해양파동의 전파를 생각하면 완결에 2년을 요구한다. 이것이 태평양의 엘니뇨현상에 영향을 주어 약한 준2년주기진동(quasi-biennial oscillation)을 초래하고 있을 가능성이 있다. 엘니뇨현상의 시기에는 서태평양의 수위는 낮아 냉수지역이 되지만, 이것이 인도네시아 통과류가 되어 인도양의 동부에 배어든다. 일부는 오스트레일리아의 서안을 따라 연안 켈빈파(Kelvin wave)로서 전파하는 것이 알려져 있다. 이 상황은 정의 다이폴모드 현상의 발생에 알맞은 상황을 가져온다. 1997년의 다이폴모드 현상은 이러한 케이스라고 생각할 수 있다.

(4) 다이폴모드 현상의 텔레커넥션(Teleconnection)

1994년 여름은 아시아 북동부에서 대류권 하층이 고기압성의 순환편차를 보여 혹서가 되었다고 알려져 있지만, 대류권상층도 고기압성편차를 보이고 있었다는 것이 특징적이다. 소위 '고래꼬리 패턴'[일본, 특히 서일본이 혹서, 가뭄이 되는 여름에는 광대한 태평양고기압(대류권하층만의 고기압, 상층은 저기압)의 서쪽에 마치 고래의 꼬리 같이 작지만 대류권 상층에까지 미치는 높은 고기압이 수반]이 강화되었다.

한편, 서부열대 태평양에서 중국남부에 걸쳐서는 정(正)의 강수량편차를 보이고 하층에서는 저기압성의 순환편차를 보였다. 이 순환편차에 의해 벵갈만과 남지나해에서 중국동부, 한반도, 일본열도를 향해 불어야 하는 습윤한 몬순풍이 방해받는다. 이러한 순환편차는 다이폴모드 현상과 직접 관계있는 것으로 생각된다. 1994년 여름의 현저한 다이폴모드 현상은 인도양의 강수와 속도포텐셜(velocity potential)장에도 확실히 나타나 수증기는 열대인도양의 서부(서쪽 끝)에서 수렴하여 동남부(동쪽 끝)에서 발산하고 있다. 이 현상에 수반하는 자오면순환편차는 동쪽 끝 열대 인도양 남동부에서 하강류를 보이지만 벵갈만 북부에서 인도차이나반도 북부, 중국 남부에서는 상승류가 되어 강수활동이 활발해졌다. 다이폴모드의 동쪽 끝에서 북상한 하층풍에 의해 인도차이나 반도의 북부에서 티베트고원의 남쪽에 걸쳐 상승류, 티베트고원의 상층에서는 발산풍을 볼 수 있다.

한편 인도 상공에서 긴 로스비파(Rossby wave)로서 서쪽을 향한 상층의 발산풍은 지중해, 사하라 지역에서 수렴하고 있다. 다이폴모드 현상에 의해 유도된 인도의 대류활동편차는 지중해, 사하라 지역의 하층류편차와 놀랄 정도로 잘 대응한다. 이것이 신기하게도 1994년 여름의 해석에 근거한 로드웰(Rodwell) 등이 주창한 '몬순 사막메커니즘'이 바로 그것이다. 지중해 주변의 온도상승은 유럽대륙 북부에서의 차가운 공기유입에 의해 억제되며 무한정 덥게 되는 것은 아니다. 이 차가운 공기야말로 냉풍을 가져오는 것으로 예전부터 알려진 에게해의 에테지안

(Etesian), 아드리아해의 마에스트로(Maestro)라고 불리는 것의 정체이다. 차가운 공기의 유입에 수반하여 발생한 대기요란(atmosphere disturbance)은 중위도의 편서풍에 지속적인 영향을 준다. 중위도의 편서풍지대는 소용돌이 도위(potential vorticity)의 분포에서 짧은 로스비파의 도파관(wave guide)으로 작용하기 때문에 활란에 수반하는 파도의 에너지(및 파도에 수반하는 약간의 기단)는 동아시아로 운반된다.

다이폴모드 현상이 동아시아 여름 기후에 영향을 미친 이치는 적어도 두 가지이다. 하나는 다이폴모드 현상에 유도된 티베트고원상의 상층 발산장에 의해 여기(excitation)된 로스비파열이 중국남부에서 북동쪽에 전파되어 일본 부근에 하강기류를 가져오며, 다른 하나는 '몬순 사막 메커니즘'을 경유하여 아시아 제트를 도파관으로 하여 아시아에 돌아오는 것이다. 1961년의 현저한 다이폴모드 현상에 수반한 혹서는 문화대혁명의 방아쇠가 되고 1994년 현상에 수반한 가뭄은 북한의 농업과 축산업에 심각한 타격을 주었다고 할 수 있다.

2003년은 다이폴모드가 8월 중순까지 발달하여 지중해 주변국가들만이 아니라 중국남부의 상하이에서 오키나와 주변도 혹서가 되었다. 특히 이탈리아와 프랑스에서는 열대증으로 수만 명이 사망하였다. 그렇다면 왜 2003년에 혼슈에서 홋카이도는 냉하가 되었는가? 이것을 해석하는 데에는 2002~2003년의 엄동을 초래한 북극진동(Arctic oscillation) 현상과의 관계가 핵심이 된다. 북극진동은 북극지역과 중위도 지역의 대기압 차를 지표로 하는 것으로 이 지표가 2002~2003년의 겨울과 같이 부의 값(negative value)을 보이는 시기에는 극지역 저기압도 중위도의 고기압도 약해진다. 환언하면 북극의 대기와 중위도의 대기가 혼합되기 쉬우며 중위도에 차가운 공기가 유입되기 쉬워진다. 이러한 경우에 오호츠쿠해의 해빙은 이상 발달하여 그 차가운 해수의 영향에 의해 냉량한 오호츠쿠 고기압이 우세하여 일본 부근에서는 장마가 길어져 토호쿠(東北)의 태평양해안에는 차가운 공기가 유입되기 쉽게 된다[이 지역현상은 '야마세(やませ)'라고 알려져 있는데, 역학적으로는 지구자전의 영향을 받은

중력류일 것이다]. 이 때문에 2003년에 혼슈(本州) 부근은 냉하가 되었다. 대조적으로 2001~2002년, 2003~2004년의 겨울에는 북극진동의 지표는 정(正)의 값을 보이고, 극지방의 냉기는 강한 극지방 저기압 주변을 부는 제트류에 차단되어 중위도에 흘러들어오지 못하였다. 이른 봄의 도래로 벚꽃의 개화시기가 이상하게 빨랐던 것은 기억에 새롭다.

엘니뇨현상, 다이폴모드 현상, 북극진동 등 기후변동의 구체적인 패턴을 결정하는 요소현상을 기후변동모델이라고 부른다면, 기후변동의 예측에는 이와 같은 모델의 발생빈도, 발생강도, 상호관계, 몬순과의 관계, 세계각지로의 영향〈그림 1-1 및 그림 1-2〉 등을 정확히 재현하는 모델을 구축하는 것이 필요하다. 지구온난화가 이러한 기후변동모델에 어떠한 영향을 주고 있는지를 명확히 하는 것이 중요하다.

〈그림 1-1〉 엘니뇨현상이 세계각지의 여름에 미치는 영향

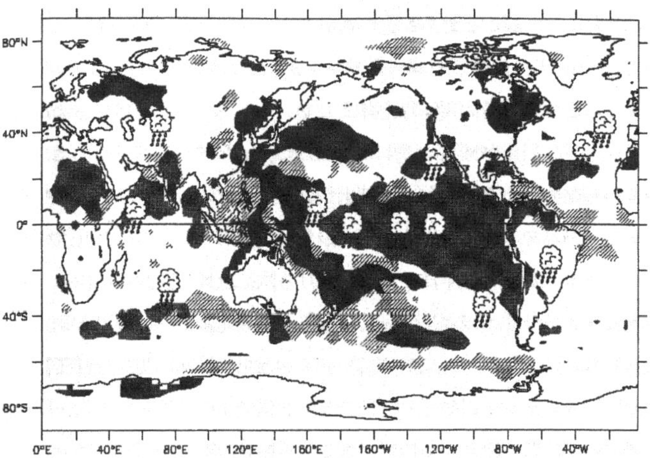

* 음영부분은 가뭄, 구름표시는 큰비, 짙은 검은색 부분은 저온이상, 옅은 검은색 부분은 고온이상을 나타낸다.

〈그림 1-2〉 정(正)의 다이폴모드 현상이 세계각지의 여름에 미치는 영향

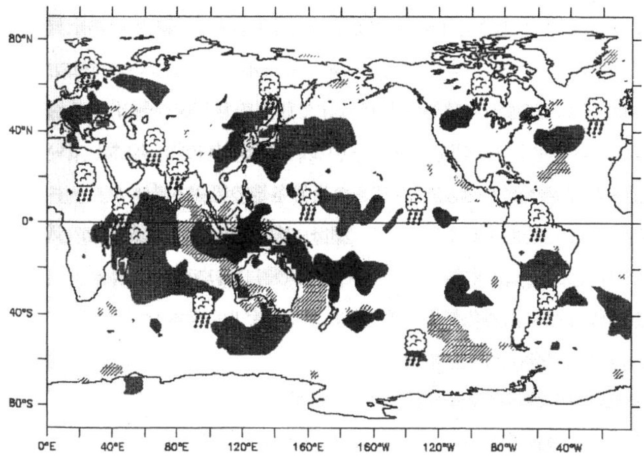

* 음영부분은 가뭄, 구름표시는 큰비, 짙은 검은색 부분은 저온이상, 옅은 검은색 부분은 고온이상을 나타낸다.

(5) 지구온난화와 열대기후변동

이 100년간에 지구기후시스템이 보여준 지상기온의 평균상승률은 10년당 약 0.07도이다. 주목해야 할 것은 1976년 이후 이 상승률이 2배로 증가한 것이다. 이것이 근래의 지구온난화의 경종으로 이어지고 있다. 1976년은 기후의 체제전환(Regime Shift)이 일어난 해로 잘 알려져 있으며 이 해를 경계로 열대태평양은 전체적으로 엘니뇨화되었으며 대형 엘리뇨현상이 빈발하게 되었다. 지상기온의 상승은 엘니뇨현상과 다이폴모드 현상이 빈발함에 따라 대기로의 열방출에 의해서도 어느 정도 설명하는 것은 가능하다. 열대태평양 섬들의 수위상승도 직접적으로 엘리뇨현상 혹은 '엘리뇨적인 현상'의 빈발에 의한 것이다. 이러한 기후의 체제전환은 알류샨 저기압의 경년변동을 내재하는 북태평양진동과 아조레스 고기압과 아이슬란드 저기압의 편차를 보여주는 북대서양지동,

혹은 양자를 종합하는 지표인 북극진동의 위상이동(phase shift)과도 호응하고 있는 것이 명확해졌다.

한편 지구온난화 경향에 의해 '엘리뇨적인 현상'과 다이폴모드 현상이 빈번해졌기 때문이 아닌가 하고 생각할 수 있다. 이 '엘리뇨적인 현상'은 열대태평양 중앙부의 수온과 수위의 상승을 수반하고 많은 점에서 엘리뇨현상과는 다르다는 것이 알려졌다. 그래서 저자들은 2004년의 혹서를 일으킨 전형적인 현상을 해명하는 과정에서 '엘리뇨 모도키(El Niño Modoki)' 현상이라고 이름 붙여 이것이 바다의 온난화를 상징하고 있는 것이 아닌가라고 생각하고 있다. 2010년 겨울 세계각지의 폭설도 '엘리뇨 모도키' 현상의 가능성이 높으며 지구온난화와의 관계 해명과 세계각지의 기상에 대한 영향을 예측하는 것이 국제적으로도 큰 과제가 되고 있다.

흥미로운 것은 온난화기체를 증가시킨 기후모델 시뮬레이션에서는 열대지역 태평양은 다년(영년)간 엘니뇨현상이라고 말할 수 있는 상황이 출현하고 있는 것이다. 지구온난화현상은 대기하층의 열배수구인 해양을 데워 거대한 열주머니를 감싸고 있는 것이기도 하다. 미국 해양대기청의 S. 레비타스(Levitas)에 의하면 세계해양의 수온은 3000m보다 깊지 않은 곳에서 평균하면 과거 50년 정도간에 약 0.04도 정도 상승하였다고 한다. 얼핏 보면 그리 크지 않은 수치 같지만 해양의 열용량을 고려하면 대기환산으로는 40도의 기온상승에 필적한다. IPCC 보고서에서는 이 100년간에 0.7도 정도의 지상기온 상승이 있었다고 보고 있으나, 해양의 온난화는 이미 훨씬 더 두려운 상황에 처해 있을 가능성이 있다. 인도양의 해면수온의 상승은 특히 현저하고 과거 50년을 보면 섭씨 0.6도에 이른다. 이를 위하여 최근에는 정의 다이폴모드 현상과 그에 수반하는 강우 패턴이 빈발하게 되었다. 인도의 여름 몬순에 수반되는 강수량과 남방진동지수간에는 워커경이 활약한 시대와 다르며 최근에는 거의 상관관계가 보이지 않게 된 것은 이러한 이유 때문이다.

대기 중의 이산화탄소 농도가 높고 현재 상황과 닮은 4백만 년 전의 온난한 선신세(Pliocene) 전기에는 다년간 엘니뇨 현상이 존재하였다고 하는 고기후(古氣候)학자의 보고가 있다. 이 시기에는 북반구에는 빙상은 발달하지 않았고, 빙하기-간빙기의 밀란코비치(Milankovic) 주기는 출현하지 않았다. 북반구의 빙상이 급속히 없어지고 있는 현재 이러한 고기후학으로부터의 지적은 지구기후의 미래를 고려하는 것을 전제로 한 것으로 시사하는 바가 크다.

(6) 고기후연구의 중요성

지구환경의 변동에는 태평양의 엘니뇨현상과 인도양의 다이폴모드 현상과 같이 수년에 한번 출현하는 것부터 10년에서 수십년, 100년에서 1000년, 만년에서 10만년, 100만년, 그 이상을 요구하는 변동도 있다. 그러나 변동의 시간이 길면 길수록 대기와 해양의 물리, 화학현상에 머무르지 않고 동식물 등의 생명권역의 현상, 지구궤도요소의 변동에 수반되는 태양복사의 변동, 지구내부의 변동 등이 얽혀, 지구 46억년의 역사에서 일방적인 변화가 눈에 띈다. 여기서 극히 장기간의 지구전체를 휘말리게 하는 변동을 보이는 경우에는 진화라는 단어가 사용된다. 지구의 변동과 보다 장기간의 진화 프로세스를 모델링과 조사 및 관측의 양면에서 연구하는 것은 단순히 과학적인 흥미에 머무는 것이 아니라 최근의 지구온난화 경향을 정확하게 이해하고 적절한 대응을 한 후에도 중요하게 생각되어진다. 지금까지 지질학자, 지리학자, 고생물학자 등의 영역이었던 고기후연구는 대규모의 모델을 이용하는 시뮬레이션 기술, 동위체 분석기술, 그리고 게놈해석 등의 생물학의 뚜렷한 진전과 함께 성대한 학제분야로 변모하려 하고 있다.

지질학 데이터나 남극과 그린란드의 빙상코어(ice sheet core)에 둘러싸인 대기의 동위체 분석에 의하면 마지막 빙하기가 끝난 후의 최근 1만년 정도의 기후는 지구의 긴 역사에서 보면 이상할 정도로 안정되어 있는 것이 명확해졌다. 이 안정된 기후가 인류문명의 뚜렷한 전개에 공헌한 것이다. 그러나 그때까지의 10만 년간에는 1만년 정도의 주기로 한랭기와 온난기가 반복되었다. 특히 한랭기는 서서히 진행되지만 온난기는 급격히 찾아오기 때문에 시간축을 횡축으로 하여 기온의 변동을 종축으로 그리면 톱니와 같은 거의 10만년 주기의 빙하기-간빙기 사이클에서 더욱 닮은 구조를 보이는 그래프가 얻어진다〈그림 1-3〉.

〈그림 1-3〉 고기후 데이터로 본 지구기후변화

지질학적으로는 과거 6천만년에 걸쳐 지구 냉각화가 진행되어 과거 3백만 년간에는 밀란코비치(Milankovic) 주기가 극단적으로 활발하였다. 최근 과거 100년간에는 인위적인 대기 중의 이산화탄소 농도가 급상승하고 있다(Ship & Ocean Newsletter 106호(2005년 1월 5일 발행)에 게제된 S.G. H. Philander의 견해에 의함).

(상) 비스토크 기지의 빙사코어 데이터에 의한 과거 40만년에 걸친 기온과 CO_2의 변동(좌측의 커다란 세로선이 과거 100년의 CO_2 상승을 나타냄).

(중) 적도부근 대서양동부에서의 코어에서 얻어진 δ18C(탄소동위체비) 변동의 시계열(δ18O의 증가(그림에서 아랫방향으로 진동하는 것)는 한랭화에 대응한다).

(하) 과거 6천만년 정도의 대서양 코어에서 볼 수 있는 δ18O의 변동.

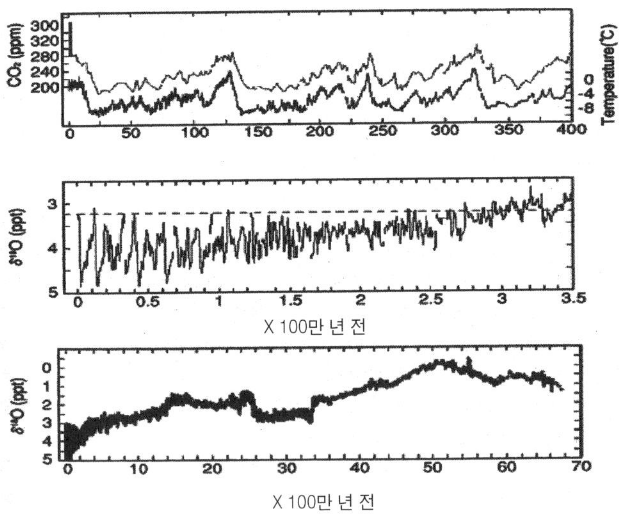

게다가 더욱 흥미로운 것은 이 1만년 주기의 톱니(하인리히 사건)에는 프랙탈적으로 더욱 작은 2천년 정도의 주기에서 온난기와 한랭기의 변동이 겹치고 있다(Dansgaard Oeschger Cycle). 마지막 빙하기 후에 한파에 다시 돌아왔다고 할 수 있는 신드라이아스기(Young Dryas)가 찾아왔으나 이것도 그 일례이다. 그러한 급격한 변동에는 극지역의 대기진동(북극진동과 남극진동이라고 불림), 빙상의 변동, 해양의 심층순환의 변동 등이 관련되어 있다고 생각된다.

이미 언급한 바와 같이 1976년은 극도로 특이한 해, 즉 기후의 체제전환이 일어난 해로 잘 알려져 있다. 극지역의 대기진동 단계의 변화에도 호응하여 1976년 이후에 열대태평양에서 대형 엘니뇨현상이 빈발하게 되었다. 엘니뇨현상은 열대해에 과잉축적된 열이 대기에 방출되는 현상이라는 측면을 가지고 있으나 지구온난화가 일반사회의 각광을 받게 된 것도 이 특이한 해 이후의 일이다. 고기후 데이터에서 보이는 톱니 시그널의 프랙탈적인 구조는 우리가 체험한 우리 주위의 기후 체제전환의 극단적인 예일지도 모른다.

5. 기후변동예측과학 · 기술의 진전

(1) 시뮬레이션기술의 중요성

유체역학과 열역학 지식을 활용하여 작성된 해양대순환 모델과 대기대순환 모델을 연결하고 여기에 태양에서의 복사만을 넣어 슈퍼컴퓨터에서 자유롭게 실행시켜 보자. 그렇게 하면 이 시스템은 혼자서 시간의 흐름에 따라 발전하기 때문에 다양한 변동 속에서 점차적으로 지구의 기후가 재현되어 간다.

봄에는 태평양고기압은 아직 약하고 여름이 되면 강해지며 가을에는 다시 약해진다. 태평양고기압은 그 기반이 캘리포니아 앞바다에 있다. 겨울은 유라시아 대륙의 고기압과 베링해의 알류산 저기압이 두드러진다. 이러한 계절진행이 거의 현실의 지구기후라고 보여지는 것 같이 재현되어 간다. 이를테면 계산기에서 만들어진 인공지구이다. 이 모델에는 엘니뇨현상은 물론 다이폴모드 현상과 같은 기상변동현상도 나타나기 때문에, 현실의 현상과 비교하여 그 형태, 강도, 발생빈도, 계절과의 관계, 원격지에 대한 영향 등 여러 가지 조사가 가능하다. 이러한 연구의 결과 거의 실제 현상에 가깝게 재현되는 것을 알게 되었다.

이 수준까지 기후변동연구가 진행되면 다음에 할 것은 미래예측실험이 된다. 그러나 당장에는 예측실험을 할 수 없고, 이미 발생하여 관측 데이터도 축적되어 있는 엘니뇨현상 등을 과거로 돌려 예측할 수 있는지 여부를 연구한다. 예를 들어 1997년~1998년은 엘니뇨현상이 발생한 사실을 알고 있으므로 1996년의 데이터를 인공지구에 넣어 그 후 어떻게 발전해 갔는가를 보는 것이다. 우리가 이미 그 후에 일어난 사건을 알고 있기 때문에 인공지구가 현실의 지구와 같이 전개될지 여부를 조사할 수 있다. 이러한 실험을 하인드캐스트(Hindcast) 실험이라고 한다. 이렇게 많은 실험을 하고 예측정밀도를 조사하여 모델을 개량한다. 예를 들어 3개월 전에 데이터를 넣은 경우, 6개월 전에 데이터를 넣은 경우, 1년 전에 데이터를 넣은 경우 등 여러 가지 실험을 하고 현실의 현상과 예측된 현상과의 상관관계를 계산하여 예측기술의 점수를 붙인다. 〈그림 1-4〉는 세계의 연구기관이 실시한 엘니뇨현상의 예측기술 점수의 비교를 보여주고 있다. 필자들의 모델 SINTEX-F가 세계최고의 예측정밀도를 보여주고 있다. 그림 중의 Persistence는 최초 상태가 계속되는 가장 서툰 예측이다.

기후변동예측에서는 예측기술 점수가 0.6 이상이면 실용적이라고 여겨진다. 〈그림 1-4〉에서는 반년 전의 예측에서도 0.85 이상의 수치를 나타내고 있으며 충분히 실용화 가능함을 보여주고 있다. 최근의 연구에서 엘리뇨현상은 1년 이상 전부터, 다이폴모드 현상은 한, 두 시즌 전부터 예측가능하다는 것을 알게 되었다.

〈그림 1-4〉 세계의 연구기관이 실시한 엘니뇨현상의 예측정도의 비교

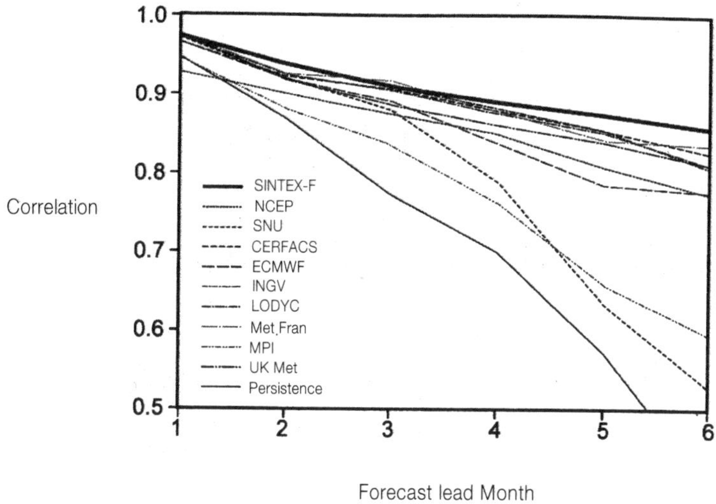

(2) 해양관측네트워크의 중요성

기후변동예측에는 대기해양결합대순환 모델뿐만 아니라 초기값으로 지구관측 데이터가 필요하다. 이러한 데이터에는 인공위성에서 얻은 해면수온 데이터와 해면고도 데이터, 세계에 퍼져 있는 상선이나 관측선으로부터의 수온 데이터, 전 세계 해양에 방류된 약 3000개의 부이(argo float라고 불리는 것으로 해면과 수심 2000미터 사이를 오르내리면서 수온과 염분을 측정하고 부상했을 때에는 위성을 경유하여 관측 데이터를 자동으로 송신한다)가 측정한 온도, 염분의 프로파일, 적도지역 태평양에 있는 약 70대의 계류부이로부터의 대기해양 데이터 등이 있다. 인도양에도 해양연구개발기구와 미국의 해양대기청이 중심이 되어 계류부이계획을 추진하고 있다〈그림 1-5〉.

기후변동에 대한 해양의 역할을 정밀하게 정량적으로 계산하고 수치예측모델에 넣어 예측정밀도를 개선하기 위해서는 지구관측 시스템을 제대로 정비하는 것이 필수적이다. 2003년부터 개최되어 온 '지구관

측 서미트'에서는 이러한 전지구적 규모의 해양관측의 중요성이 확인되어 '지구관측에 관한 정부간 작업반'에서 향후 10년간 관측망을 구축하는 실시계획이 주장되었다. 이 국제계획은 '복수 시스템이 협력하는 전지구관측시스템(Global Earth Observation System of Systems, GEOSS)'이라고 불리며 인공위성, 선박, 항공기 등을 이용하여 다양한 목적을 위하여 구축된 기존의 관측시스템과 향후 새롭게 전개될 시스템을 포괄적으로 통합하여 가는 것이다. 지구시스템의 과학적 이해에서 지구환경보호와 지속가능한 발전까지 폭넓게 사회에 대한 환원을 목적으로 하는 이 계획에서 해양관측은 그 중심적인 위치를 차지하고 있다. 기후변동 예측 정밀도의 향상을 목표로 하는 관측망의 구축은 세계기후연구계획(World Climate Research Program, WCRP)의 기후변동성 및 예측(Climate Variability and Predictability, CLIVAR)과 UNESCO 정부간해양위원회(IOC)의 세계해양관측시스템(Global Ocean Observing System, GOOS) 등의 국제적인 연구 프로젝트의 중요한 목적의 하나가 되어 있다. 장래에는 관측 데이터의 취득에서 수치예측모델을 연결하여 예측결과의 이용에 이르기까지의 일련의 과정을 통합하는 시스템을 실현시키는 것이 필요할 것이다.

〈그림 1-5〉 열대지역 계류계 관측망계획의 계류계 배치예정도

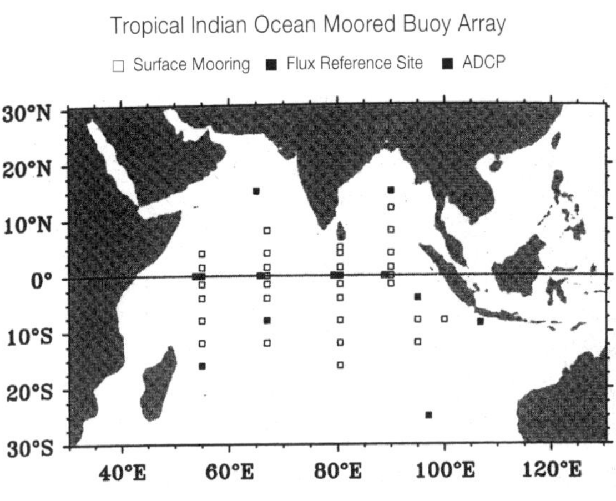

6. 예측정보의 전개

기후변동예측에 의한 가뭄, 홍수, 냉하, 혹서 등의 사전정보는 농업뿐만 아니라 다양한 산업에도 도움이 되며 방재, 감재는 물론 인간의 건강유지라는 측면에서도 효과적이다. 인도양에 다이폴모드 현상이 일어난다면 오스트레일리아와 인도네시아는 가뭄이 들 수 있고, 케냐 등의 동아프리카 국가들은 홍수가 덮칠 우려가 높아진다. 실제로 2006년의 다이폴모드 현상은 케냐에서 100만 명 이상의 홍수피해자를 내었고, 말라리아 환자수도 크게 늘었다. 오스트레일리아에서는 가뭄 때문에 농업관계자가 선물거래에서 80억 호주달러의 부채를 안게 되었다. 보르네오와 수마트라에서는 가뭄으로 산불이 빈발하여, 그 매연으로 많은 사람들이 기관지염으로 고생하였으며 정기항공편 비행이 큰 영향을 받았다.

이 2006년 이른 여름부터 가을까지의 현상은 필자의 그룹에 의해 전년 11월의 단계에서 예측되고 있었다. 2007년에도 다이폴모드 현상이 발생하였지만 필자의 그룹과 다르게 오스트레일리아 기상청은 가뭄의 예측을 하지 않았기 때문에 보리생산이 대폭감소하여 농업관계자가 10억 호주달러의 부채를 안게 되었다〈그림 1-6〉. 이후 오스트레일리아의 신문은 계절예측의 최고 정밀도를 자랑하는 필자들의 계절예측을 지면에 게재하게 되었다〈그림 1-7〉.

제4절에서 다이폴모드 현상은 지중해 해안 국가들에게 무더운 여름을 초래하였다고 하였으나, 적당한 정도의 건조와 온도는 와인의 생산에는 좋은 조건이 된다. 1961년은 전형적인 다이폴모드 현상이 발생한 해이지만 이 해의 보르도 와인은 20세기 최고의 빈티지인 것으로 알려져 있다.

기후변동예측 정보의 전개는 새로운 비즈니스를 낳고 우리 사회의 지속적인 발전에 기여할 가능성이 크다. 그러나 한편으로는 어려운 문제도 내포하고 있음을 마지막으로 서술하고 싶다. 오스트레일리아에서는 가뭄과 농장주의 자살률 상승이 유의미한 관계에 있음이 밝혀졌다.

아프리카에서는 곡물류의 종을 돈을 빌려 구입하는 것이 일반적으로 이루어지고 있으며 가뭄예측이 있으면 파종하지 않는다. 만약 예측이 잘못되어 적당한 정도의 비가 온 경우에는 인위적인 아사와 손해를 불러일으키게 될지도 모른다. 실제로 미국 연구자의 잘못된 정보를 과신한 동아프리카의 국가에서 이러한 비극이 일어난 것이 보고되고 있다. 불확실성을 포함한 예측정보를 어떤 형태로 보내면 좋을 것인가, 정보를 이용하는 쪽에서 판단능력을 어떻게 계발해야 할 것인가, 기후 비즈니스에는 이러한 측면에서의 평가도 중요하다.

〈그림 1-6〉 2007년 10월 24일 The Weekly Times지의 기사

필자들 연구그룹의 2007년 다이폴모드 현상 발생예측이 오스트레일리아 농업관계자에게 전달되지 않았기 때문에 10억 호주달러의 부채를 안게 되었다.

Early drought warning kept quiet

Signal failure

EXCLUSIVE

By XAVIER DUFF

AUSTRALIAN scientists were warned as early as March that Australia could be heading back into drought.

But the warning was kept under wraps for fear that it would lead to increased suicides in rural communities.

"I would warn against rushing to a public announcement," one weather scientist said in an email to colleagues in June. "Seasonal predictions can be very upsetting to the public who live in areas of risk."

Yet the secrecy came as grain growers across southern Australia — hopeful of a bumper season — entered hedge contracts that have since plunged the industry into $1 billion in debt.

The first warning that drought may be returning was made by a Japanese scientist during a meeting of international weather experts in March. At the time, Australian weather authorities were predicting a wet La Nina year.

However, the Japanese scientist's warning that a warmer Indian Ocean would knock out the La Nina winter and spring rain has come true.

Prof Toshio Yamagata, from the Japan Agency of Marine Earth Science and Technology, predicted a positive Indian Ocean Dipole, the Indian Ocean equivalent of the drought-inducing El Nino.

In an email to international colleagues on June 24, Prof Yamagata again warned that the eastern Indian Ocean near Australia remained cold, mirroring conditions of 1967.

That year, Victoria experienced a severe drought and Melbourne had its lowest rainfall on record.

"I think we had better go ahead about cautioning regional societies about possible floods/drought/hot conditions," Prof Yamagata wrote.

A member of Prof Yamagata's research team, Dr Swadhin Behera, also suggested that the information should be made public even if it was not definite, so that people could make their own judgments.

He drew on the experience of last year as an example.

"Last year (2006), because of the debate early on during the development of IOD, we delayed the press release until August," Dr Behera wrote in an email to colleagues.

» Continued Page 4
» Rule's View, Page 15
» Editorial, Page 16

Signal failure as drought warning kept quiet

» From Page 1

"But probably because of the delay, the announcement could not be utilised by people who were most affected by the 2006 IOD.

"Some of the farmers who kept calling us almost on a daily basis told us they could have benefited had the information about the IODs been passed on to them based on our model predictions."

But Australian scientist Prof Gary Meyers, from the University of Tasmania, who plays a key role in monitoring international weather patterns, wrote back, arguing more evidence was needed before rushing to an announcement.

"I would caution against rushing to a public announcement," he said. "Seasonal predictions can be very upsetting to the public who live in areas of risk."

Prof Yamagata then agreed, saying the release of such a forecast might trigger suicides among Australian farmers.

But grain growers said any hint of another dry year could have prevented some of the huge losses they now faced.

Prof Meyers told *The Weekly Times* that Prof Yamagata's computer model had predicted a positive IOD as early as March but two other computer models did not agree.

It was only in July that all the models agreed and the warnings of adverse Indian ocean temperatures were given to the Bureau of Meteorology for its seasonal forecasts.

Prof Meyers told *The Weekly Times* this week that while it turned out the Japanese model was correct and it appeared to be a good model, it was still in its early stages of development and its reliability was uncertain.

Releasing what could be a wrong forecast could cause as many problems as not releasing it, Prof Meyers said.

Monitoring and research into the Indian Ocean dipole was still in its infancy and much more data was needed for scientists to predict weather patterns with it, he said.

David Jones, from the Bureau of Meteorology's National Climate Centre, said the bureau factored in a range of Indian Ocean data into their seasonal outlooks.

"You could not rely on just one model," he said.

But he said most of the bureau's seasonal outlooks this year had forecast below-average rains.

Victorian Farmers Federation grains group president Geoff Nalder said even with the uncertainty of the models, farmers should have been told of Prof Yamagata's forecast, so they could make their own judgments.

Many growers had forward sold their crops in expectation of at least an average year and many had believed the predictions of a La Nina developing and good rains with it.

"I'm very disappointed that information was not widely circulated," Mr Nalder said.

"To have had a contrary view to the one that we were in for a bumper year would have slowed the momentum to forward positions and could have saved many farmers hundreds of thousands of dollars in washing out contracts."

Birchip farmer Leigh Weir, one of those unable to deliver enough grain against forward contracts, said knowing the Japanese prediction would definitely have helped.

"If there were doubts about the season, we would like to have known and we would have definitely reduced the amount we sold forward and washed out contracts much earlier than we did," Mr Weir said.

〈그림 1-7〉 2008년 4월 23일 The Weekly Times지의 기사

정기적으로 필자 그룹의 예측정보를 소개하고 있다.

제2장

기후정책은 어떻게 구축되는가
-목표에서 로드맵으로-

_ 니시오카 슈조(西岡秀三)

들어가며

세계기후정책이 명확하게 저탄소세계로 방향을 돌려 지나치게 에너지 의존적이었던 지금까지의 기술사회에서 저탄소기술사회로의 전환을 향한 국제경쟁이 이미 시작되고 있다.

이에 따라 국가의 성장전략도 환경 · 에너지 비즈니스에 대한 기대가 크다. 2010년에 일본정부는 2050년까지 1990년 대비 80%, 2020년까지 25%의 온실가스를 감축하는 것을 목표로 지구온난화방지대책기본법을 제안하였고, 기후정책의 장기적인 방침을 명확하게 하였다. 또한 온실가스(GHG) 억제를 위한 커다란 정책적 기둥으로서 탄소세, 배출권거래제도의 도입, FIT(Feed in Tariff, 발전차액지원제도)라는 경제적 수단의 도입을 제안하고 있다. 나아가 중장기 계획에서 생활 · 생산 · 국토 인프라의 각 분야에서 무엇을 어떤 순서로 추진해 나갈 것인지 구체적인 방안을 제시하였다. 2010년 6월에 발표된 에너지기본계획에서도 2030년까지 30% 이상의 감축을 예상하는 등 국가의 방향도 점차 결정되고 있다. 국가의 이러한 체제는 많은 비즈니스에 영향을 준다.

일본의 환경기술은 다른 나라보다 우위에 있다고 하지만, 실제로는 반드시 그렇지만도 않다. 일찍부터 국가가 나서서 저탄소사회 만들기에 돌입해 온 유럽이나 에너지 부족하에서의 발전이 불가피해지고 있는 중국 등 신흥국의 가속화되는 기술발전에 쫓기고 있다. 저탄소사회로의 전환이 불가피한 지금, 이를 새로운 비즈니스 기회로 삼아 적극적으로 접근하는 것은 큰 효용을 가진다. 기후 제약에 대한 대응은 마찰을 수반하지만 그 경제적 파급효과는 클 것이며, 정부의 장기방침이 결정되면 기업은 앞 다투어 이에 따라 성장을 가속할 것이고 기술진보에 따라 가계에도 좋은 영향을 줄 수 있게 된다는 등의 경제평가가 나와 있다.

본장에서는 기후변동에 대한 대응의 필요성을 전제로 일본의 정책이 어떻게 구축되어 왔는지, 저탄소사회로의 변화의 필연성과 그에 대응하는 산업의 자세에 대해서 설명한다.

1. 기후정책의 필요성과 일본의 감축목표

기후안정화를 위하여 세계는 '저탄소사회'로 일제히 달리기 시작하였다. 저탄소사회로 진입하는 것이 인류에게 있어 하나의 역사적 전기가 될 것이라는 것은 결코 과장이 아니다. 산업혁명 이후 우리는 에너지 없이는 굴러갈 수 없는 기술을 기반으로 한 사회를 만들어 왔다. 그러나 저탄소세계에서는 에너지 사용량을 지금의 절반 이하로 하고, 에너지원을 크게 탈탄소화할 것이 요청되고 있다. 기술의 성격 또한 지금까지와는 전혀 다른 방향으로 돌리는, 산업혁명의 재설정(reset)이라고도 할 수 있는 전환인 것이다. 그러한 저탄소사회로 가야 할 필요는 무엇인가?

(1) 과학이 보여주는 '저탄소사회'의 필연성

2007년에 발표된 IPCC 제4차 보고서는 기후변화가 진행 중이며 그 영향이 세계 각지의 물리 · 생태계에 나타나고 있고 그 원인이 인위적인 온실가스배출에 있다는 것이 거의 확실하여 지금과 같은 배출을 계속한다면 금세기 중에 평균기온이 4도 이상 상승하게 되고, 여러 분야 · 지역에 막대한 영향을 끼치게 될 것이므로 변화하는 기후에 대한 대응책이 필요하다고 하였다. 또한 언제까지나 적응만 할 수는 없으므로 기후안정화를 향한 조기 온실가스 제어가 필요하며 이는 기술적으로 가능하다고 결론 내렸다.

〈그림 2-1〉 기후안정화를 위한 기본구조

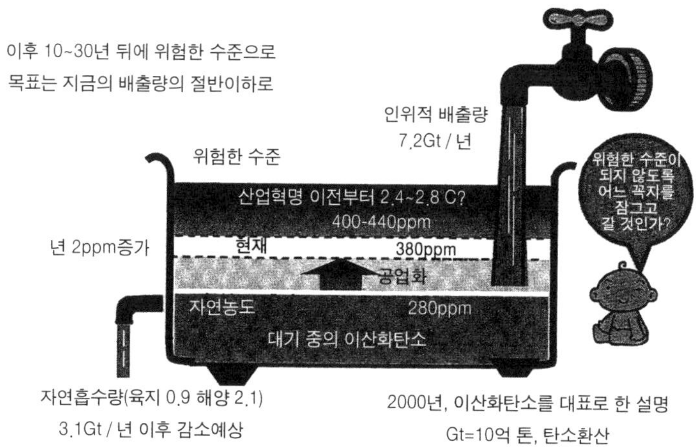

기후안정화를 위한 기본구조는 〈그림 2-1〉에서 볼 수 있다. 여기에서는 인위적 온실가스의 60~70%를 차지하는 이산화탄소를 대표로 설명하고 있다. 2000년 시점에서는 대기 중에 지구생태계나 해양의 흡수능력(연간 3.1기가 톤) 이상의 인위적 이산화탄소가 배출되고 있다(연간 7.2기가 톤). 산업혁명 이후의 미처 흡수되지 못한 배출량이 점점 축적되고, 대기 중의 이산화탄소농도는 280ppm에서 현재의 380ppm으로까지 상승하였다. 대기 중의 이산화탄소가 많아지면 많아질수록 기후변화는 심해진다. 지금의 상승속도는 연간 2ppm이다. 국제협상으로 위험한 온도상승의 일응의 기준으로 삼고 있는 산업혁명 이전 대비 2˚C 상승에 이

르는 것은 앞으로 10~30년 뒤의 일이다. 긴급한 대응이 필요하다는 것을 알 수 있다.

또한 몇 도에서 억제하자고 해도 억제한 뒤의 대기로의 배출량이 지구의 흡수량과 같든가 그보다 적어야 함은 자명한 일이다. 이러한 단순한 원칙에서 기후안정화를 위해서는 지금의 배출량의 절반 이하로 해야 한다는 결과가 도출된다.

그렇지만 온도상승과 함께 지구가 갖는 흡수능력은 감소하는 것으로 알려져 있다. 온도가 높아지면 토양유기물의 분해나 해양에서의 이산화탄소배출이 늘어 흡수능력이 저하된다. 3~4도 정도의 상승에서 억제되었다고 가정하면, 금세기 말에는 흡수능력은 2기가톤 정도로까지 저하된다는 계산도 나오고 있다. 그렇다면 배출량과 흡수량을 맞추기 위해서 현재의 배출량을 1/4로 줄여야 한다는 계산이 나온다.

이러한 점이 세계가 이산화탄소를 거의 배출하지 않는 '저탄소사회'로 이행해야만 하는 필연성으로 이어져야 한다는 과학이 보여주는 단순하고도 중대한 결론인 것이다.

(2) 기후변화협약에서의 국제적 감축방향

그러한 감축이 가능한 것일까? IPCC의 모델들을 포함한 많은 환경 · 에너지 연구자가 각각의 모델로 그 가능성을 검토하였다. 효용을 최대화한 경우의 적정감축궤도를 검토하거나 최소비용으로 활용할 수 있는 기술선택을 하는 것 등이다. IPCC에서는 또한 지구평균온도가 낮은 정도로 상승한 경우에는 남부의 국가들에서는 농업생산이 저하하지만 북부의 국가들에서는 증가한다는 득실이 있지만, 2~3도 이상 상승하게 되면 어느 나라에서건 이득을 볼 수 없는 상태가 되며, 기존의 지구시스템 구조 자체가 변화하게 된다는 커다란 변화의 가능성이 높아진다고 경고하고 있다. 2009년의 라퀼라 G8 정상회담(2009 L'Aquila Summit)이나 코펜하겐 UN기후변화협약총회에서는 산업혁명 이전 대비 2°C 정도의 상승으로 억제하는 것을 목적으로 세계의 질서를 구성할 것을 합의하였다. 산업화이전 대비 2~3도로 억제하려면 2000~2020년에는 감축을 시작하여(피크아웃), 2050년에는 50% 정도의 감축이 필요해진다. 이 결과는 2007년 하이겐담 G8에서 토의된 세계목표와도 닿아 있는 것이다.

IPCC는 2020년의 중기감축에 대해서는 상기의 시나리오군을 분석하여 여러 가지 온도상승수준에 대응하는 선진국·개도국의 감축분담례에 대해서도 정리하고 있다. 기후변화협약에서는 2007년 발리총회에서 교토의정서 검토과정에서 2℃ 상승을 염두에 두고 2020년까지의 선진국은 25~40% 감축이라는 분담에 주목하고 있다.

일본은 얼마나 감축하여야 하는 것일까? 50% 감축은 세계전체의 일이다. 감축분담에 관해서는 지루하게 국제협상이 이어지고 있다. 기본적으로는 과거·현재·미래·국가전체·인구 1인당 등으로 계산되는 각국의 온실가스배출량에 대한 형평성의 기준, 국가전체·인구 1인당 등의 국내총생산(GDP)으로 지표화되는 경제적 부담가능성, 나아가 세계전체에서 가장 경제적으로 감축하는 것을 목표로 하는 효율성 등의 지표를 기본으로 하며 이후에는 협상력으로 결정된다. 인구 1인당으로 보면 세계평균 약 1톤(탄소환산), 일본은 그 2.5배를 배출하고 있으며 미국은 약 5배이므로, 선진국이 대폭감축을 해야 한다는 것은 형평성의 관점에서 당연한 일이다. 국립환경연구소의 연구에서는 기후모델의 불확실성, 안정화온도수준, 국제분담의 나아갈 방향을 고려한 계산에서 일본은 2050년 대략 70% 이상의 감축이 필요하다고 결론 내렸다. 2008년 후쿠다(福田) 수상은 일본장기감축목표로 2050년에 현재 대비 60~80% 감축을 들었고, 민주당 정권은 80% 이상 감축을 목표로 하고 있다. 이에 더하여 2020년의 중기감축목표로 2009년 아소(麻生) 수상은 2005년 대비 15% 감축을 제시하였지만, 그 후 하토야마(鳩山) 수상은 1990년 대비 25% 감축목표를 UN기후정상회의에서 선언하였다.

(3) 산업경쟁력유지를 위해서

협상결과는 어찌되었건, 세계가 저탄소사회로 향하는 움직임이 이미 이루어지게 되어, 세계의 산업이 일제히 저탄소사회를 전제로 한 기술개발, 사회변혁으로 향하고 있다. 이 흐름은 그 자체가 하나의 질서가 되어 이후 세계의 사회경제를 결정해 나갈 것이다. 일본에서는 일부 산업계의 반대로 정부는 명확한 저탄소사회로의 전환신호를 보낼 수 없었기 때문에 그러한 세계의 흐름에 뒤처지고 있다. 또한 많은 개도국이 녹색성장전략을 세우기 시작하여 일본을 뒤쫓고 있다. 일본은 이 15년간 거의 모든 에너지강도(GDP당 에너지 사용량)와 이산화탄소강도(GDP당 이산화탄소배출량)를 개량하지 않았고, 태양광발전이나 풍력발전에서 크게 뒤떨어지고 있다는 예에서 볼 수 있듯이 유럽국가와 비교하여 기술면에서도 추월당하고 있다〈그림 2-2〉.

〈그림 2-2〉 경제성장과 이산화탄소 배출량의 추이

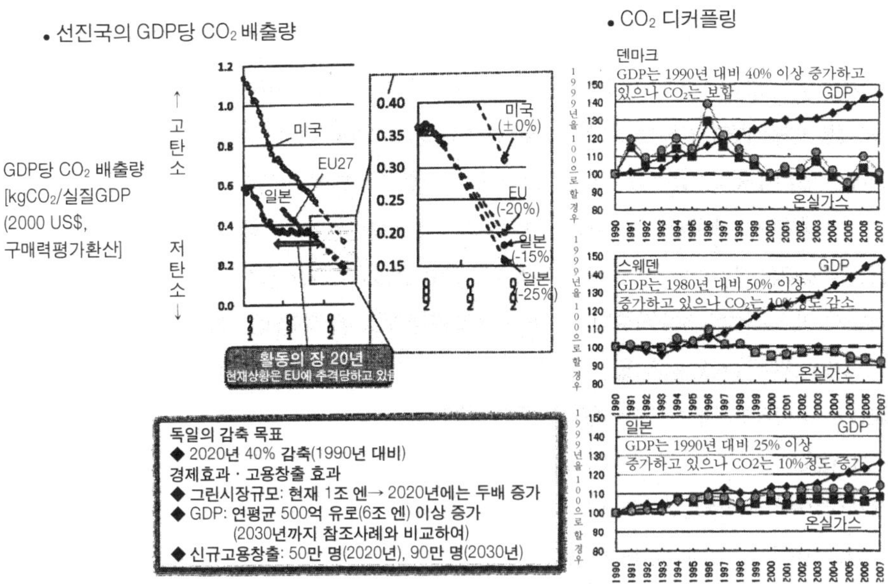

출처: 독일연방환경성(BMU) '에너지정책 로드맵 2020'

이대로는 일본산업이 세계의 시장에서 승리하기 위한 경쟁력이 저하되어 일본의 기술력을 살릴 수 없다. 올바른 방향으로 높은 목표를 세우는 것이 기술개발을 크게 추진하는 요인이 된다.

2. 저탄소사회에 관한 일본의 정책추이

(1) 교토의정서 감축목표를 향한 대응상황

2007년 이전의 일본의 온난화대책은 장기정책 없이 진행되어 왔다. 지금까지는 1997년의 교토의정서에서 약속한 온실가스를 1990년 대비 6% 감축이 가능한지, 그것이 어떠한 경제적 영향을 단기적으로 일본경제에 주게 될지, 산업에 영향을 미칠지가 논점의 대부분을 차지하였다. 교토의정서의 약속을 이행하기 위해서 1998년 지구온난화방지추진대강(법률이 아닌 행정행동지침)을 정하였다. 여기에서는 6% 감축을 즉, 국내감축 0.6%, 산림흡수에 의한 감축 3.9%, 해외 크레딧 구입을 1.6%로 충당할 계획이 제시되었다. 산업부문에서의 감축은 산업계의 자주적 행동계획에 맡겨졌다. 가정부문, 업무부문, 운송에너지 감축은 경제성의 에너지절약법으로 규율된다. 일본의 온실가스배출은 기준이 되는 1990년의 1,261백만 톤에서 2007년 1,371백만 톤까지 상승하였지만 2008년에는 경제불황으로 1,286백만 톤으로 내려갔다. 이러한 추세로는 산림흡수원이나 크레딧을 포함하여 2010년에는 6% 감축(1,185백만 톤)이 달성될 가능성이 크다. 2008년에는 중앙환경심의회, 산업구조심의회의 합동위원회에서 추진대강의 실시상황의 수정이 이루어졌다. 감축이 충분히 이루어지지 않는 요인으로서는 2008년까지 1990년 대비 34.7% 증가한 가정부문(1990년 11.1%의 점유율) 및 41.3% 증가한 오피스부문(14.4%)에서의 억제가 급선무이다. 운송부문(19.0%)은 8.5% 증가한 것에 그쳐 교통량의 감소로 이후로도 감소추세가 이어질 것으로 보인다. 산업부문(42.1%)은 기업의 노력이 계속되어 2008년에는 13% 감축되었지만 이는 경제불황의 영향이 크며 전년도인 2008년에는 2.9% 감축에 그치고 있다. 발전 등 에너지 전환부문(5.9%)은 2008년 15.5% 증가하였지만 그 원인은 운전사고나 지진에 의한 운전정지로 원자력발전소의 가동률이 떨어진 것과 상정된 원자력건설이 국민수용성(public acceptance) 관계로 늦어지고 있는 점과 에너지 안정공급의 관점에서 원자력과 함께 석탄화력으로의 발전이 증가하고 있다는 점을 들 수 있다.

교토의정서 달성을 둘러싼 논의에서 부각되고 있는 논점으로는 다음의 것을 들 수 있다. ① 발전량의 약 1/4을 차지하는 원자력의 안전성 확보와 규제완화에 의한 가동률 향상의 조정, ② 석탄화력증가에 의한 에너지 안전보장과 온실가스 배출감축의 상극관계, ③ 민생부문 즉 일반가정의 감축노력부족, ④ 산업구조가 서비스산업화하는 가운데 사무실 등의 에너지 증가에 대한 대응 부족, ⑤ 최종수요부문에서의 에너지 사용에 관한 데이터의 결정적 결여, ⑥ 감축계획에 있어 발전측과 최종소비측의 배출을 직접배출이 아니라 간접배출로 기재하는 것에서 발생하는 소비자 노력과 발전자 노력에서 볼 수 있는 과부족, ⑦ 탄소세나 배출권거래제도의 도입 등 종합적 정책(policy mix) 형성의 필요성, ⑧ 산업에서의 자주적 이행노력 목표설정의 자의성, ⑨ 기존 전력원에 대한 높은 신뢰성유지에서 오는 재생가능에너지 도입의 지연(2006년 1차 에너지 공급량의 1.3% 점유율)이다.

교토의정서의 논의 중에서는 보다 장기의 저탄소화에 관한 논의가 많이 이루어졌다고는 할 수 없다. 이 때문에 극히 단기의 대책에 대한 논의에 그쳤다. 이러한 논의는 일단 주로 환경성이 주최하는 중앙환경심의회, 경제성이 주관하는 산업구조심의회에서의 정책담당자, 산업계, 유력비정부조직(NGO) 등 사이에서 이루어지고 있지만 실질적으로는 각 성(省)의 논의가 내각관방(內閣官房)에서 조정되어 국가의 정책이 된다는 절차로 이루어져 왔다.

(2) 중장기감축논의의 개시

2005년 영국의 글렌이글즈(Gleneagles)에서의 G8 정상회의에서 블레어 수상의 주도로 기후변화에 관한 의제가 상정되었고, 2008년의 일본 토야코(洞爺湖) G8 정상회의에서 결론짓는다는 절차가 설정되었다. 물론 이것은 2013년부터의 포스트 교토의정서와 관련한 국제체제논의의 향방을 가늠하는 것을 목적으로 하여 2009년의 UNFCCC/COP15(코펜하겐)의 방향성을 결정할 목적으로 한 것이었다. 이에 따라 2006년부터는 교토의정서 이후의 논의가 시작되었다.

환경성과 국립환경연구소는 2004년부터 대학 · 연구기관에서 60명의 연구자가 참가한 장기감축시나리오의 연구를 시작하여 2007년 2월에 그 중간발표 '2050년 일본저탄소사회 시나리오 온실가스 70% 감축가능성을 검토'하였다(http://2050.nies.go.jp). '저탄소사회'라는 말은 저탄소 '경제' 이상의 사회변화가 필요하지는 않은가라는 관점에서 이 연구과제의 제목이 되었던 것이지만 '저탄소사회'라는 말이 이후 일본의 정책으로 서서히 정착되었고, 외국에서도 사용되기 시작하였다. 연구의 결론은 '2050년에 1990년 대비 온실가스 70% 감축이 기술적으로 가능하지만 이를 위해서는 많은 정책적 조치가 필요하며, 기술뿐만 아니라 사회 · 경제제도 · 사회인프라의 전환이 필요'하다는 것이다. 2007년 연구는 일본 · 영국 공동연구로 양국 간에 3년에 걸친 의견교환이 이루어졌다.

2007년 5월, 아베(安倍) 수상은 '아름다운 지구'라는 비전으로 세계적으로 2050년 50% 감축을 하일리겐담(Heiligendamm) G8에서 제안하였다. 그 이전에 환경성은 '저탄소시나리오'연구를 기초로 장기전략을 검토하고 경제산업성에서는 여기에 '장기감축을 향한 기술개발계획'을 더하였다. 내각부에 설치된 일본의 과학기술정책책정의 임무를 갖는 수상을 의장으로 하는 과학기술종합회의는 이를 2008년 5월 '환경에너지혁신계획'으로 정리하고 기술개발뿐만 아니라 사회개혁에 대해서도 방향을 정하였다.

2008년 6월, 토야코(洞爺湖) 정상회의를 유치한 후쿠다(福田)수상은 국회에서 '저탄소사회'를 향하여 일본은 2050년 60~70%의 감축을 목표로 해야 한다는 뜻을 전하였고 이것이 일본의 장기목표로 결정되었다. 그러나 이 목표설정에서는 국립환경연구소가 세계의 감축목표논의에서 연구목적으로 설정한 70% 감축제안 이외에는 거의 없어, 도리어 그러한 대폭감축목표설정으로 국제경쟁력 저하를 두려워하는 산업계로부터의 반대의 목소리가 컸다. 토야코 정상회의에 앞서 개최된 환경장관회의에서는 일본이 제안한 '저탄소사회 국제연구네트워크'가 제안되어 참석자의 동의를 얻어 설립되었다. 후쿠다 내각은 저탄소사회만들기를 정책의 중요한 기둥으로 삼아 국토교통성이나 내각부에서도 저탄소도시만들기를 추진하기 시작하였다. 또한 온실가스산정 · 보고 · 공표제도의 수정이나 배출억제 등 지침의 책정 등을 규정한 지구온난화대책추진법 개정법안이 2008년 3월 7일에 각의결정되었다.

코펜하겐총회를 맞이하여 2008년 말 아소(麻生) 수상 하에서 내각관방이 주최한 '중기목표검토회'가 소집되어 2020년 감축목표를 검토하기 위해서 6개 연구기관이 그 작업에 참가하였다. 1990년 대비 4% 증가한 경우부터 25% 감축하는 것까지 6단계의 감축목표에 대해서 기술적 실행가능성과 그 경제적 영향이 검토되었다. 아소 수상은 1990년 대비 8% 감축(2005년 대비 15% 감축)을 일본의 중기목표로 정하고 라퀼라(L'Aquila)의 G8에서 발언하였다. 이 검토에 관하여 ① 대폭 감축에 수반되는 거대투자의 필요성. ② 그 국민부담의 방법이 미디어에서 논의되었다. ③ 산업계는 검토보고서에 대해서 대폭 감축목표의 설정은 일본 산업의 국제경쟁력을 약화시킨다는 반대의사를 비추었다. ④ 몇몇 연구기관은 기술적으로 20% 이상 감축은 곤란하다고 결론 내렸다. ⑤ 경제모델에서는 당연히 탄소가격이 숨은 전제로 되어 있지만, 이것이 탄소세 등의 도입을 전제로 한 정책논의로는 이루어지지 않았다. ⑥ 또한 검토의 전제로서 소재생산량, 원자력발전용량, 교통량 등이 정부의 경제계획과의 정합성을 유지하기 위해서 또는 산업계의 예측을 그대로 받아들여 높게 설정되어 산업구조가 10년간 현상태로 고정된다는 조건에서 이루어져 있다. ⑦ MAC(한계저감비용곡선)가 참가연구기관에 따라 다르다는 것. ⑧ 세수를 국채반환에 사용할 것인지 연구개발자금으로 충당할 것인지 용도의 차이에 따라 국민부담에 커다란 차이가 생긴다는 것 등이 명확해졌다.

또한 환경세, 탄소세에 관한 논의는 1997년부터 수년에 걸쳐 중앙환경심의회에서 검토되어 2004년에는 환경성의 안이 제안되었지만 산업계의 강한 반발로 실시되지 않았다. 2005년부터 환경성의 주도로 시범적으로 자주참가형 배출권거래제도(JVETS)가 개시되었지만 거래량은 아직도 활발하다고는 할 수 없다.

(3) 지구온난화대책기본법

2009년 9월 정권이 교체되고 민주당 하토야마(鳩山) 수상은 UN기후변화정상회의에서 일본의 장기감축 목표를 1990년 대비 80% 감축으로 하였고, '모든 주요배출국의 참가를 전제로', 2020년까지의 중기목표를 25% 감축한다고 하였다. 2010년 3월 지구온난화방지대책기본법안이 각의결정되어 6월 중의원을 통과하여 참의원에 상정되었지만 6월 초 하토야마(鳩山) 수상 사임과 참의원선거일정이 당겨져 폐기되었다. 후임인 칸(菅) 내각에서는 하토야마 전수상의 제안을 계승하여 선거후의 국회에 재상정하였다. 또한 칸(菅) 정권은 그 성장전략의 기둥의 하나로 환경 · 에너지에 대한 투자확대를 들었다.

기본법안에는 '모든 주요국이 형평하고 실효성이 확보된 지구온난화를 위한 국제적인 체제를 구축함과 동시에 온실가스의 배출량에 관한 의욕적인 목표에 대해서 합의하였다고 인정되는 경우에' 1990년 대비 2020년까지 25% 감축한다는 중기목표를 명시하였다. 또한 장기목표로서는 2050년까지 80% 감축, 2020년까지 재생가능에너지를 1차에너지의 20% 이상 도입할 것을 명기하였다. 또한 국내배출권거래제도와 지구온난화대책세의 도입, 재생가능에너지의 전량매수제도의 도입을 명기하고 있다. 이에 따라 저탄소사회를 향한 정치적 의사가 처음으로 제시되었다고 할 수 있다.

(4) 실현을 향한 로드맵설계

기본법안의 실행가능성을 가늠하기 위해서 2020년 25% 감축가능성을 보여주는 로드맵 작성이 2010년 1월부터 개시되었다. 4월이 되어 이 작업은 중앙위환경심의회 하의 소위원회의 검토에 부쳐졌다. 대학·연구기관의 연구자 50명으로 구성된 팀은 생활관련, 교통을 포함하는 지역, 산업부문의 3개 분야에서 2050년까지의 구체적 계획(physical plan)이 작성되었다.

일부 경제계는 대폭감축과 배출권거래제도 및 온난화방지대책세의 도입에 강하게 반대하고 있다. 전환을 위한 부담과 마찰에 관해서도 당연한 것이지만 노동조합이나 일반국민의 반대도 많다. 기본법안에서는 (1) 25%라는 숫자의 근거 (2) 조건부 목표설정의 유효성 (3) 감축목표인 25% 중 국내감축비율 (4) 실현가능성에 대한 의문 (5) 전환비용의 재원과 국민부담·전환시의 고용마찰 등이 설명되어 있지 않다. (6) 에너지 계획과 일치할 필요성 등의 비판이 전력, 철강, 화학 등 에너지 다소비 산업에서 나오고 있다. 한편 전기기기 등 소비용 산업에서는 자사기술이 사회전체의 저탄소화에 미치는 감축효과를 정당하게 평가해주기를 바라는 요청도 있다.

요즈음 저탄소사회를 향한 많은 움직임이 보인다. 도쿄도는 정부에서 독립하여 2000년 대비 2020년에 25% 감축목표를 규정한 '카본 마이너스 도쿄 10년 프로젝트'를 세우고 대규모 사업소의 온실가스 발생에 대하여 캡 앤드 트레이드(Cap & Trade)형 규제를 마련하였고, 나아가 중소사업소와의 배출권거래를 인정하였으며 또한 사업소에 대하여 타 지역에서의 그린전력인증구입을 인정하여 전국에 그 영향을 확대하려 하고 있다. 도쿄 주변의 현은 저마다 저탄소화계획을 추진하고 있다.

지금까지 저탄소화정책을 가늠하는 연구는 각 성·청의 정책담당자와 관련연구기관에 의해서 이루어져 왔다[예: 경제산업성: 지구환경산업기술연구기기구(RITE), 일본에너지경제연구소(JEEI), 산업종합연구소(AIST); 환경성: 국립환경연구소(NIES), 지구환경전략연구기관(IGES)]. 그러나 저탄소사회로의 전환은 다양한 분야의 지식이 필요하므로 연구기관의 다양화(농업환경기술연구소, 건축연구소)와 대학과의 협력이 불가결해지고 있다. 문부과학성은 지금까지 현실정책과는 거리를 두고 있었지만, 2009년에 일본과학기술진흥기구 내에 '저탄소사회전략센터'를 설립하고 30명의 연구원으로 저탄소화연구를 시작하였다.

3. 저탄소사회의 의미

기후안정화를 향한 전환은 금세기 인류가 실천해야 할 커다란 도전이다. 그 변혁을 어떻게 받아들이고 나아가야 할 것인가?

(1) 산업혁명을 재설정(reset)하다

산업혁명 이전이라고 하면 해를 보고 일어나 물과 햇볕으로 먹을거리를 키워 돌과 목재로 집을 짓고 장작으로 열기를 얻는다. 모두 태양의 축복 아래 살아왔다. 그다지 많은 화석연료를 사용하지는 않았기 때문에 대기 중으로 조금 방출된 이산화탄소는 단기간에 자연에 흡수되어 대기농도는 원상회복되었다. 그러나 산업혁명 이후에는 대대적으로 배출되었고, 200년이나 지속되어 왔기에 대기 중에 쌓이고 쌓인 온실가스가 줄어들기는커녕 늘어나고만 있다. 지금 이를 원래대로 돌리려고 화석연료의 사용을 중지하고, 나무를 심고, 바다에 철을 뿌리며 지중·해중에 이산화탄소를 밀어 넣으려고 필사적으로 움직이고 있다.

이렇게 생각해보면 지금의 우리들은 산업혁명의 뒤처리를 강요당하고 있다고도 볼 수 있다. 뒤처리라고는 해도 산업혁명, 에너지기술 덕에 많은 기아, 빈곤이 해소되었고 인간다운 풍요로운 생활을 할 수 있게 된 것은 틀림없는 일이다. 따라서 지금부터는 산업혁명 이전의 생활로 돌아가는 것이 아니라 200년 간 축적해 온 인간의 지혜를 고스란히 가진 채, 여기에서 이전의 산업혁명을 재설정하여 저에너지 · 저탄소로 새로운 산업혁명을 일으켜 '저탄소사회'의 환경문명으로 이행할 시기인 것이다.

(2) 국민모두가 결의를 다지다

1에서 서술한 바와 같이 조만간에 또는 일본의 실천여부와는 상관없이 저탄소사회로의 전환은 필연적이다. 그러나 지금까지의 에너지 고의존형기술사회를 바꾸는 것은 그리 쉬운 일이 아니다. 장기적인 안목을 가지고, 한 발자국씩 사회를 바꾸어 나가야만 겨우 실현될 수 있다. 여기에는 조기의 국민적 목표공유와 정부의 강한 리더십이 필수적이며, 사회 · 기술 혁신을 향한 종합시책의 확립, 감축가능성을 현실로 하는 강력한 보급 · 촉진책의 실시, 장기계획에 기초한 확실한 정부투자, 민간투자의 유도, 라이프스타일의 변경 등 많은 변혁이 포함된다.

그러나 일단, 저탄소사회로 향할 수밖에 없다고 결의를 다지고 나면, 지금까지의 에너지 고기술의존사회를 버리고 적극적으로 새로운 사회를 보다 빨리 맞이하는 것이 모두에게 이익이 된다. 당연히 예상되는 산업구조전환이나 국토인프라 투자를 조기에 저탄소화의 방향으로 향하여 확실하게 추진한다. 일본은 세계적으로 앞선 고령화사회로 새로운 국가만들기의 시기인 것이다. 저탄소사회형성은 변혁을 요구하는 지금부터의 상황을 충분히 인지하고 이들과의 상승효과를 가져올 수 있는 방향으로 나아가야 한다.

(3) 저탄소경제로 이행

'안정적인 기후의 가치'를 인정하고 '안정적인 기후를 유지하려는 노력'을 모두가 공평하게 분담하는 경제로 할 필요가 있다. 지나친 탄소배출을 하는 사람이 배출감축을 할 수 있게 하고, 탄소배출을 억제하기 위해서 꼼꼼하게 노력하는, 또는 기술개발을 하는 사람이 보상받을 수 있는 경제시스템을 구축할 필요가 있다. 탄소세나 배출권거래에서 '안정적인 기후의 가치'를 경제에 내부화해 나갈 필요가 있다. 지금 당장 이익이 되지 않을 것을 사람들이 싫어하는 것은 당연하지만, 미래세대를 위해서 장기적인 안목을 가지고 미래세대를 대신하여 정부가 세금 등의 형태로 국민에게 부담을 지워 이를 기후안정화대책에 유효하게 사용하는 것도 필요하다. 정부는 확실한 목표를 가지고 R&D, 노동력이동의 마찰, 자금이동, 인프라전환 등을 매끄럽게 진행할 수 있는 정책을 동시에 마련해야 할 것이다. 여기에서도 탄소세를 산업구조전환의 마찰해소나 노동훈련 등의 사회보장예산으로 돌리는 등 저출산고령화(少子高齢化) 사회를 감안한 종합적인 시책이 필요하다.

(4) 비즈니스 기회를 거머쥐다

'저탄소사회 시나리오'에서는 2050년 CO_2 배출량 70% 감축에 관한 기술의 직접비용은 예상되는 2050년 GDP의 약 1% 정도로 추정되고 있다. 2050년에 예상되는 GDP 성장률을 감안하면 약 1년 경제성장이 늦어지는 것에 상당한다. 제한 없이 이산화탄소를 사용하는 것을 전제로 하는 경제에서 얻어질 수 있었던 효용이 기후안정화의 효용으로 치환되어 사라진 것이다. 그러나 저탄소사회에 대한 투자는 언젠가 하지 않으면 안 되는 투자이며, 그것이 녹색투자라고 불리는 것이다. 당연히 이를 비즈니스 기회로 보는 기업에게는 에너지절약기술 · 지식의 판매로 이어지는 한편, 에너지절약으로 에너지 수요가 줄어들면 에너지 회사에 있어서는 매출이 감소한다. 일방에게 비용인 것이 타방에게는 커다란 비즈니스 기회이다. 그러한 교환과정을 거쳐 에너지 다소비산업에서 고도지적서비스산업으로 서서히 산업구조가 전환되어가면서 일본은 '저탄소사회'로 변화되어 간다.

(5) 조기대응이 유리하다

커다란 사회의 관성이나 장래의 기술발전을 생각하면 대책은 늦는 편이 경제적으로 유리하다고 여겨지는 경우가 있다. 그러나 기후안정화의 관점에서 보면, 온난화 억제에는 누적배출량이 영향을 끼치기 때문에 조금이라도 빨리 감축을 실현하여 누적배출량을 감축할 필요가 있다.

저탄소사회에 필요한 사회인프라 형성에는 시간이 걸리고, 단숨에 실현하려고 하면 자원, 자금, 노동력의 제약이 발생하여 도리어 경제적으로 불리해진다. 기후변화대응은 명확한 목표를 향하여 우선순위에 따라 정합성있는 정책전개가 필요하며 효과적이기도 하다. 이후 예견되는 산업구조전환이나 국토인프라 투자를 조기에 저탄소화의 방향으로 서서히 추진해 나가는 공정표의 작성이 필요하다. 장래의 기술에는 불확실성이 있기 때문에 기술개발은 조기에 착수하고 잘 되지 않는 경우에는 다른 기술로 교체할 수 있는 기회를 확보한다는 리스크관리상의 문제도 있다.

효율개선은 그냥 시간이 지난다고 비약적으로 향상되는 것이 아니다. 개선을 위해서 부단한 노력을 지금 당장 시작하여야 한다. 기술에는 숙성효과(생산경험을 쌓을수록 비용이 저하되는 효과)가 있기 때문에 조기에 대책도입량의 확대를 추진하면 조기에 비용이 저하된다.

세계전체가 저탄소사회로의 전환을 노리고 호시탐탐 비즈니스의 확대를 노리고 있는 가운데 기술개발이나 보급을 늦추면 세계시장선점 기회를 놓쳐버릴 위험이 있다.

(6) 저탄소사회 만들기에 도전하다

앞에서 말한 바와 같이 과학이 보여주는 바에 따르면 세계는 궁극적으로 온실가스 무배출(Zero Emission)의 길을 걸어야만 한다. 조기에 적극적으로 실천하는 것이 단기적으로는 유동하기 시작하는 세계시장에서 국제경쟁력을 높이는 방법이 될 것이고, 장기적으로는 차세대의 안전을 확보하는 길인 것이다. 그리고 '저탄소일본'을 세계표준으로 하는 것이 우리가 할 수 있는 인류역사를 향한 공헌이다.

4. 저탄소사회가 가져올 전환

아무것도 하지 않는다는 선택이 절대로 최선의 선택이라고는 할 수 없다. 미래세대의 부담이 증가하는 것을 무시하고 있다고 보는 시각도 있다. 또한 세계가 눈사태처럼 저탄소사회의 방향으로 나아가고 이를 전제로 세계질서가 형성되고 있는 지금, 이를 곁눈질하면서 산업구조도 따라가지 않고, 솔선하여 제품개발도 하지 않는다면 특히 일본과 같은 수출국가는 국제경쟁에서 뒤떨어지게 된다. 국제경쟁이 치열한 자동차 산업은 이산화탄소배출억제를 주요 경영목표로 하여 기술력 유지를 위해서 합종연횡을 계속하고 있다. 새로운 시장인 태양에너지 기술분야에서의 일본의 부진함도 가만히 있는 것이 좋은 선택이라고는 할 수 없는 상황을 여실하게 보여주고 있다.

25%까지의 감축은 '기술적'으로는 가능하다. 자전거밖에 없는데 도쿄에서 교토까지 3시간 만에 가라고 하는 것은 아닌 것이다. 감축을 가능하게 하는 기술은 이미 있다. 그러나 어떻게 하면 이들 필요한 기술을 실제로 사회에 보급하고 온실가스를 줄일 수 있을 것인가. 효율이 좋은 경량고속철도(LRT)의 차량기술은 있어도 선로가 없어서 움직일 수 없다. 좋은 단열주택이 있어도, 재건축시기에 맞출 수 없으면 사는 사람이 적다. 사무실의 에어컨을 잘 제어하려고 해도, 방마다 측정기나 컨트롤러가 없어서 어떻게 할 수 없다. 누가 어떻게 선로를 놓을 것이며 재건축에 대한 동기부여를 어떻게 할 것이고 측정기 설치를 강제할 수 있을 것인가. 이를 해결하기 위해서는 어떤 정책을 펼쳐야만 하는가. 어떤 정책이 유효하며 효율적일까 하는 문제이다.

저탄소사회로 바뀐다는 것이 우리들의 기술, 사회경제를 어떻게 바꾸어놓을 것인가?

(1) 기술의 벡터가 크게 바뀐다

우리는 기술사회의 한가운데에 있다. 기술 없이는 살아갈 수 없으며 기술만이 인류가 축적해온 지혜이다. 그러나 그 기술이나 제품의 대부분이 에너지 없이는 만들어질 수도 사용할 수도 없다. 그 에너지의 대부분이 화석연료로 공급되기 때문에 온실가스가 배출된다. 기후안정화를 위해서는 에너지효율이 좋은 기술을 개발하고 그 기술을 지혜롭게 사회에 도입하고 에너지를 탄소배출이 적은 것으로 바꾸어나가야 한다는 기술전략 · 기술정책의 벡터를 크게 바꾸어야 한다.

(2) 수요측면에서 기술개발이 열쇠

일본의 저탄소화 시나리오뿐만 아니라 국제에너지기관의 세계 시나리오에서도, 영국의 80% 감축전략도, 에너지수요를 2050년에는 현재보다 대략 반감시킬 필요가 있다는 것을 보여주고 있다. 에너지를 얼마나 사용하더라도 편리함, 효용을 실현하는 것이 지금까지의 기술의 역할이었다. 그리고 그 효용의 확대가 경제성장의 원동력이었다. 아침에 일어나 두세 발걸음 걷는 것을 아끼기 위해서 리모컨으로 스위치를 누르는 편리함을 위해서 TV는 하룻밤 내내 대기전력을 소비하고 있으며, 컴퓨터, 팩스용 등도 포함하면 지금은 가정의 전기량의 7%가 대기전력이다. 지금부터는 우선 효용 자체가 얼마나 필요한 것인가를 충분히 음미하고 필요한 효용을 되도록 적은 에너지로 실현하는 것이 기술자의 일이 된다.

에너지절약은 물론 소비자 · 수요측산업기술자의 역할이다. 지금까지는 에너지 공급측이 가전제품이나 자동차 등 에너지 수요측의 기술이 일체가 되어, 에너지 이용을 확대해 왔다. 그러나 이후로는 수요측의 에너지절약기술이 주도하여 에너지절약을 하고, 공급측은 그 감축된 에너지를 어떻게 저탄소에너지로 공급할 것인가를 양자의 협력하에 생각해 나가지 않으면 안 된다. 이는 가령 스마트그리드의 도입에 있어 매우 중요한 과제가 되고 있다.

(3) 저탄소사회를 향한 기술경쟁격화

일본의 시나리오분석에 기초하면, 이후 저탄소사회구축을 향한 기술경쟁은 격화된다. 지금까지 선진국의 에너지 기술발전율은 에너지집약도(에너지/GDP) 지표로 보면 연 1.25% 정도의 발전율을 보여주고 있었다〈그림 2-3〉. 그러나 70% 감축 시나리오에서는 일본은 그 속도를 1.7~2.4%로 가속하여야 한다. 이는 다른 국가의 시나리오를 보아도 마찬가지의 결과이며 영국은 2.8%, 독일은 2.4%를 예상하고 있다. 프랑스는 원자력을 강화하여 도리어 에너지당 탄소배출량(탄소집약도) 감축강화로 승부하려는 방침이다. 이미 유럽국가들은 에너지절약 체질로의 변환을 강력하게 추진하고 있으며 1970년 후의 석유위기 이후에는 세계 제1의 에너지절약국가임을 자랑하던 일본의 지위도 위태로워지고 있다〈그림 2-4〉.

〈그림 2-3〉 탄소집약도 및 에너지집약도의 개선속도(%/년)

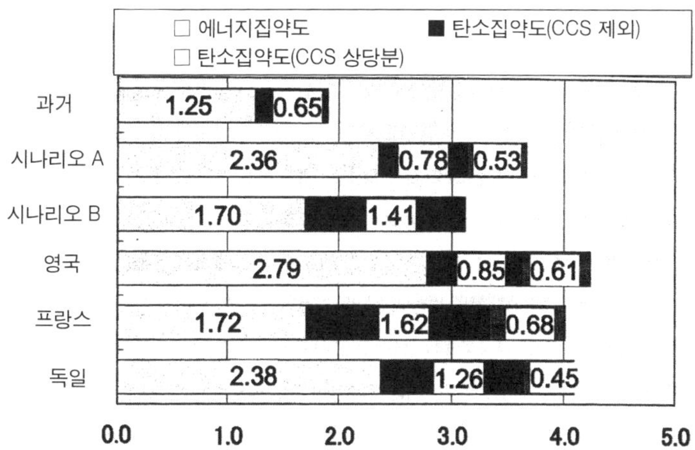

〈그림 2-4〉 각국 에너지 강도의 추이

장기감축 목표설정이
산업구조개혁을 진전시킨다

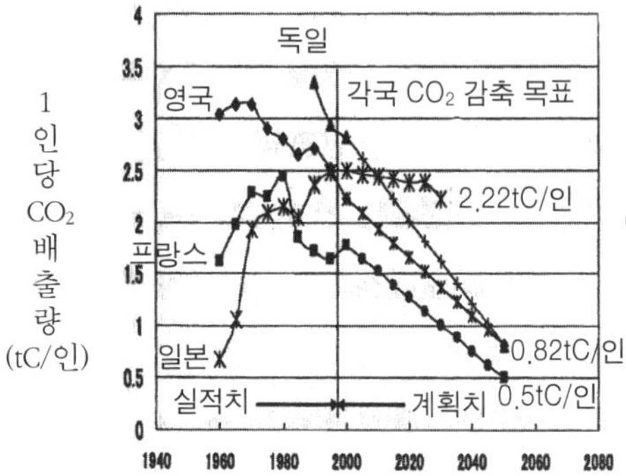

유럽국가들의 계획에서는 현재 1.5tC/(인·년)~3tC/(인·년) 정도의 배출량을 2050년에 0.5tC/(인·년) 정도로 감소시킨다.
일본의 계획은 종합자원에너지조사회 수급부회가 예측한 대책 시나리오.
프랑스는 온난화대책 관련부서의 태스크포스(MIES), 독일은 의회자문위원회, 영국은 무역산업성(DTI)의 시나리오

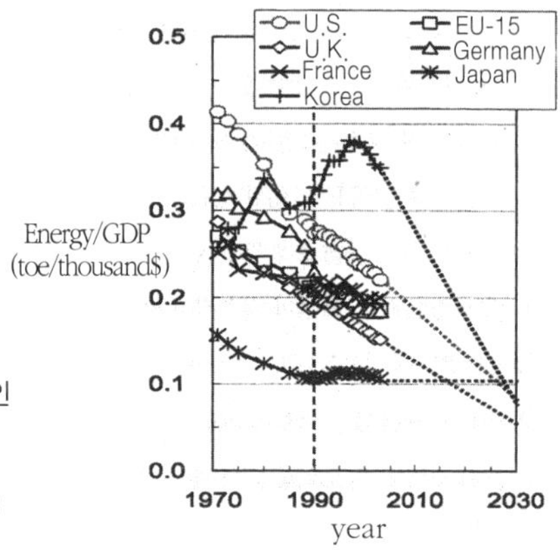

에너지소비단위의 추이
출처: IEA Energy statistics

(4) 기술의 약진이 일어난다

저탄소사회의 기술은 지금까지와는 양상이 다른 것이며 기술의 체계에 커다란 변화가 일어날 가능성이 있다. 전자기술의 발달에 따라 손목시계는 태엽시계형에서 전자액정형으로 바뀌었고 기계공학에서 전자 · 재료공학의 무대가 되었다. 어설픈 유선통신망이 있었던 일본보다는 중국에서 폭발적으로 휴대전화가 보급되었다. 이러한 기술도약(개구리 줄넘기형 기술발전)은 저탄소사회 전환시에도 예상된다.

이산화탄소배출이 1/4이 되는 전기자동차는 가솔린 자동차의 연장

선상에 속하지 않는다. 각 차륜에 모터를 달아 움직이는 전기제품인 것이다. 그렇게 되면 기술의 중심은 엔진에서 모터, 축전지, 차체, 조타기술 등으로 옮겨간다. 에너지 공급체계도 주유소에서 가정충전으로 바뀌게 되며 나아가 자동차의 축전지가 계통전력의 조정에 들어가게 되는 스마트그리드로 발전한다. 가정이나 사무실의 사람들의 행동에 대한 정보가 이 연결망을 통해서 얻어지게 되므로 정보산업이 이에 더해지면 지금까지의 산업구분을 넘어선 기술 시스템의 전개가 펼쳐질 것이다.

(5) 재생가능에너지는 필수

궁극적으로 탄소무배출(Zero Emission)로 향하려면 재생·자연에너지의 확대가 시급하다. 에너지수요가 확실하게 줄어드는 가운데 당장은 원자력을 유지하겠지만 언젠가는 태양에너지, 풍력, 바이오매스(Biomass) 등의 지역분산식 에너지 이용시스템이 필요해질 것이다. 우선은 분산형 에너지를 계통전력으로 연결하는 것이 과제이다. 이들 조정을 가능하게 하는 스마트그리드에 기대가 모아지고 있다.

(6) 기술을 살리는 사회자본 정비: 고령화시대의 국토와 도시만들기

교통시스템 및 도시정비, 나아가 농·산촌을 포함한 토지이용 등 사회기반도 에너지 절약을 위해서 변화되어야 한다. 인프라는 기술과 사회를 연결하는 기반이다.

교통분야에서의 이산화탄소 감축은 대부분 이미 개발되어 있는 전기자동차의 보급으로 달성되겠지만, 모델 시프트나 도시교통의 공공전환 등의 시프트 기술의 적용이 중요하다. Door to door로 최대 효용을 발휘하게 될 자동차회사의 도로확대부터 에너지를 최소화하는 공공교통으로 나아가면 개인화에서 사회화로 진행될 것이다.

2050년에는 일본의 인구가 20~30% 줄어들고 세계적으로 앞선 저출산고령화사회에 진입하게 된다. 도시로의 인구집중이 심화되고, 메가시티, 지방중핵도시로 인구가 집중된다. 한편 농·산촌은 바이오매스

(Biomass)의 공급지, 이산화탄소 공급원으로서 적절한 관리가 이루어져야 하며, 기후변화에 따른 세계적 식량변동에도 대비하여 강한 생산력을 유지해야 한다는 점에서 무언가의 형태로 안정된 생산 · 주거가 촉진될 것이다.

도시에서는 재건축시의 개개 주택이나 사무실건물이 고단열 에너지절약형으로 에너지 절약형관리가 가능한 설계가 되어야 한다. 각 방에는 에어컨설비가 설치되고, 에너지절약을 위한 노력이 보상되는 시스템이 필요하다. 이러한 행동들이 모여서 에너지 공급산업은 계측정보산업으로 산업구조전환이라는 형태로 거듭나게 된다.

전체적으로 보면 펜슬빌딩(pencil building)의 난립을 막는 토지개혁이 이루어져야 하며, 이를 위해서는 커다란 제도적 개혁을 각오해야 할 것이다. 재생에너지를 독자적으로 또는 기존 전력망에 연결하여, 하천이나 쓰레기 등 미이용 에너지를 도입하고, 도쿄 마루노우치(도쿄시내)에서 이미 진행되고 있는 것과 같은 지역단위의 에너지절약 마을 만들기를 위해서는 지역과 기업이 업종을 초월하여 협력하는 것이 당연해질 것이다.

고령화에 대응하여 걸어 다니면서 살 수 있는 컴팩트한 마을 만들기가 이루어질 것이다. 숨쉴틈 없이 빼곡하게 들어선 마을이라는 뜻이 아니라 유럽의 중소도시와 같이 산지직송의 물품이 즐비한 광장에서의 쇼핑에서 흥정이나 대화가 오가는 여유로운 마을을 말하며, 자동차에 의한 운송량이 적은 마을이다. 도시내 교통은 버스나 경량궤도차 등의 대량운송공공교통을 중심으로 우선적으로 통행시키고 처음에 구입한 티켓으로 일정한 시간동안 어떤 공공교통기관으로든 갈아탈 수 있는 유럽 각국에서 볼 수 있는 편리하고 안심할 수 있는 운송서비스를, 도시간에는 고속교통으로 이어 원거리 트럭노동에서 해방된 물류시스템을 만든다.

(7) 산업구조의 전환과 마찰

LED조명이 인기이다. 이후의 높은 에너지가격 동향을 고려하면 구입시에는 비싸지만 장기적으로 보면 몇 만 시간 동안이나 계속 켜져 있어야 하는 공장이나 사무실에서는 LED의 설치가 에너지비용 측면에서 매우 저렴하다. 살 때에는 비싸지만 상시 점등이 필요한 장소에는 LED 조명을 설치하는 것은 전기세를 줄이는 길이며 최종적으로는 충분히 수지를 맞출 수 있는 것이다. LED조명은 요즈음 급속하게 매상고를 올리고 있으며 양산효과와 경쟁 때문에 그 가격은 3개월 동안 30%나 하락하였다. 한편 동시에 같은 기업에서 몇 십 년이나 만들어 온 백열등의 제조라인을 멈추고 생산을 중지하였다. 이와 같이 저탄소사회를 앞서가는 지혜로 LED조명을 개발하고 설비투자에 자금을 투자하며, 제조라인에 사람을 배치하여 고용을 늘리고 LED조명을 판매하여 기업이 번영한다. 한편 저탄소사회에 맞지 않게 된 백열등 라인에서의 고용은 줄어들게 되지만 전체적으로보면 LED 제조라인 쪽의 매출이 신장함으로써 고용이 늘어날 가능성이 크다.

이러한 전환에 따른 일본경제 전체의 영향도 생각해야 한다. LED와 관련된 하청기업은 이익이 나지만 필라멘트 제조업은 쇠락할 것이며 발광다이오드 연구개발제조기업의 매출은 좋아진다. LED 조명을 구입하고 부착한 공장에서는 전력구입량이 줄어 에너지비용이 줄어든다. 이러한 감축은 전력회사에게는 전력판매량이 감소, 매출이 내려감을 의미한다. 공급의무를 갖는 용익회사로서는 추가적인 발전설비투자를 하지 않게 되어 무리해서 원자력입지를 추진하지 않아도 된다. 전기판매요금은 발 · 송전에 필요한 비용에 일정한 이익을 더하여 결정되는 것이므로 전력회사에서는 이익은 항상 유지되어 있다. 한편 전력회사에 석유 · 석탄을 판매하는 에너지자원회사는 이들 생산을 축소해야 한다. 많은 석유회사는 이미 앞을 내다보고, 태양에너지 패널의 판매 등 재생가능에너지도 포함한 종합에너지회사로 탈바꿈하려 하고 있다.

국가 전체적으로 보면, 에너지 산업의 매출이 줄어들고 LED회사나 그 R&D회사의 매출이 늘어나게 된다. 에너지 집약형산업에서 전기기기산업이나 지식집약적 산업으로 산업구조가 크게 바뀐 것을 의미한다.

변화에 수반하여 발생하는 마찰 중 심각한 것은 산업구조가 바뀌는 것에서 오는 고용의 변화이다. 이는 LED의 예에서 본 바와 같이 동일기업에서 흡수할 수도 있지만 이것이 불가능한 기업이 나오게 된다. 흐름을 따라가지 못하는 많은 기업이나 산업은 경영자도 노동자도 변화를 요구하는 정책에 반대하거나 소극적인 이유에는 이러한 문제가 크다. 그러나 새로운 흐름 속에서 비즈니스 기회를 잡으려 하는 기업에게는 그러한 반대 때문에 정부의 정책이 늦어지고 장기적인 안목에서 이익이 있는 산업으로 전환이 늦어지며 저탄소경제에서 승리할 수 있는 기회를 놓치는 것은 아닌가 하는 염려도 있다. 고용의 전환에 필요한 직업훈련 등에 대해서 정부의 원조가 중요하다.

마찰 중 고용분야에서 부각되는 것은 변화에 필요한 비용이다. 비용을 어떻게 산정할 것인가에 대해서는 많은 방법이 있지만, 일단 여기에서는 25% 감축에 필요한 기술을 모두 도입한다는 전제하에 그 중 2020년까지 상정되는 에너지가격으로는 맞출 수도 없을 기술을 도입하기 위한 연간비용(상각+유지비)을 '비용'으로 두자. 그러한 비용의 합이 저탄소사회 형성에 들어가는 국가 전체의 '비용'이다. 15～25% 감축에 필요한 비용은 66～100조엔/10년으로 산정되고 있다. 그러한 '비용의 대부분은 고성능제품으로 초기투자액은 높지만 에너지절약기능이 좋아 가동시에는 에너지비용이 적게 들 것이다. 에너지절약을 생각하지 않는 기술은 역으로 초기투자는 저렴한 경우가 많다. 이 두 가지 기술을 비교해보면, 기술의 실사용기한이 길다면 초기투자가 높은 전자의 연간 상각비는 에너지 비용절약분으로 충분히 수지를 맞출 수 있게 되지만 3년 정도밖에 사용할 수 없는 것이라면 상각비의 증가분은 3년의 에너지절약분으로는 회수할 수 없으므로 후자가 유리해진다.

가령 가정에서 자동차를 바꿀 때에 에너지절약형을 200만 엔에 구입하였다면 이전에 쓰던 150만 엔의 자동차보다 비싸게 된다. 200만 엔을 사용기한 5년으로 나누어 상각비에 연료비를 더한 것이 연간 '비용'이다. 한편 차액 50만 엔을 예정사용기한 5년으로 나눈 연간 10만 엔이 에너지 절약을 위해서 추가된 '추가비용'이다. 그러나 에너지절약형으로 하여 당초의 투자자금은 많았지만, 연간 연료비가 지금까지의 25만 엔에서 15만 엔으로 줄었다고 하면, 결국 연간 지출의 증가는 없다는 계산이 된다. 사용기한을 늘리면 투자분의 '비용'발생은 없으며 연료비가 남게 되므로 도리어 이득이 된다. 이후 예상되는 석유가격 상승을 고려하면 에너지절약형이 더욱 이익이 된다.

이 추가투자는 '변화'를 위해서 국민전체가 부담해야 할 투자이다. 그러나 이 '투자'가 고스란히 수채구멍에 버려지는 돈이냐 하면 그렇지는 않다. 우선 이 돈은 미래의 안정적인 기후를 확보하기 위해서 필요한 투자이다. 내진공사 같은 것으로 물론 하지 않아도 된다면 가장 좋지만, 이번에는 차세대를 위해서 사용하기로 정한 '투자'인 것이다. 또한 그 '투자'는 가령 소비자의 지갑에서 나오게 되지만 이를 받아드는 기업에게는 '매출'인 것이다. 그러한 판매수익은(국외에 지출하는 것이 아니라면) 기업에서의 자재구입용 외부결제, 내부축적이나 급여, 또는 세금이 되어 재투자되거나 소비되거나 하여 다시 경제로 돌아와 경제를 활성화한다. 흔히 녹색투자에 의한 녹색성장전략이라는 말을 하는데 저탄소사회 구축을 향한 모든 투자는 굳이 녹색을 부르짖지 않더라도 틀림없는 녹색투자인 것이다.

(8) 새로운 분야로 도약하는 기업

첫째, 기업은 우선 먼저 자신의 업무에서 발생하는 온실가스배출을 최소한으로 억제하려는 노력을 한다. 이는 최소한의 의무이며, 기업의 사회적 책임의 일부이다.

둘째, 기업의 본래 의무는 그 제품 · 서비스를 통해서 저탄소사회에 공헌하는 것에 있다. 물론 이는 변화하는 시대의 비즈니스 기회이다. 에너지절약제품개발과 판매, 낭비를 줄일 수 있는 업무의 IT화, ESCO 등 등. 아무리 작은 노력이라도 모든 기업의 제품이 합쳐져서 온실가스배출을 줄이는 사회가 만들어진다.

셋째, 이를 위한 기업의 과제는 과감하게 지금 회사의 주된 업무가 정말로 저탄소사회에 합당한지를 점검하고, 지금의 업무를 넘는 분야를 모색하고 개발하는 것이다. 소비자가 필요로 하는 것은 쾌적하고 안전한 이동이며 반드시 자동차를 보유하는 것이라고는 할 수 없다. 자동차회사가 철도나 도로회사와 하나가 되어 렌터카, 카쉐어링, 고속자동운전, 철도에서 이음새 없는(seamless) 쾌적한 운송서비스회사가 되어도 좋다. 엔진이라는 구동장치가 핵심이었던 자동차는 전기자동차로 바뀌면 엔진에 대한 지식이 없어도 참가할 수 있는 산업이다. 태엽 톱니바퀴가 필요 없는 순간 손목시계는 계산기회사의 일이 되었다는 것을 떠올리면 이러한 지각변동이 여기저기에서 일어날 것이 틀림없다. 이미 많

〈그림 2-5〉 저탄소사회를 향한 기업의 도전: 탄소 매니지먼트 전략

· 회사 비즈니스에 대한 기회 및 리스크 파악
· 저탄소사회에서의 회사역할 인식
· 목표설정, 로드맵 작성

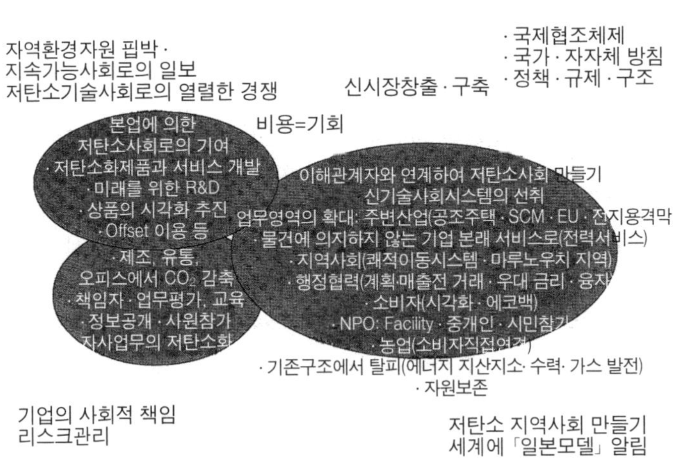

은 석유회사는 종합에너지회사로 변신하여 태양에너지나 리튬전지로 이익을 올리고 있다. 전력회사도 에너지 반감시대에 전력량으로 매출을 다투기보다는 새로운 에너지의 도입기술을 개발한다든지, 가정의 에너지절약 진단 ESCO 사업을 확대한다. 지금의 업무를 넘어서면 커다란 전개가 펼쳐질 것이다.

(9) 생활스타일의 변경

세계의 탄소배출을 줄이려면 결국 이는 개인 각각의 에너지 사용뿐만 아니라 물건(물질 · 제품)을 소유하는 것과 그 사용, 이동과 반드시 관계되는 것을 알 수 있다. 그 개인의 선택의 결과가 집약되어 시장에 나타나고 시장의 정황을 감안하여 생산의 양태가 결정된다. 단기적으로는 도시계획이나 교통시스템과 같은 생활을 이루는 인프라가 그 선택에 제약을 주게 된다. 그러나 그 제약은 장기적으로는 개인의 의사로 정책을 움직여 변경하는 것도 가능하다.

지금의 산업사회에서 라이프스타일을 규정하고 있는 것은 공급측이다. 사실 우리의 매일의 생활은 기업이 정한 출근시간에 맞춰서 기상하고 교통인프라의 신세를 지고, 저녁에는 모두가 330ml를 딱 채운 맥주를 마시고, 프로그램된 TV 방송을 보며 하루를 지낸다. 지금의 산업사회에 순조롭게 맞춰진 시간과 돈을 사용하고, 이것이 모여 일본인의 라이프스타일을 형성하고 있다. 그러므로 저탄소사회를 향해서 라이프스타일을 바꾼다는 것은 공급측의 일이며, 개인은 라이프스타일 변경을 생각할 필요 없이 만들어진 사회시스템에 그냥 순종하는 것뿐이다.

당연히 이에 정반대의 사고방식도 존재한다. 개인 자신이 생각을 바꾸면 라이프스타일도 바뀌며 이것이 시장을 통해서 공급측에 전달되어 이를 받아 공급시스템이 저탄소화로 향한다는 사고방식이다. 예술이나 참선과 같이 자기연구에 시간을 사용하면 에너지이용이 적은 쪽으로 라이프스타일이 움직이고, 자족하는 정신이 물건의 사용을 감소시키며 사회는 저탄소화로 향하게 된다. 여기에서는 개인 가운데 후세대를 생각하고 자연의 한계를 알리며 주장을 확고하게 하는 '교육'이 중요해진다.

정부나 지자체 또는 대학과 같은 공공의 이름으로 규제, 유도, 경제적 조치가 이루어지고 그것이 개인의 라이프스타일 변화를 유도하고 공급측의 제품 라인업이 개인의 라이프스타일을 규정한다. 미래에 대한 장기적 전망을 가지고 차세대와의 형평성을 배려하는 '공공'이 탄소세(기후가치의 내부화)에 의해서 얻은 자금을 다음 세대의 안전을 위해서 저탄소사회만들기에 적절하게(이는 쉬운 일이 아니며 이 또한 단기 투자로 강제될 가능성도 있지만) 투자된다. 이 과세가 개인의 물건 구입을 바꾸고 개인의 라이프스타일을 바꾼다. 수요측의 요구와 생산비용면에서 기업의 저탄소상품 생산의욕이 높아지고 이것이 시장을 피드백시켜 개인의 라이프스타일을 결정한다.

지금까지 개인은 어느 쪽이냐 하면 수동적인 자세였다(reactive). 압도적인 힘을 갖는 공급측(공공인프라를 제공하는 '공공'을 포함하여)하에서 유유낙낙하거나 쾌적하게 생활을 하는 것이 라이프스타일이 되어 왔다. 개인은 그 미래세대에 대한 책임을 자각하고 능동적(proactive)으로 라이프스타일을 생각하고 사회변혁을 향하여 타인에게 강하게 어필하지 않는 한, 저탄소사회만들기는 곤란할 것이다.

5. 저탄소사회를 향한 길을 그리다: 로드맵

대체 2020년까지 15% 감축이라는 것이 기술적 · 사회적으로 가능한 일인가. 누가 언제까지 무엇을 하면 목표에 도달할 수 있다는 말인가? 비용은 얼마나 투입될까? 이러한 의문에 대해서 목표도달에 이르기까지의 여정을 그리고 각 분야에서 해야 할 행동을 그려 놓은 것이 중앙환경심의회가 그리는 '중장기 로드맵'이다. 2010년 4월부터 1년여의 시간을 들여서 각계의 연구자 약 100명의 공동작업으로 추진되었다.

(1) 세 가지 방면에서 이루어진 검토

작업의 핵심은 어떠한 에너지 이용기술을 조합하면 2020년까지 25%를 감축할 수 있을 것인가를 일관성 있게 보여주기 위한 '기술누적모델'이다. 여기에서 얻어진, 도입해야 할 감축기술이 에너지 이용의 각 분야에서 현실적으로 실행될 수 있을 것이며 이를 위해서 무엇을 해야 하는지를 주택 · 사무실 · 교통 등의 일상생활, 상품생산현장, 그리고 거리 만들기의 각 분야에서 검토하여 그 결과를 모델을 기준으로 확인한다.

시나리오는 25% 감축을 국내와 국외(에서 크레딧을 구입)에서 충당한다고 보고, 국내감축분을 1990년 대비 15%, 20%, 25% 감축이라는 3가지 방면에서 검토를 하였다. 〈그림 2-6〉에서 볼 수 있는 것처럼 장기적으로 80%를 감축한다는 것은 그리 쉬운 일이 아니다.

〈그림 2-6〉 얼마나 감축해야 하는가: 일본의 CO_2 배출량과 중장기목표

〈그림 2-7〉에서는 각각의 감축사례에서 부문마다의 배출량이 어떻게 달라질지를 계산결과로 보여주고 있다. 25%까지 감축하는 것은 현존하는 기술을 총동원하면 불가능하지는 않다. 수요측(가정 · 업무 · 운수)의 노력이 크게 작용한다. 공급측(산업, 에너지)도 상당한 감축이 필요

하다. 재생가능에너지는 이 감축범위에서는 자연히 모두 1차 에너지의 10% 목표까지 침투할 수 있게 된다. 25% 감축을 향한 여정은 결코 편한 길이 아니며 여러 분야에서 고심이 필요하다. 기술혁신을 추진하고 국민부담을 경감하며 인프라를 재정비하기 위한 여러 가지 정책조치도 필요해진다. 국민각층 · 각 분야가 대동단결하여 저탄소사회만들기를 추진하기 위해서는 정부의 강한 의사표명이 필수적이다.

〈그림 2-7〉 각 감축 수준에서의 부문별 온실가스 배출량(2020/2030년)

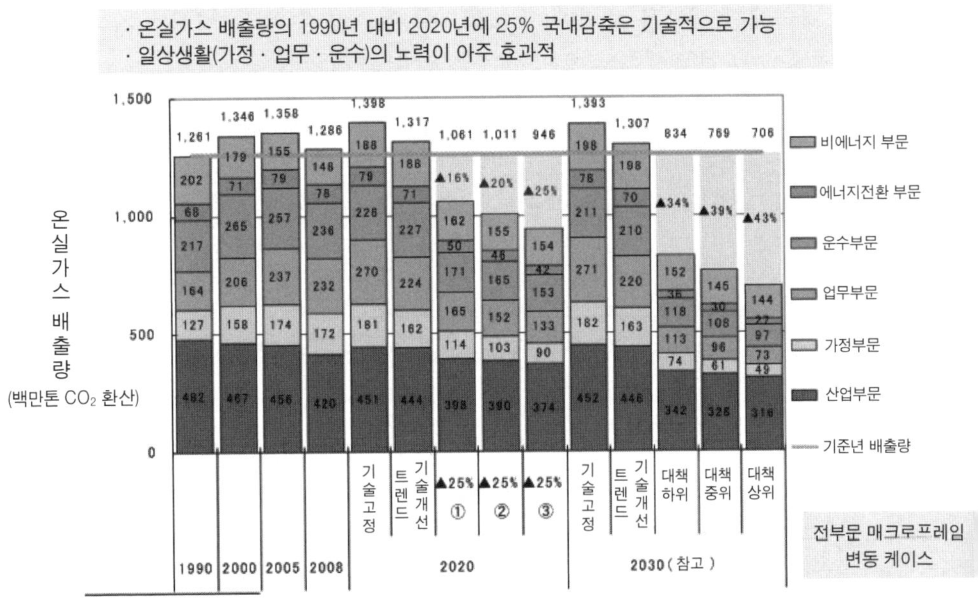

주) 2020년 25% ①: 국제공헌, 흡수원을 10%정도 포함한 케이스, ②: 국제공헌, 흡수원을 5% 정도 포함한 케이스, ③: 국제공헌, 흡수원을 포함하지 않은 케이스
2030년 대책 하위~상위: 2020년 ▲ 25%를 향해 배출감축을 위해 취한 대책을 2021~2030년에도 계속하여 노력을 할 것을 상정하여, 2030년의 배출량 산정을 함.

(2) 섬세한 기술선택과 기술도입추진정책이 필요

주택 · 자동차 등 일상생활, 생산현장(생산), 지역만들기의 3분야에서 각각 감축을 위한 기술을, 어떠한 정책을 투입하면 2020년까지 25%까지 감축할 수 있을지를 검토하고 로드맵을 그렸다. 지면상의 한계로 그 전부를 소개할 수는 없지만 주택분야의 로드맵을 〈그림 2-8〉에 예로 들었다.

(3) 저탄소사회 실현을 향한 검토과제

로드맵을 적절하게 설계해서 국민에게 제시하기 위해서는 이하의 과제를 감안해야 한다.

저탄소사회구축의 방법론 확립: 저탄소사회 구축을 위해서 무엇을 어떤 순서로 진행해야 하는가 하는 방법론이 확립되어 있지 않다. 이는 개개의 문제에 대한 대응과 사회실현절차(연구 research, 개발 development, 사회실시 deployment 전반에 걸친 과제)를 포함하며 어떻게 자원을 유효하게 마찰을 줄이면서 저탄소사회구축으로 향할 것인가에 관한 지혜를 집약하는 작업의 방법론이다. 이러한 고차원적인 연구는 아직 모색중인 상황이다. 일단 시작한 뒤에야 길이 보일 것이다. 지금은 목전의 장벽에 대해서 이를 넘기 위한 지혜를 짜내는 단계이며 프론티어 개척이 당면한 과제이다. 지금은 더듬거리며 장벽을 넘어갈 지혜를 짜내고, 이를 적당한 시기에 각각의 시점에서 집약하여 방법론을 도출하고 나아가 저탄소발전을 지속하는 개도국 등에 이 방법론을 이전해 나간다.

전환의 필요성에 관한 합의형성: 왜 이런 전환이 필요한 것인가 하는 합의의 형성이 사회 및 산업에 충분히 침투되어 있지 않다. 지금까지도 회의론이 분분하다. 사회의 의사통일을 위해서 과학결과의 커뮤니케이션이 필요하다. 과학자가 온난화과학의 사회침투를 추진해야 할 필요성 또는 커뮤니케이션 설계론 개발이 과제이다.

〈그림 2-8〉 일상생활(주택 · 건축물 분야)~로드맵(주택 · 가정 부문)~

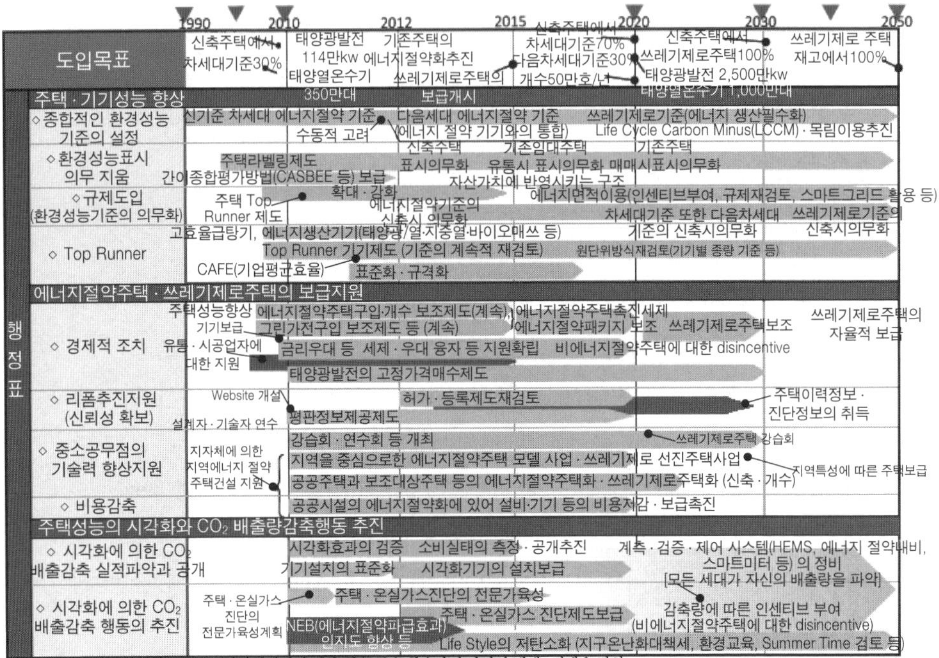

* 2012년도부터 실시되는 지구온난화대책세에 의한 세수 등을 활용하여 상기의 대책 · 시책을 강화

대책을 추진하는 시책 　 준비로서 실시해야할 시책

정책결정의 절차개선: 저탄소세계화가 필요한 대전환 · 기한부 과제해결을 위한 기동적인 정책결정절차가 구축되지 않았다. 분업적인 행정이 현존하고 있다. 정부는 지금까지 저탄소에너지공급에 적극적이지 않았고 수요의 감축대책에도 열성적이지 않았으며, 명확한 저탄소사회 이행정책을 내놓지도 못하였다. 한편 톱다운 형식을 통한 감축목표설정은 환경성의 역할, 에너지기술은 경제산업성, 나아가 국민생활에 대해서는 국토교통성 및 정책을 뒷받침할 (탄소세 등) 재정에 대해서는 재무성 및 세제조사회 등의 심의가 필요하다. 이러한 상황에 대한 조정은 마지막에 이루어지고 있기 때문에 검토과정에서의 불필요한 작업이 많다. 신속한 조정을 향한 제도개혁, 조직변혁이 필요한 것은 아닐까. 가령 영국

은 에너지기후변화부(Department of Energy and Climate Change, DECC)를 신설하고 정책의 일체화를 꾀하며 산업 · 행정 · 연구자가 포함된 기후위원회를 만들어 작전본부를 명확히 하였고 재무부는 스턴 보고서(Stern Review)로 온난화방지정책의 타당성을 스스로 검증하고 있다. 일본은 특히 환경정책(감축목표)과 그 실행에 관한 에너지정책, 국토정책에 관한 정책조정절차에서의 번잡함을 해소해야 할 필요가 있다.

또한 일본에서는 이해관계자들 간의 직접대화형 의견교환이나 합의형성절차가 전혀 확보되어 있지 않다. 국가에 따라 형태는 크게 다르지만 네덜란드에서는 NEPP, 캐나다에는 NRTEE(National Roundtable on the Environment and Economy), 북유럽국가에서의 국민참가 등의 절차가 있다. 세계규모로 발생되는 커다란 변혁을 기한부로 추진하기 위해서 취해야 할 정책절차 · 조직설계 · 제안이 필요하다. 또한 저탄소사회화에 관한 이해관계자 간 정책대화합의형성회의의 실시도 유용하다.

지속 · 단계적인 구체적 정책절차 설계방법의 확립: 정책설계의 구체적인 순서로는 목표설정이 먼저 이루어져야 하며, 최적기술선택과 그를 위한 사회시스템정비 로드맵 구축, 로드맵의 실현가능성평가, 매끄러운 전환추진을 위한 정책제안, 제안된 정책의 경제적 평가, 국민수용성, 실시를 향한 절차구축이라는 순서가 상정되어 있다. 다른 나라에서는 어떨까? 일본에서는 현재 암중모색으로 추진 중이어서 절차의 제안과 실행에 의한 프론티어 개척이 필요하다.

목표설정: 일본은 아직 목표설정단계에 머물러 있다. 국가차원의 목표설정이 아직 구축되어 있지 않다고도 볼 수 있다. 그 하나는 과학적 근거를 감안하여 형평성 있는 국제분담을 고려한 정책결정이라는 절차가 확립되어 있지 않은 정치적인 미숙함을 들 수 있다. 정권의 불안정함이 여기에 한몫을 더하고 있다. 저탄소사회로 전환하는 것이 필연적인 것인지, 정부는 제대로 할 마음이 있는 것인지, 정부각처, 산업 · 비즈니스계는 이러한 정치의지의 결여로 일관된 감축의사를 보여주는 정책이 제시되지 않고 있다는 것에 불안해 하고 있다. 목표설정을 향한 과학적

배경의 침투촉진, 국제사회에서의 결정절차에 적극참가하여 얻어지는 흐름을 보는 안목의 형성, 통일의사를 향한 경제 · 정책결정절차의 개량 및 정치에의 실행가능성제시가 필요하다.

저탄소사회화를 실현하는 기술로드맵의 산정방법과 기술시스템의 평가: 기술이 저탄소사회화의 주역이 되는 것은 확실하다. 하지만 기술개발의 방향은 지금까지의 편의향상을 위한 에너지사용이라는 방향이 아니라 정반대의 방향이다. 전체적으로 충분한 기술이 있는 것인지, 어떤 방법으로 어디까지 에너지절약 및 저탄소기술의 침투가 가능할 것인지, 이를 가능하게 하는 사회시스템을 어떻게 설계해야 하는지 등에 대한 상상과 절차제시가 요구된다. 또한 기술을 수용할 수 있도록 사회시스템을 어떻게 바꾸어야 할 것인지도 문제이다. 기술시나리오(대상기술은 무엇인지, 그것이 어느 정도 기여할 것인지, 기술진보의 가능성, 전혀 새로운 기술(CCS 등의 평가), 장기적으로 어떤 신규기술개발을 기대할 수 있을 것인지, 스마트그리드 등의 시스템 효과평가, 전력화, 가스화 등 에너지 시스템의 커다란 흐름을 어떻게 만들어 나갈 것인지, 그 에너지 시스템의 좋고 나쁨의 평가와 선택기준, 도입가능성 등에 대한 검토가 요청될 것이다.

저탄소기술수용사회기반의 제안: 기술이 있어도 이를 실현하는 사회기반이 없으면 작동하지 않는다. 자전거가 있어도 전용도로가 없다면 무서워서 움직일 수 없다. 또한 자전거를 우대하는 교통규칙 · 벌칙이 없다면 자동차가 우쭐댈 것이다. 이러한 사회기반 소프트웨어(법제도, 사회관습 등) 및 하드웨어(인프라)의 전환은 아직 걸음마단계에 머물러 있다. 중점적으로 투자해야 할 사회인프라의 표준이 필요하며 어떤 도시규모에서 고속경량철도(LRT)가 들어갈 수 있는지, 일본의 물류가 자동차에서 철도로 모달시프트(modal shift)될 수 있는 잠재력은 어느 정도인지, 고속도로무료화의 이산화탄소감축에 대한 효과는 어느 정도인지를 검토해야 할 필요성이 있다.

추진정책제안과 그 경제평가: 실현정책으로서 탄소세 및 할당거래에 의한 배출권거래의 도입(총량상한과 원단위방식이 제안되고 있다), 규제, 기준강화, FIT(Feed in Tariff), 저탄소화추진을 위한 보조금이나 면세 등 세제개혁, 도시 · 산업 · 국토이용 등에 관련된 각 주체에 의한 계획책정이 있다. FIT 이외에는 아직 일본에서는 도입된 것이 없다. 세금이나 거래시장의 도입에는 효과에 관한 의문 및 국제경쟁력을 저하시킨다는 관점에서 대형산업계의 강한 반대가 있기 때문에 지금까지 일본에서는 발족되지 않았다. 단기적으로도 마이너스 코스트로 도입가능한 기술에 대한 '시각화'(선택자에게 충분한 정보를 주는 것)를 추진할 필요성이 엿보인다. 보조금(에코포인트)에 의한 에너지절약기기 · 단열주택선택촉진이 경제 리세션 대책으로 시행되고 있지만 재정면에서 보아도 도저히 항구적인 것이 될 수는 없다. 이러한 정책조합(폴리시믹스)에 대한 검토가 아직 이루어지지 않았다. 이에 비해 영국은 벌써 세금 · 거래제도 · 면세 등의 조정가능한 정책조합을 실시하고 있다.

2020년의 25～15% 감축에 필요한 추가투자는 10년 동안 66～100조 엔으로 추산되며, GDP의 약 2～1%가 필요해진다. 이외에도 많은 계산이 이루어지고 있지만 이러한 평가에는 여러 가지 전제가 붙어 정책결정자에게 반드시 정확하게 전달되지 않는다. 미디어는 전제를 생략한 극단적인 숫자를 보도하고 또한 의도적으로 그렇게 사용하는 이해관계자도 많다. 정책조합디자인과 그 경제평가방법의 확립이 기대된다.

로드맵을 가능하게 하는 경제부담방법과 자금의 확보: 저탄소사회화에 필요한 자금량이 추산되고 있는데, 이를 당초 누가 어떤 자금으로 부담하는 것이 형평에 맞고 효율적인지에 대한 논의가 충분하지 않다. 탄소세수입을 사용해서 정부가 부담할 것인지, 새로운 산업으로 성장을 노리는 산업자체의 투자에 맡길 것인지, 가계의 부담인지, 어느 것이 가장 효과적인가에 대한 합의가 아직 없다. 산업계와 미디어는 국민이 직접 부담할 것처럼 전달하여 적극적인 방법을 채택하기 어렵도록 하고 있다. 또한 이러한 투자는 결코 그냥 스러지는 투자(sink)가 아니며 신산업의 녹색성장 그 자체에 대한 투자가 되는 것인데, 그 효과의 평가가 아직 충분히 이루어지지 않고 있기 때문에 정부 전체의 합의에 이르지 못하고 있다. 지금의 투자이익률평가 계산에 쓰이는 것은 지극히 단기(3년)적인 것이며, 이러한 기업의 투자결정기준으로는 장기적으로 효과가 발휘될 신에너지 등 도입이 곤란하다. 투자자금을 어떤 방법으로 마련할 것인지(시중은행, 정부계융자, 기타)도 문제이다.

전환에 대한 마찰해소방법의 제시: 저탄소사회화는 당연히 현상에 대한 변화를 수반한다. 산업전환과 그에 따른 고용전환(실업과 새로운 성장산업에의 이동), 안전망의 구축, 국제유통산업의 국제경쟁력변화의 파악과 그 대응책 고려가 필요하며 전환에 수반될 마찰의 파악, 대응정책, 국제협력의 제안, 특히 산업계와의 대화가 필요할 것이다.

로드맵 · 정책의 사회실시수단의 개발: 실시수단과 사회환기, 개인 및 단체의 참가촉진방법이 충분히 개발되어 있지 않다. 정말로 국민들은 잘 따라와 줄 것인가? 저탄소사회화에는 국민생활을 크게 바꿀 필요가 있을 것이고, 그러한 변화가 없다면 실현될 수 없을 것이다. 저탄소사회를 향하여 설계된 시스템을 사회에 실시할 때, 움직여야 할 주체는 개인 및 가정이며 산업그룹, 지역그룹, NGO 등의 주체이다. 특히 개인의 생활방식, 행동기준이 시스템에 맞추어 변화되던지 아니면 변화해야만 할 것인지, 혹은 도리어 개인이나 단체가 선행해서 저탄소사회를 이끌어나갈 가능성은 없는 것인지는 전환의 커다란 의문이다. 개인에게 적절한 에너지 사용형태선택과 이를 위한 기술을 선택하도록 하기 위해서는 기업과 개인 간에 알기 쉬운 형태의 정보전달이 필수적이다. 전 세대에 걸친 교육도 중요하다. 정보의 중개자로서의 과학자의 역할도 크다. 에너지절약 상담을 해야 할 전문가집단인 NGO의 활용 등이 중요하다. 개인의 생활방식의 변화는 물론 조직화된 주체까지 많은 계층의 이해관계자의 활동을 환기할 수 있는 방법을 개발해야 한다.

〈그림 2-9〉 저탄소사회를 향해 검토해야 할 12개 항목

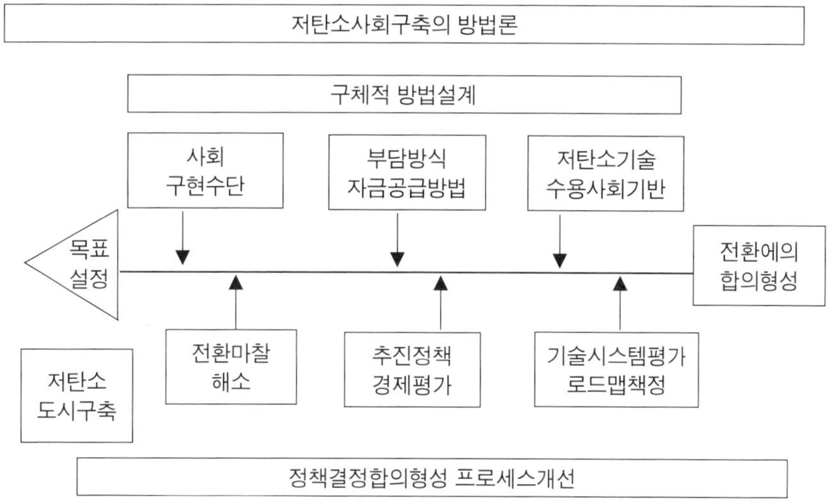

13/06/2010SN

저탄소도시의 구축: 국가에서 일제히 저탄소화를 추진하는 것은 곤란하겠지만, 도시단위의 저탄소화를 선행시키는 것으로 국가전체를 이끌어 나갈 가능성이 크다. 어느 쪽이든 간에 저탄소화는 실제장소(on the ground)에서 실현되어야 하는데 주민 및 인프라 그리고 정치 시스템이 비교적 작은 단위로 모여 있는 도시에서는 하려고만 하면 전환이 재빠르게 이루어질 수 있는 장소이다. 일본에서는 도쿄도가 2020년 25% 감축을 목표로 정부에 앞서 배출권거래제를 올해 4월에 도입하였다. 시가현(滋賀県)에서는 환경론자인 지사가 2020년까지 50% 감축을 의회에 제안중이다. 이외에도 몇몇 도시가 저탄소도시를 향한 정책을 정하고 있다. 이러한 지역단위에서의 저탄소화가 눈에 뜨이면 다른 도시로의 파급효과가 크다. 또한 흡수원유지, 바이오매스생산, 농산물유통 등의 면에서 농촌부문토지이용개혁도 시야가 필요하다.

결 론

일본에서의 기후정책은 일시적인 정체에서 벗어나 급격하게 진행되고 있다. 지금까지 국제협상에서의 체제구축결과를 기다려 이에 대처하자는 수동적인 태도를 취했기 때문에 저탄소사회만들기의 국제경쟁에서 뒤처지고 말았다. 코펜하겐에서의 새로운 체제구축의 시도가 새로운 전개를 보이고 있으며, 세계가 저탄소사회를 향한 전환에 실질적으로 나아가기 시작하였다는 것을 알 수 있다. 본장의 서두에서 말한 바와 같이 과학적인 결론은 이제 저탄소화를 향할 수밖에 없다는 것을 보여주고 있다. 세계는 체제구축의 종료신호를 기다리고 있는 것이 아니라 일제히 실질적인 감축으로 승부를 내는 단계에 들어섰다. 늦었지만, 일본정부도 에너지계획을 포함하여 지구온난화대책기본법안의 형태로 저탄소정책을 내놓기 시작하였다. 기후비즈니스의 범위는 그야말로 광대하다. 지금까지의 기술체계, 사회인프라와 사회제도의 대변혁의 시기이며, 그것이 커다란 비즈니스 기회가 된다. 업계의 경계를 넘어 여러 가지 시스템산업이 부흥할 것이다. 정부의 역할은 그 전환의 필연성을 국민에게 이해시키고 저탄소사회를 향한 여정을 명확하게 제시하며 전환에 수반되는 통증을 경감하고 산업을 고무하며, 이 필연적인 전환을 기회로 삼을 수 있도록 정치의도를 명확하게 국민에게 보여주는 것이다.

| 참고문헌 |

西岡秀三編著, 日本低炭素社会のシナリオ一二酸化炭素70%削減の道筋, 日刊工業新聞社(2008), 195면.

国立環境研究所編, 低炭素社会に向けた12の方策, 国立環境研究所(2008), 25면 http://2050.nies.go.jp

西岡秀三(2010), 低炭素社会への挑戦:中期ロードマップの意味, 中小商工業研究 第104号, pp.24-35.

西岡秀三(2010), 低炭素社会に向けて取り組むべき12の挑戦, 低炭素社会研究国際ネットワークベルリン合会 (2010年 9月 20-21日) 提出資料(原文英).

西岡秀三(2009), 低炭素社会の実現に向けて, 予防時報 237(pp.14-21).

西岡秀三(2010), わが国の低炭素社会構築のシナリオ, 機械の研究, vol.62, no.11, pp.1-10.

環境省(2010), 中長期ロードマップ (中間整理), 中央環境審議会地球環境部会中長期ロードマップ小委員会.

제3장

기후변화의 국제협상
–온난화문제의 올바른 해결을 위하여–

_ 니시무라 무츠요시(西村六善)

1. 발리행동계획

(1) 들어가며

기후변화를 막기 위한 국제사회의 노력은 UN기후변화협약(UNFCCC)[1]을 주축으로 하는 국제협상에서 진행되고 있다. 교토의정서[2]는 이 협약하에서 선진국이 얼마나 온실가스의 배출을 감축해야 하는지를 규정하고 있다. 교토의정서는 처음으로 온실가스 배출을 규제한 국제적인 약속이지만, 주요 배출국인 미국이나 신흥개도국이 참가하지 않았다. 교토의정서의 제1차 이행기간은 2008년부터 2012년까지이며, 그 이후의 국제협력을 어떻게 진행할 것인가를 결정해야 한다. 그때는 미국이나 개도국이 참가할 필요가 있다.

최근 온난화의 영향은 심각해지고 있다. 2007년에 기후변화 과학분야에서 중요한 발표가 있었다. IPCC는 제4차 평가보고서에서 20세기

---

1) 본고에서 이하 협약이라고 하는 경우에는 이 협약을 지칭한다.
2) 본고에서 이하 의정서라고 하는 경우에는 이 의정서를 지칭한다.

중반 이후에 관측된 세계평균기온 상승의 대부분은 인간행위에 의한 온실가스배출 증가에 의한 것일 가능성이 매우 높다고 하면서, 인간활동이 지구환경에 심각한 영향을 끼치고 있다는 것을 과학적인 입장에서 명확히 하였다.

온난화방지를 위해서 어떻게 미국이나 개도국의 참가를 이끌어내고 유효한 국제협력을 해 나갈 것인가? 이것이 국제협상의 최대과제가 되었다. 이러한 흐름 속에서 협상의 중요한 전환점이 된 것인 2007년 12월 인도네시아의 발리섬에서 개최된 기후변화협약 제13회 당사국총회(COP13)이다. 여기에서 결정된 '발리행동계획(Bali Action Plan)'은 기후변화외교에 있어 중요한 합의이다. 이 합의를 시작으로 미국이나 개도국이 참가하는 국제협상이 개시되게 되었다.

(2) 발리행동계획이란 무엇인가?

발리행동계획은 "…기후시스템의 온난화는 명백하며, 배출감축이 늦어지는 것은 저수준의 안정화달성의 기회를 크게 해하는 동시에 기후변화의 심각한 영향을 받는 위험성을 증대시킨다는 IPCC의 제4차 평가보고서의 의견에 대응하여, 협약의 궁극적인 목적을 달성하기 위해서는 지구규모의 배출량의 대폭 감축이 필요하다는 것을 인식하고, IPCC의 제4차 평가보고서에 나타난 기후변화에 대한 대응의 긴급성을 강조"하였다고 한다. 또한 이 계획은 "…협약의 궁극적인 목적을 달성하기 위해서 지구규모 배출량감축의 장기목표를 포함하는 장기적인 협력행동에 관한 비전을 공유"한다고 규정하여 국제사회가 단결하여 장기적인 노력을 기울인다는 결의를 명확하게 하였다.

이와 같이 이 계획은 모든 협약체결국이 과학에 근거하여 온난화문제의 긴급성과 온실가스배출량의 대폭적인 감축이 필요하다는 것을 인식하고, 결속하여 장기적으로 노력해 나갈 것을 합의하였다. 무엇보다 이러한 합의에 도달하였다는 것이 중요하다.

다음으로 이 계획은 "…협약의 전면적, 효과적, 지속적인 실시를 가능하게 하는 종합적인 절차를 개시하고, 제15회 당사국총회에서 그 성과에 대해서 합의하고 의정서를 채택한다"고 하였다. 그 결과 교토의정서에서 이탈한 미국이나 감축의무가 없는 중국, 인도 등도 참가하여 약 190개국이 넘는 체약국이 제15회 총회가 열리는 2009년까지 2년간에 걸쳐 협상을 하게 되었다. 당시까지는 선진국과 개도국의 대립으로 인해 협상개시의 실마리가 보이지 않았던 상황이었다는 점을 감안하면 이는 획기적인 것이었다. 이 점을 우려한 많은 국가들의 정부, 세계의 여론, 과학적인 증거, 기후변화의 악영향에 취약한 후발개도국들의 강력한 주장이 결실을 맺은 것이라고 할 수 있다.

또한 이 계획은 선진국의 의무로서 "…측정, 보고, 검증가능하고 각국에 적합한 완화의 약속 또는 행동, 배출제한 및 감축의 수량목표를 포함하고 각국의 사정을 배려한 각각의 대응을 비교할 수 있도록 한다"고 규정하고 있다. 그 결과 미국도 감축수량목표를 가지고 차기 체제에 참가하게 되었다.

또한 개도국이 일정한 행동을 개시할 것이 명확해졌다는 점에서 발리행동계획은 중요한 전진을 실현하였다. 개도국이 어떠한 형태로든 배출을 감축하도록 결정된 것은 기후변화 외교상 커다란 전환점이었다. 차기 체제에서는 개도국이 "…각국에 적합한 완화[3]행동"을 취하게 되었다. 이것은 선진국과 같이 감축을 의무적 수치목표의 형태로 실행하는 것은 아니지만 개도국이 배출량 감축에 구체적인 어떠한 행동을 개시할 것을 결정한 것이다.

이와 같은 개도국의 행동은 선진국의 기술, 자금상의 지원을 받아 실현가능하고 지속가능한 발전의 개념에 따라 이루어지게 되었다. 이는 개도국이 이러한 형태로 배출량 감축에 참여한다고 하여도, 그것은 선진국으로부터의 지원과 개도국의 빈곤퇴치와 지속가능한 성장과 조화를 이루면서 진행되어야 한다는 개도국의 주장을 말하는 것이다.

---

3) '완화'란 '배출을 감축한다'는 것을 의미한다. 본고에서 원문을 인용하는 경우를 제외하고 통상은 '배출감축' 또는 단순히 '감축'이라는 용어를 사용한다.

발리행동계획이 가져온 또 하나의 중요한 전개는 '측정, 보고, 검증 가능한' 온실가스 배출량 감축이라는 개념을 처음으로 도입하고, 이를 선진국에도 개도국에도 적용되는 원칙으로서 확립한 것이다. 이는 국가의 감축행동이 국제적으로 정확하게 파악되도록 투명성을 부여하려고 한 것이다. 이 원칙하에서 미국을 포함한 선진국에 대해서도 그 국가에 적합한 감축약속이나 행동을 수량목표를 포함하여 정하고 측정, 보고, 검증가능한 방식으로 실현할 것이 결정되었다.

협상의 방법에 대해서도 구체화가 진행되었다. 국제협상이 이루어지는 장으로서 '기후변화협약 장기적 협력행동 특별작업반'(AWGLCA. 이하 '협약특별작업반')과 '교토의정서 특별작업반'(AWGKP. 이하 '의정서특별작업반')이라는 두개의 특별작업반이 설치되었다. 2005년의 몬트리올에서의 당사국총회에서는 '기후변화에 대응하기 위한 장기적 협력에 관한 대화'를 개시하는 것까지는 합의되었지만, 협상의 개시는 합의되지 않았다. 미국 등이 개도국이 차기체제에 참가를 약속하지 않는 상태에서는 국제적 약속을 협상할 의향이 없다는 강한 자세를 견지하였기 때문이다. 협상의 장을 설정한 것 자체는 중요한 전진이었다.

2. 코펜하겐에 이르는 협상의 경위

발리행동계획에서 '코펜하겐합의'에 이르는 협상과정은 복잡하지만 항목별로 정리하면 다음과 같다.

(1) 선진국과 개도국은 배출량 감축을 어떻게 약속하는가?

중심적인 과제는 기후변화협상에서는 선진국과 개도국이 온실가스를 얼마나 어떤 방법으로 감축할 것인가를 어떤 문서로 약속할 것인가 하는 문제이다. 이 문제에서 개도국과 선진국의 입장에는 커다란 차이가 있다. 개도국은 단순히 선진국만이 감축의무를 지는 교토의정서의 지속을 실현하여, 개도국의 감축의무는 가장 가벼운 것으로 하려고 한다.

개도국, 특히 주요배출개도국은 배출감축의 목표 등을 공표하였지만 이는 어디까지는 자발적 조치이며, 국제적인 의무로서 약속한 것은 아니라고 주장하고 있다. 개도국의 일반적 태도는 교토의정서와는 다른 새로운 법적문서를 받아들이지 않는 것이다. 개도국은 새로운 의정서를 만드는 것이 아니라 교토의정서의 부속서 개정만을 실현시킬 것을 지향하고 있다. 이에 반해 선진국측은 개도국이 배출량의 감축이나 원단위에서의 감축, 또는 감축정책의 계획의 실행 등을 국제적으로 약속해야 한다고 주장한다. 선진국은 모든 국가가 참가하는 약속문서를 만들어야 한다고 주장하고 있다.

또 하나의 문제는 미국의 행동을 어떤 약속문서로 보충할 것인가 하는 문제이다. 미국은 교토의정서가 연장되어도 이에 참가하지 않을 것이라고 한다. 이론적으로는 교토의정서가 연장되면 동시에 미국의 행동을 보충하는 별도의 약속문서가 병립하는 것이 가능하지만, 선진국의 감축행동이 두개의 별도의 문서로 별도의 기준이나 규칙으로 규정되는 사태는 공평성의 관점에서 커다란 문제가 된다. 또한 미국은 자국이 배출감축행동의 의무를 받아들이기 위해서는 주요개도국의 배출감축행동이 의무화되는 것이 조건이라고 주장하고 있다. 이에 반해 주요개도국은 자발적인 감축행동을 취할 의향은 있으나 의무의 수용에는 반대하고 있다.

(2) 개도국의 감축행동은 의무적인 것인가?

개도국은 온실가스 배출감축행동을 개도국의 의무로서 차기 체제에 규정하는 것에 반대하고 있다. 그러나 측정, 보고, 검증제도의 강화에 의하여 개도국의 행동에 투명성을 더하고 그 결과로서 의무적 행동에 가까운 정도로 신뢰성을 높일 수 있다. 이러한 관점에서 발리행동계획에서 도입된 측정, 보고, 검증의 개념을 구체화하는 움직임이 시작되고 있다.

이 논의 가운데 개도국측은 개도국의 감축행동이 선진국으로부터 자금적 · 기술적 지원을 받고 있는 경우와 그렇지 않은 경우의 취급이 달라야 한다고 주장하고 있다. 선진국으로부터의 자금적 · 기술적 지원을 받고 있는 경우에는 측정, 보고, 검증제도를 적용할 수 있겠지만, 그러한 지원을 받지 않고 스스로 감축을 이행하는 경우에는 국제적인 검증제도가 적용되어서는 안 된다. 이것이 개도국의 주장이다. 이후에 이러한 논의가 어떻게 전개될 것인지가 문제되고 있다.

(3) 자금지원의 문제

개도국은 배출감축행동을 이행할 때, 선진국으로부터의 자금지원이 필요하다고 주장하고 있다. 그런데 이 자금지원은 주로 공적자금으로 이루어져야 할 것인가 민간자본을 활용해도 되는 것인가? 이것이 하나의 문제이다. 공적자금에 의한 지원메커니즘의 전형은 멕시코가 제안하는 '그린펀드'를 들 수 있다. 이는 선진국도 개도국도 각자의 능력에 따라 국가의 공적자금에서 이 기금에 갹출하는 것이다. 연간 100억 달러 규모가 상정되고 있다. 이외에 선진국들이 GDP의 0.5%에서 1.0%의 공적자금으로 지원해야 한다는 것이 개도국의 제안이다.

한편 민간자본의 활용으로서는 노르웨이가 교토의정서에 기초한 국가별 배출할당량의 일부를 국제경매에 부쳐 그 수익금을 개도국 지원으로 돌린다는 제안이다. 또한 한국은 개도국에서의 배출감축행동으로 얻어지는 크레딧을 국제시장에서 매각하고 개도국에 대여할 것을 제안하고 있다. 또한 적응[4]지원으로서는 현재는 교토의정서 내의 유연성 메커니즘[5] 내의 청정개발체제[6]에서 발생하는 수익의 2%를 적응분야로 돌

---

4) 온난화의 악영향을 경감하기 위해서 국가가 여러 가지 대응책을 강구할 것.

5) 온실가스 감축수치목표의 달성을 용이하게 하기 위해서 교토의정서에서는 직접적인 국내 배출감축이외에 공동이행(Joint Implementation: JI, 제6장), 청정개발체제(Clean Development Mechanism: CDM, 제12조), 배출권거래제도(Emission Trading: ET, 제17조)라는 세 가지 체제를 도입하였다. 이에 더하여 산림의 흡수량 증대도 배출량 감축에 산입하는 것을 인정하고 있다. 이를 총칭하여 교토메커니즘이라고 한다.

리는 것으로 하고 있지만, 이를 5%로 인상하는 제안이 검토되고 있다.

공통적으로 재무적자의 시정이라는 문제를 안고 있는 선진국이 공적자금을 중심으로 하는 지원을 이후 상당히 장기간에 걸쳐 시행할 수 있을 것인가? 이것이 문제가 되고 있다. 또한 개도국에서의 배출감축에는 민간자본의 활용이 적절하다는 사례도 많이 보인다. 이를 부정적으로 보면 자금원 자체를 축소하고 결국 개도국의 이익이 되지 않을 것이라고 선진국은 말하고 있다.

자금관리의 거버넌스의 문제도 있다. 자금지원의 실행은 누가 어떻게 할 것인가의 문제이다. 선진국은 일반적으로는 조직의 신설은 피하고 적절한 국제기구에 관리를 맡기는 것이 적당하다고 주장하고 있다. 동시에 기존의 양자간 자금지원체제가 거버넌스 면에서도 중요한 역할을 하고 있다는 현실적인 문제도 있다. 이에 반해 개도국은 세계은행 등의 국제금융기구에 위임하는 것에 강한 저항감을 나타내고 있다. 이는 이들 기관이 선진국의 이익 중심으로 기능하고 있어 개도국의 발언권이나 영향력이 한정되어 있다는 인식이 강하기 때문이다. 바른 자금관리의 방법은 무엇인가? 이후 충분히 논의되어야 할 문제이다.

(4) 기술이전에 대한 대립

저탄소기술을 개도국에 이전하는 것은 온난화문제해결을 향한 가장 중요한 조건의 하나이다. 그러나 이 문제에서도 선진국과 개도국은 대립하고 있다. 개도국은 저탄소기술 그 자체가 고가의 것이어서 현실적으로 그 이전이 불충분하다고 한다. 이 상황을 개선하기 위해서는 선진국이 솔선하여 자금을 제공하고 민간부문에서 보유되어 있는 기술을 개도국에 제공하여야 한다고 한다. 특히 지적재산권이 장애가 되고 있

---

6) 청정개발체제(Clean Development Mechanism: CDM)란 선진국이 개도국에 기술 및 자금 등의 지원을 하고, 온실가스 배출량의 감축 또는 흡수량을 증가시키는 사업을 실시한 결과, 감축된 배출량의 일정량을 지원국의 온실가스배출량 감축분의 일부에 충당할 수 있도록 하는 제도이다.

으며, 이를 강제허락제도 하에 둘 것과 기술매수를 위한 자금체제를 도입하여야 한다고 주장하고 있다. 또한 선진국에서 개발된 기술의 대부분은 원래 정부의 지원을 받아 개발된 것이므로 정부의 결정으로 그러한 기술을 개도국에 적극적으로 이전할 수 있을 것이라도 한다.

이에 대하여 선진국은 이구동성으로 기술을 보유하는 민간부문이 그 기술을 도입하여 비즈니스를 개도국에서 전개할 수 있도록 개도국에서의 투자유치환경을 정비하는 것이 선결문제라고 한다. 또한 지적재산권의 강제허락이나 기술매수는 민간사업자의 투자의욕을 저해하고 결국 기술이전의 촉진으로 이어지지 않는다고 주장하고 있다. 지적재산권은 기업의 연구개발투자를 회수하고 기술이전을 보다 촉진하기 위한 메커니즘이며 지적재산권이 보호되고 연구개발에의 투자를 적절히 회수할 수 있는 시스템이 확보되어야만 기술이전이 지속될 수 있다고 주장해 왔다. 이후의 협상에서 이 대립을 어떻게 해소할 것인가가 과제이다.

(5) 궁극적인 목표와의 관계

의정서 특별작업반에서는 2050년까지의 세계전체의 배출감축목표나 세계전체의 배출량을 증가에서 감소로 방향전환하기 위한 기간(피크아웃 기간) 등에 대해서는 논의가 이루어져 있지만, 온실가스의 대기 중 농도의 안정화를 어느 수준으로 확보할 것인가 하는 가장 기본적인 문제에 대해서는 거의 논의가 수렴되고 있지 않다. 이것은 심각한 문제이다.

(6) 산림감소, 열화(劣化)대책

산림벌채 등으로 인한 토지이용의 변경은 온실가스, 특히 CO_2 배출을 증가시킨다. IPCC 제4차 평가보고서는 그 증가량을 화석연료의 연소나 시멘트 제조가 가져온 CO_2 증가량의 1/3에 이른다고 보고 있다. 그러나 교토의정서의 현행 구조로는 이 문제에 직접 대응하는 규정이 없다. 특히 개도국에서는 산림감소가 진행 중이어서 산림의 감소나 열화를 막는 것은 온난화방지의 국제협력상 중요한 문제가 되었다.

2005년의 당사국총회(COP11)에서 파푸아뉴기니와 코스타리카가 문제를 제기한 이래, 개도국에서의 산림감소에서 유래하는 배출량 감축을 막는 행동에 대해서 논의가 계속되어 왔다. 2년여의 협상을 거쳐 이 문제에 대해서 국제협력의 존재양식이나 산림보전과 탄소저장의 확대 방법에 대한 검토가 진행되게 되었다. 발리행동계획에서도 배출감축대책으로서 개도국에서의 산림감소, 산림열화에 대해서 검토하고 차기체제에서 대응할 것이 결정되었다.

(7) 두개의 특별작업반의 통합문제

현재로서는 의정서특별작업반(AWG-KP)과 협약특별작업반(AWG-LCA)이라는 두개의 특별작업반이 설치되어, 전자는 교토의정서상 선진국의 차기 배출감축목표 등을 심의하게 되어 있다. 한편 후자는 기본협약의 이행을 촉진하기 위해서 미국을 포함한 선진국의 감축목표뿐만 아니라 개도국들의 행동도 논의하고 이와 함께 자금지원이나 기술이전에 대해서도 논의하는 장이다. 그러나 현실적으로는 많은 부분이 중복되어 있으며 그것이 협상을 지연시키는 측면이 있다.

의정서특별작업반에서는 개도국은 선진국이 감축목표의 수준 전체를 야심적인 수준으로 높이고, 이를 수치로 조속히 제안해야 한다는 입장이다. 이에 반하여 선진국측은 미국이 없는 자리에서 전체 숫자는 정할 수 없다고 반론하고 있다. 선진국은 동시에 관련 규정을 정하는 것이 선결문제이며, 나아가 개도국의 행동도 고려하여 검토되어야 한다고 반론하고 있다. 미국을 포함하는 선진국 간에는 공평성이 확보되는 동시에 개도국도 참가하는 유효한 국제약속을 만들기 위해서는 두 개의 특별작업반이 하나가 되어 논의하여야 한다. 이러한 선진국의 입장에 개도국은 부정적이어서 논의가 진행되지 않고 있다.

3. '코펜하겐합의'와 그 의의

들어가며—하나의 합의 그러나 대립은 계속

2009년 12월 7일부터 19일까지 코펜하겐에서 기후변화협약 제15회 당사국총회(COP15)가 개최되었다. 총회는 '코펜하겐합의(The Copenhagen Accord)'를 탄생시켰다. 작성과정에 참가한 이는 주요 20여개 국의 정상이었기에 참가하지 않았던 국가들이 강한 불만을 표시하였고 결국 이 합의는 당사국총회 전체회의에서는 '유의한다'고 하여 정식합의로 채택되지 못하였다. 그러나 그 후 이 합의에 대해서는 약 130개국이 서면으로 승인을 하였다. 이와 같은 경위로 '코펜하겐합의'는 기후변화의 국제협상 역사에서 하나의 중요한 합의로서 성립하였지만, 이 합의는 그때까지의 국제협상에 두텁게 존재하고 있었던 선진국과 개도국의 대립을 타개하는 것은 아니었다.

(1) '코펜하겐합의'의 내용

'코펜하겐합의'는 장기간에 걸친 기후변화협상과 비교하면 새로운 요소가 포함되어 있다. 주요한 내용은 다음과 같다.

[과학의 수용과 2℃의 언급]

첫째, 개도국과 선진국이 기후변화의 심각함을 이해하고 과학에 근거하여 2℃라는 온도목표를 기재한 것이다. 구체적으로는 다음과 같이 말하고 있다.

"…우리는 기후변화가 우리 시대의 최대과제 중 하나라는 것을 강조하며, 조속히 대처한다는 강한 정치적 의사를 강조한다. 그리고 대기중의 온실가스의 농도를 안정화한다는 협약의 궁극적인 목적을 달성하기 위해서 세계전체의 기온상승이 섭씨 2℃ 이하에 머물러야 한다는 과학적 견해를 인식하고 장기적 협력행동을 강화한다." 또한 이 합의는 다수의 도서국들이 주장해 온 1.5℃ 미만으로 억제할 가능성에 대해서도 언급하고 있다.

또한 이러한 인식하에 세계전체 배출량의 대폭감축이 필요하다는 것에 동의하고 이 목적을 달성하기 위한 행동을 하지만 그 과정에서 '세계전체 및 각국 배출량의 피크아웃을 가능한 한 조기에 실현하기 위해서 협력해야 한다'고 하고 있다. 처음으로 구체적으로 피크아웃의 필요성에 대해서 언급하고 있다. 또한 개도국의 피크아웃을 위한 기간은 보다 길다는 점에 대해서도 언급하였다.

이 합의는 2°C와 피크아웃의 필요성을 언급하여 과학의 주장을 수용한 것이라고 볼 수 있다. 처음으로 2°C라는 수치에 대해서 선진국과 개도국이 합의한 것이 중요하다. 그러나 세계의 배출량을 2050년에 절반으로 줄인다는 장기목표를 설정하는 것에는 개도국이 완강하게 반대하였기 때문에 합의되지 못하였다. 또한 이와 관련하여 선진국 전체에 대한 2050년까지의 감축목표도 결정되지 못하였다.

[감축행동의 표기]

또 하나의 성과는 선진국은 2020년까지 감축목표를, 개도국은 감축행동의 내용을 그 합의의 별표1 및 2에 기재한다고 한 점이다. 각국은 2010년 1월 31일까지 기재사항을 제출해야 한다고 규정하였다. 그리고 2015년까지 합의의 이행상황을 평가하게 되었다.

[선진국의 감축]

선진국은 개별적 또는 공동으로 2020년을 향하여 경제전체의 수량화된 배출목표를 이행할 것을 합의하게 되었다. 그리고 "이에 따라 교토의정서의 체약국인 부속서1 국가(선진국)는 교토의정서에 의해서 개시된 배출량 감축을 보다 강화한다"는 것을 약속하였다. 또한 선진국의 감축은 측정, 보고, 검증됨과 동시에 이와 같은 목표의 '계산방법이 엄밀하고 견고하며 투명성 있는 것'이어야 함을 확보하게 되었다.

[개도국의 완화행동]

한편, 개도국은 배출감축행동을 이행하게 되었다. 선진국은 행동을 수치화하고 그 실현을 약속해야 하지만 개도국의 의무는 행동을 이행하는 것일 뿐, 수치적인 약속이 아니다. 동시에 이 행동은 "…협약 제4조 1항 및 제4조 7항의 규정에 따르며 지속가능한 개발이라는 문맥에서…" 이루어져야 한다. 이는 개도국의 책임이 선진국의 그것과는 차이가 있다는 점, 개도국의 행동은 선진국으로부터의 자금이나 기술의 제공에 의존하고 있다는 것을 명확하게 한 것이다. 또한 개도국이 지속가능한 개발을 추진하는 과정에서 감축행동에 들어가는 것이라는 점에 대해서도 명확하게 하였다. 즉 개도국에 있어서는 빈곤퇴치나 지속적 경제성장이 우선시된다는 점을 고려한 것이다.

개도국의 감축행동일반에 대해서도 투명성을 확보할 것이 결정되었다. 따라서 이 감축행동은 각각의 국내적인 측정, 보고 및 검증의 대상이 된다. 또한 이에 대해서는 국제적인 협의 및 분석의 대상이 되게 되었다. 이는 국제적인 자금이나 기술지원하에 이루어진 감축행동, 즉 개도국이 독자적인 자금과 기술로 행한 감축행동도 국제적인 협의나 분석의 대상이 되었다는 것을 의미한다. 종래 개도국은 선진국으로부터 지원을 받아 이루어진 감축행동이 아닌, 자국의 자금과 기술로 이루어진 감축행동은 국제적인 검증의 대상이 되어서는 안 된다는 입장이었지만 협의의 결과 '국제적인 협의와 분석'의 대상이 되는 것을 받아들인 것이다. 그러나 그러한 협의와 분석은 개도국의 주권을 존중하는 범위 내에서 명확한 지침하에 이루어져야 한다. 한편 개도국의 감축행동이 국제적인 지원하에 이루어진 경우에는 선진국이 제공하는 기술, 자금 및 능력개발의 지원은 기록되고, 국제적인 측정, 보고 및 검증의 대상이 된다.

[자 금]

'코펜하겐합의'는 자금에 대해서 구체적인 수치를 제시하였다. 2010~2012년의 기간 동안 미화 300억 달러가 제공되고 2020년에는 연간 미화 1000억 달러의 자금이 다양한 자금원에서 제공되게 되었다. 이 합의는 "…확충된 신규의 또는 추가적인 자금이어야 하며, 예측가능하고 충분한 동시에 개선된 접근이, 완화[산림감소 및 열화에서 유래하는 배출을 감축(REDD+)하기 위한 상당량의 자금을 포함한다], 적응, 기술개발 및 이전 그리고 능력개발을 위한 강화된 행동을 가능하게 하며, 동시에 지원하기 위해서 협약의 관련규정에 따라 개도국에게 공여된다…"고 규정하고 있다.

2010년부터 2012년까지의 단기자금에 대해서는 선진국은 신규 및 추가적인 자금(임업 및 국제기구를 통한 자금을 포함)을 공여하기로 하고, 선진국 전체에서 미화 300억 달러에 가까운 자금을 약속한다. 이 자금은 적응과 완화와의 사이에서 균형 있게 배분되고 적응을 위한 자금은 후발개도국, 군소도서개도국 및 아프리카 국가들과 같은 가장 취약한 개도국에게 우선적으로 배분된다.

한편 2020년을 향한 장기자금에 대해서는 선진국은 의미있는 완화를 위해서 행동 및 이행의 투명성확보라는 측면에서 개도국의 요구에 대응하기 위해서 연간 미화 1000억 달러를 공동으로 조달한다는 목표에 합의한다고 하고 있다. 이 자금은 공적인 자금원이나 민간 그리고 양자간 및 다자간의 폭넓은 자금원에서 조달될 것이라고 규정하고 있다.

이러한 맥락에서 자금원이나 갹출에 대해서 검토하는 '고위급 패널'의 설치나 '코펜하겐 녹색기후자금'의 설치를 예정하고 있다. 후자는 개도국에서의 완화(REDD+를 포함), 적응, 능력의 개발과 기술개발 및 이전에 관련된 사업, 계획, 정책 기타 행동을 지원하기 위해서 조약의 자금공여제도의 이행기관이 될 것으로 계획되어 있다.

(2) '코펜하겐합의': 협상절차의 문제

'코펜하겐합의'는 이상과 같이 상당히 새로운 요소를 포함하고 있지만 성립된 경위나 절차에는 여러 가지 문제를 포함하고 있다.

[코펜하겐 회의에의 기대감과 실망]

회의가 시작되기 전 단계에서는 코펜하겐 회의에 대한 기대감이 컸다. 다수의 국가정상이 참가하기로 하여 국제사회는 그 성과에 기대감을 품고 있었다. 코펜하겐에 이르기까지 2009년 한해 내내 상당히 면밀한 준비작업이 이루어졌다. 협약특별작업반(AWG-LCA) 및 의정서특별작업반(AWG-KP)은 2009년에 5번의 협상회의를 개최하였다. 그 밖에도 그린랜드 협의, 에너지와 기후변화에 관한 주요경제국 포럼(MEF), G-8, G-20, UN사무총장주최 기후정상회의 등의 자리에서 협의가 열정적으로 이루어졌다. 그 밖에도 개별적으로도 다수국간에 면밀한 협의가 이루어졌다. 이러한 것들이 코펜하겐 회의에 대한 기대감을 높였다. 그러나 '코펜하겐합의'가 선진국과 개도국의 대립을 타개한 부문은 매우 적었고, 국제사회의 기대감을 충분히 채워주지 못하는 것이었다.

[UN협상의 어려움]

'코펜하겐합의'에 이르는 논의는 UN협상의 어려움을 부각시키고 있다. 온난화협상은 본래 고도로 광범위한 과학과 기술적 문제를 둘러싼 것이다. 여기에 경제적 이익이나 정치적 고려, 개도국과 선진국의 이해조정 등이 복잡하게 얽혀 있다. 국제협상에서도 보기 힘든 어려운 협상인 것이다. 게다가 이를 UN의 방식에 따라 총의로 결정해야 한다. 한 국가라도 반대하면 어떠한 형태로든 조정을 해야 하며 다수결로 결정될 수 없다.

통상의 절차에 따르면 특별작업반의 의장단이 원안을 작성하고, 이를 기초로 논의가 진행된다. 그러나 이번에는 지금까지의 기나긴 토론을 반영하는 것이므로 원안은 대립하는 양론이 기재되어 있을 뿐만 아니라 보다 복잡한 대안이 괄호로 덧붙여져 있다. 가령 협약특별작업반(AWG-LCA)에서는 200쪽에 가까운 문서에 의견대립이 있는 수천 페이지나 괄호문이 달려 있었다. 유례없이 복잡한 원안인 것이다. 적응, 개도국에서의 산림감소 및 산림열화의 배출감축과 보전(REDD+), 기술 등의 문제에서는 약간의 진전이 있었지만, 자금 및 완화에 대해서는 각국의 입장에 커다란 대립이 있었다.

의장단이 원안을 제안할 때마다 개도국과 선진국은 각기 어느 한쪽에 편중되어 있다고 비난을 하였다. 190개국이 넘는 국가가 각각의 의견을 제출하고 논의하기 때문에 논의는 분열되고, 다수결원칙이 없어 끝없는 토의가 계속되게 되는 것이다. 실제로 당초 작업반의장단에서 제시한 원안은 개도국에 치우쳐 있다는 이유로 선진국이 반대하였다. 다음으로 덴마크가 당사국총회 의장으로서 해결을 위한 제안을 제시하려고 하였으나 개도국이 반대하였다.

실무차원의 협상은 이렇게 교착상태에 머물러 있었지만 17일 각국 정상이 모였고 현상태를 타개하기 위해서 20여 개국의 정상회의가 긴급 소집되어 덴마크 의장에게 해결안을 제안하자는 요청이 이루어졌다. 다음날부터 덴마크가 작성한 해결안 등을 기초로 논의가 시작되었다. 논의에 참가한 20여 개국 정상 간에 격렬한 대립이 있었고 심각한 우여곡절을 겪고 나서야 최종적으로 '코펜하겐합의'가 탄생하였다. 기후변화협약 내에서의 협상 규칙에 기인하는 어려움에 더하여 이번에는 대통령이나 수상 등의 정치적 리더가 기술적인 복잡함, 이해관계의 다양한 폭주(輻輳)를 극복하고 단기간에 합의를 만들어내야 한다는 극한의 상황이 혼란함을 가중시켰다고 볼 수 있다.

[의사절차상의 문제]

코펜하겐 총회에서는 절차면에서 몇 가지 문제가 있었다. 덴마크 정부가 준비하였다는 '덴마크문서'가 그 하나이다. 총회 첫 주에는 영국의 가디언지는 이 문서로 여겨지는 것을 게재하였다. 12월 16일, 덴마크의 의장은 특별작업반의 결론을 고려한 하나의 제안문장을 제시할 의도가 있음을 정식으로 발표하였다. 이 발언은 개도국의 격렬한 반발을 불렀다. 개도국측은 이 제안은 과거 1년 내내 특별작업반에서 해 온 '투명하고 민주적인' 협상문서 작성의 노력을 물거품으로 돌리는 것이라고 주장하였다. 덴마크가 독자적인 제안을 제시하는 것은 매우 복잡한 문제를 장기간에 걸쳐 논의해 온 과정을 무시하는 것으로 이에 기초하여 논의를 진행할 수 없다는 주장이었다.

동시에 많은 국가가 UN의 절차상의 규칙을 이용해서 의사방해로도 볼 수 있는 행동을 하기 시작하였다는 것도 문제였다. '코펜하겐합의'가 20여 개국이라는 소수국가 정상들만 모여 작성되었다는 것도 심각한 비난을 받았지만, 이 합의가 각국대표단에 회부되기 전에 미디어에 보도되었다는 점도 절차상 심각한 일이었다. 공식 UNFCCC문서가 작성되기도 전에 각국대표단은 인터넷으로 먼저 코펜하겐합의를 접하게 되었다. 당연히 많은 국가가 이 절차에 반발하여 혼란이 확대되었다.

['코펜하겐합의'를 채택하는 과정의 분열]

'코펜하겐합의'는 모든 당사국의 찬성이 없으면 당사국총회의 결정으로 채택될 수 없다. 20여 개국 간에 합의가 성립된 18일(금) 심야부터 이를 당사국총회의 결정으로 만드는 절차가 시작되었다. 19일(토) 오전 3시경부터는 당사국총회의 전체회의가 개시되었고, 모두에서 의장인 덴마크수상은 '대표적인 지도자 그룹이 작성한 것'이라 하여 이 합의문서에의 동의를 구하였다.

이에 반하여 베네수엘라, 볼리비아, 쿠바, 코스타리카, 니카라과, 수단 등의 대표가 소수국가의 정상들이 밀실에서 합의한 것을 그대로 받아들이라고 하는 것은 지나친 횡포라면서 '코펜하겐합의'의 채택에 반대하였다. 한편 선진국들은 합의에 대한 지지를 표명하였다. 몰디브, 그라나다와 같은 도서국가나 방글라데시, 레소토, 알제리 등의 아프리카 국가들, 싱가포르, 필리핀 등도 지지를 표명하였다. 중국, 인도, 남아공 등은 코펜하겐합의를 지지하는 발언을 하지는 않았다. 중국, 인도 등은 '코펜하겐합의' 정식채택에 반대하며 당사국총회의 문서로 한다고 해도, INF(information document라는 참고문서)로 하든지, MISC(miscellaneous document라는 관련 기타문서)로 해야 한다고 하였다.

이에 반해 선진국들은 당사국총회의 정식결정문서로 삼아야 한다고 주장하였고, 'COP adopted the Copenhagen Accord, annexed to this decision'이라는 표현을 기입해야 한다고 하였다. 개도국들은 'COP takes note of the Copenhagen Accord'라는 표현이 아니면 절대로 받아들일 수 없다며 강경한 주장을 굽히지 않아 최종적으로는 당사국총회는 유의한다는 표현, 즉 'COP/CMP takes note of the Copenhagen Accord…'으로 합의되었다.

(3) '코펜하겐합의'의 내용상 문제점

이 합의에는 다음과 같은 문제점이 있다. 이 합의는 정상들에 의해서 단기간의 논의를 통한 타협의 산물로 만들어진 것이다. 이하에 열거하는 바와 같은 문제점이 이를 반영하고 있다.

우선 이 합의는 대기 중의 온실가스농도의 안정화를 보증하고 있지 않다는 점이다. 이 합의가 2℃를 둘러싼 과학적인 논의에 대해서 일정한 인식을 명확히 한 것이 주목을 받고 있지만 이를 실현하는 근거가 될 감축량에 대해서는 아무것도 수치화하지 않았다. 세계의 배출량 감축 장기목표에 대해서도 수치화하고 있지 않다. 세계의 배출량이 정점을 맞이하는 시기도 특정되어 있지 않다.

합의는 '이에 의하여 교토의정서의 당사국인 부속서1 국가(선진국)는 교토의정서로 개시된 배출량감축을 보다 강화한다'고 말하고 있지만 선진국이 개별적으로 또는 공동으로 2020년을 향해서 약속하는 경제전체의 수량화된 배출목표는 각국의 등록을 기다려야만 알 수 있는 것이다. 이후 급속하게 배출량이 증대할 것으로 보이는 신흥국 등 개도국의 배출량의 감축에 대해서도 아무런 제약을 하지 않고 있다. 이렇게 선진국의 감축수량이나 개도국의 행동 결과도 이를테면 2℃라는 등의 기후안정화, 대기 중 온실가스농도의 안정화와는 전혀 연관성이 없다. 2℃ 등의 수준에서 기후안정화, 대기 중 온실가스농도의 안정화를 언급하고 있지만 이를 실현하는 수단에 대해서는 침묵하고 있다.

기후변화를 막기 위해서 세계는 지금부터 얼마나 배출량을 감축해야 하는가는 규정되어 있지 않기 때문에 대기 중의 온실가스 농도의 안정화라는 맥락에서는 불충분한 합의이다. 기후변화를 막기 위한 국제적 약속은 어느 수준에서 기후를 안정시킬 것인가에 대해서 수치적으로 명확하게 규정할 필요가 있다. '코펜하겐합의'가 그렇지 않다는 것만은 명확하다. 조만간 대기 중의 온실가스농도의 안정화를 수치적으로 보증할 수 있는 다른 합의가 필요해질 것이다.

두 번째로 포스트 2012가 어떤 법적체제가 될 것인가가 불명확하다. 무엇이 언제까지 결정되어야 하는지, 누가 어디서 협상을 해야 하는지에 대해서 합의되지 않았다. 선진국이 어떤 약속을 했는지를 알 수 없고 개도국에 대해서도 마찬가지이다. 그러나 이 합의는 전문에서 "… 즉시 실시된다…"(… which is operational immediately)라는 문구가 있어 그 자체로 즉시 시행되는 국제적 약속이라고 규정하고 있다. 하지만 현실적으로 국제사회의 행동을 보면 이 합의를 지지한 국가조차 이 합의에 따라 행동하고 있다고는 볼 수 없다.

보다 근본적으로는 이 합의가 기후변화협약의 범위 내에 위치하고 있는 것인지 부터 확실하지 않다. 협약에 따르면 새로운 체제를 협상할 권한을 가지고 있는 것은 특별작업반이다. 두개의 특별작업반의 2010년 작업계획에는 '코펜하겐합의'는 포함되어 있지 않다. 양 특별작업반의 심의의 기초가 되는 문서는 양 작업반 의장이 제출한 괄호문이 잔뜩 붙은 보고서안으로 할 것이 예정되어 있다. 이는 '코펜하겐합의'의 장래적 지위를 불명확하게 하는 것이다. 코펜하겐합의에 따라 국제적인 합의가 모아질 것인가에 대한 문제는 결국 기후변화협약의 범위 내에서 진행되는 논의의 귀추에 달려 있다. 그 경우 개도국은 '코펜하겐합의'에서의 선진국의 감축행동이 법적의무일 것을 요구할 것이고, 감축수량에 있어서도 선진국의 감축폭은 선진국의 자의에 맡겨져 있다는 점에 불만을 가질 가능성이 있다.

다음으로 이번 합의에서 자금문제에 관한 '고위급 패널'이나 '코펜하겐 녹색기후기금' 등의 조직적인 제안을 내용이 확정되지 않은 상태로 제시된 것도 문제이다. 일반적으로 자금문제에 대해서는 개도국과 선진국의 의견차가 크다. 개도국은 대량으로 선진국의 재정자금을 일정한 기금으로 형성하여 그 사용에 있어서 개도국의 발언권을 확보하려고 한다. 이에 대하여 선진국은 재정자금뿐만 아니라 다양한 민간자금을 폭넓게 활용하고 동시에 그 사용에 있어서는 하나의 거대한 기금을 조성하는 것이 아니라 특색을 살린 다양한 자금원을 인정하려고 하고 있다. 자금의 사용에 있어서는 대규모 관료적인 조직을 배제하고 간소하고 효율적인 조직체를 지향하고 있다. 이후 '코펜하겐합의'에 기초한 새로운 조직이 어떻게 현실화될 것인지가 주목된다.

4. 코펜하겐합의에서 칸쿤으로

(1) 기본적인 대립은 계속되고 있다

'코펜하겐합의'에도 불구하고 선진국과 개도국의 대립은 계속되고 있다. 대립의 근본구조는 여전히 선진국의 이익과 개도국의 이익이 충돌한다는 점이다. 선진국은 대체로 '코펜하겐합의'를 기초로 국제합의를 실현하려는 것에 반해, 개도국은 '코펜하겐합의'에서도 선진국들의 자금지원이 현실화될 것을 바라면서도 동시에 교토의정서를 지속시키고 그 제2차 이행기간 동안 선진국이 계속해서 감축행동을 강화해 줄 것을 요구하고 있다. 이는 2010년 12월 멕시코의 칸쿤에서 개최되는 제16회 당사국총회에서 진전을 바라기 힘든 상태로 만들고 있다.

2010년 들어 칸쿤을 향한 협상이 계속적으로 두개의 특별작업반에서 이루어졌다. 협약 특별작업반 의장이 작업용 초안을 제시하여 논의가 이루어졌지만, 여기에서는 기본적으로 개도국은 교토의정서의 유지를 요구하고 '코펜하겐합의'를 교토의정서 방향으로 끌어오려고 하였다. 미국은 교토의정서의 기본구조에 반대하고 '코펜하겐합의'를 중심으로 논의를 진행시키려고 하였다. 선진국은 선진국의 수치화된 배출량

감축목표와 개도국의 수치화되지 않는 배출량감축행동이 같은 차원에서 논의되어야 한다고 주장하였지만 개도국은 이에 반대하였다.

쌍방은 절차면에서도 대립하고 있다. 선진국은 산림흡수원이나 유연성체제 등의 산정규칙으로 합의를 성립시켜야 한다고 하지만, 개도국은 선진국의 배출량감축수치를 정하는 것이 선결문제라는 입장을 유지하고 있다. 유사한 대립이 측정, 보고 및 검증제도나 개도국의 감축행동에 관한 '국제적 협의와 분석(international consultation and analysis)'과 자금문제에 대한 세목을 정하는 문제에서도 대립이 이어지고 있다.

이 측정, 보고 및 검증제도의 일부인 검증작업은 본래는 국제약속상의 의무를 국가가 이행하는 것을 확인하기 위한 수단이다. 그러나 국제적인 의무가 존재하지 않더라도 수량에 근거한 구체적인 약속이 있는 경우 그 이행을 검증하는 것으로 국제약속과 거의 동등한 효과를 가질 가능성이 있다. 미국이 측정, 보고 및 검증제도를 강하게 주장하고 있는 것은 개도국의 감축행동을 투명하게 하여 실제 어느 정도 감축되었는지를 파악할 수 있도록 하자는 의도에서 비롯된 것이지만, 동시에 미국 자신의 국내법성격과 관계가 있다고도 보여 진다. 미국의 정책에는 자국법제와의 관계라는 맥락에서 엄밀한 국제적 약속을 회피하려는 경향이 있어 측정, 보고 및 검증제도를 강화하는 것은 이러한 경향에 따른 것으로 보여 진다.

(2) 자금지원에 관한 논의

개도국이 기후변화에 대응하여 행동할 때, 기술이나 자본이 필요하며 이는 선진국이 제공해야 한다고 한다. 실제로는 자금은 다음의 용도로 사용된다.

첫째, 적응이라고 불리는 것으로 개도국에서 발생하는 기후변화에 따른 피해에 대처하기 위한 비용이다. 해수면상승에 대응하기 위한 제방건설 등의 인프라를 정비하는 것이 그 일례이다. 이 외에도 기후변화는 개도국의 농업, 임업, 어업, 물의 공급, 건강이나 위생 등의 광범위한 분야에서 피해를 발생시키며 개도국의 경제, 사회에 영향을 미치고 있다. 자금은 이러한 용도로 사용된다.

둘째, 배출량 감축 자체에 필요한 비용이다. 이는 개도국이 보다 에너지 효율이 높은 발전시스템이나 에너지 기기를 도입하거나 개발하기 위한 비용이다. 개도국에서는 기초적인 에너지 공급(전력이나 가솔린 등) 자체가 부족하다. 농촌지역을 포함해서 에너지 공급자체를 늘리고 동시에 공급되는 에너지의 저탄소화를 이루어내기 위해서는 큰 비용이 소요된다. 산업시설, 교통체계, 도시나 거주환경부문도 마찬가지이다. 나라에 따라서는 산림의 감소나 열화를 방지하는 것으로 감축에 일조할 수 있으며 이를 위한 비용도 여기에 포함된다.

셋째, 개도국의 기술이전을 실현하고 이를 위해서 개도국의 인재나 시설, 정책입안능력 등의 면에서 진전을 시도할 필요가 있다. 또한 개발된 기술을 상업화하기 위해서도 커다란 비용이 들어간다.

이와 같은 자금수요는 이후에도 커질 것으로 예상되고 있다. UN기후변화협약 사무국이나 세계은행 기타 조직이 그러한 자금수요의 예측을 발표하고 있다. 이들은 모두 전제와 내용이 다르기 때문에 비교 · 대조할 수는 없지만 연간 수천억 달러 정도의 자금수요가 있을 것으로 분석하고 있다.

한편 자금의 공급은 다양한 방법으로 지출되고 있다. 이를 개괄하면 다음과 같다. 우선 자금의 제공자는 선진국정부와 선진국의 민간기업으로 대별된다. 선진국정부는 (1) 개도국정부에 대한 양자간 직접 자금기술지원, (2) 세계은행이나 지역개발은행으로의 자금제공[7) (3) UN기후변화협약계통의 여러 기금에의 자금제공이라는 세 가지 경로로 자금제공을 하고 있다. 세계은행이나 지역개발은행, UN기후변화협약 계열의 여러 기금[8)]은 선진국정부에서 제공된 자금을 활용해서 개도국에

7) 이들은 국제개발금융기관으로 통칭되며 세계은행(세계기후투자기금), 아시아개발은행, 미주개발은행, 아프리카개발은행, 유럽부흥개발은행 등을 포함한다.

8) 지구환경기금(GEF), 특별기후변화기금(SCCF), 빈곤국기금(LDCF), 적응기금

위의 세 가지 목적을 위한 자금을 제공하고 있다. 한편 또 하나의 자금 제공자인 선진국의 민간기업은 에너지 효율화 기업이나 노하우를 민간 투자의 형태로 개도국에 제공하고 있다.

이와 같은 기본구조로 개도국으로 자금이 흘러들어가고 있지만 그 총액은 여전히 필요한 수준에 미치지 못하고 있다. 이것을 어떻게 현실화하고 동시에 제공되는 자금의 최대효용을 어떻게 확보할 것인가가 중심적인 과제가 되고 있다.

자금과 관련된 협상은 개도국의 내부에 있는 이해관계를 반영하여 복잡해지고 있다. 신흥국인 개도국은 배출량감축행동을 위한 선진국의 자금지원을 필요로 하지 않는다. 이는 자금지원을 이유로 선진국이 간섭하는 것은 바라지 않으므로, 간섭을 배제한 제도를 목표로 하고 있다. 한편 선진국으로부터의 자금지원을 필요로 하고 있는 많은 개도국은 선진국의 자금지원의 의무화, 충분한 자금량의 확보, 지원금액의 배분이나 지출제도의 결정과정에서 자신들의 발언력을 강화하는 것에 관심을 두고 있다.

지출제도에 있어서는 세계은행 등의 개발관계 국제기관은 선진국들에게 지배되고 있다는 인식이 개도국들 사이에 강하다는 것에 주목해야 한다. 이 때문에 이들 국제기구를 배제하고 UN기후변화협약의 체제 안에서 자금을 집중관리하는 기금을 설치하고 개도국이 주체적으로 참가하여 운영해 나가려는 욕구가 강하다. 또 하나의 중요한 문제는 자금의 성질에 관련된 것이다. 선진국의 자금지원의 약속은 과거의 약속을 다중적으로 이용하고 있는 경우가 많다면서 기존의 ODA 원조자금에 더하여 추가적으로 이루어져야 한다고 주장하고 있다. 이에 대하여 선진국들은 지원자금은 그 관리운용에 관한 지식이나 경험이 축적되어 있는 세계은행 등의 국제기관에 맡겨야 한다고 주장하고 있다. 또한 선진국은 신규성이나 추가성에 대해서도 각각의 국가의 제도상의 구조를 설

(Adaptation Fund).

명하면서 신규성이나 추가성은 이미 실현되고 있다고 주장하고 있다.

※ 자금문제의 해설: 자금지원에 관한 각종제안

세계통일탄소세: 각국의 CO_2 배출량의 1톤당 2달러 과세를 한다. 스위스 제안

배출할당량(AAU)의 경매: AAU의 일부를 경매에 붙여 수입을 확보한다. 노르웨이가 제안

선진국의 국고에서 자금을 지원: 선진국의 GNP의 일정비율(0.5~4% 등)을 국고에서 지원한다. 개도국제안

녹색기금: 원칙적으로 모든 국가가 배출량, 인구, GDP 등을 기초로 산정된 금액을 국고에서 갹출한다. 멕시코제안

국내배출권거래제도(ETS)에 의한 배출권경매: 국내 ETS에 의한 배출할당량의 일부를 경매에 붙여 수입을 개도국 지원으로 돌린다.

오프셋에 과금: 교토의정서의 공동이행(JI)이나 청정개발체제(CDM)라는 오프셋 체제에 의한 거래에 과금한다.

국제해운 · 항공섹터에 의한 자금: 국제해운과 국제항공부문에 배출권거래제도를 도입하고 배출량의 일부를 경매하여 수익을 지원으로 돌린다. 또한 해운과 항공에서 사용되는 연료에 과금한다. 국제항공권 판매시에 과세한다.

화석연료보조금의 폐지에 의한 자금: 선진국에서의 화석연료 생산과 소비에 대해서 국고에서 지불하던 보조금을 폐지하거나 축소하여 이를 지원으로 돌린다.

화석연료채굴로열티: 화석연료생산자가 지불하는 로열티의 일부를 지원으로 돌린다.

탄소수출최적화세: 탄소제약이 없는 개도국이 선진국으로 고탄소집약제품을 수출할 때 과세하고 선진국소비자의 부담에 상당하는 개도국에서의 세수를 자금지원으로 간주한다.

선진국에 의한 발전과금: 발전된 전력에 과금해서 지원으로 돌린다.

국제개발기관에 의한 자금: 다자간개발은행(MDBs) 및 국제통화기금 (IMF)을 포함하는 국제금융기관(IFIs)이 장기자금의 제공을 강화한다.

금융거래세: 금융상품거래에 과세하여 그 수입을 자금으로 돌린다.

민간투자촉진에 의한 자금: 국가의 공적자금을 유효하게 사용하여 개도국에서의 적응과 배출감축에 공헌하는 민간투자를 확대시킨다.

탄소시장을 통한 자금흐름: 기존의 청정개발체제(CDM)를 개량하고 확대하여 민간자금을 개도국에 흘려보낸다.

(3) 산림의 감소, 열화대책

산림의 감소나 열화(劣化)를 방지하여 온실가스 배출량을 감축하고 식림이나 관리를 하여 산림자체의 온실가스의 흡수량을 유지해 나가려는 움직임은 오늘날 REDD+[9]라는 이름으로 총칭되고 있다. 식림이나 관리의 강화를 '플러스'라고 보고, 배출량 감축에 산입한다는 점에 대하여 합의가 이루어졌다.

REDD+ 분야에서의 배출량 감축행동을 위한 자금조달방법에 대해서는 논의가 있다. 개도국은 선진국으로부터 무상의 갹출금을 받아야 한다고 주장하고 있다. 한편 선진국이나 브라질 등의 산림을 가진 개도국은 배출감축량을 크레딧으로 환산하여 이를 시장에서 매각하여 자금을 조달해야 한다는 입장이다. 그러나 이러한 입장의 차이는 점차 좁혀져 왔다.

REDD+ 진행의 첫 단계에서 필요로 하는 산림면적의 측정, 지도의 정비, 이를 위한 인재육성 등에 대해서는 공적자금에 의한 지원이 필요할 것이다. 이후 파일럿 프로젝트의 시작이나 모델 프로젝트 실시 단계에서는 민간자금의 도입도 검토되어야 할 것이다. 보다 이후의 단계에 이르러서야, 실제로 시장에서 크레딧의 매각을 통해 자금을 확보하는 것을 바라볼 수 있다. 단계를 좇아 서서히 시장메커니즘을 활용하여 자

9) Reducing Emissions from Deforestation and Forest Degradation.

금이 확보되어 간다. 대체로 이러한 전개에 대해서 이해관계국 간의 의견 수렴이 시작되었다. 이런 사정을 배경으로 하여 2010년 5월 26일 오슬로에서 개최된 '기후와 산림에 관한 각료회의'에서 이후 한층 더 산림의 감소나 열화를 방지하고 식림이나 산림관리를 진행해 나가야 함이 확인되었다.

(4) '공통의 차별화된 책임'이라는 사고

기후변화에 관한 국제협상을 곤란하게 하는 하나의 중요한 문제는 '공통의 차별화된 책임'이라는 원칙이다.

UN기후변화협약 제3조는 "당사국은 이 협약의 목적을 달성하고 이를 이행하기 위한 조치를 취함에 있어, 특히 다음의 점을 지침으로 한다"고 하여 그 제1항에서 "당사국은 형평의 원칙에 기초하여, 또한 각각의 공통의 그러나 차별화된 책임 및 각국의 능력에 따라 인류의 현재 및 미래세대를 위해서 기후시스템을 보호해야 한다. 따라서 선진당사국은 솔선하여 기후변화 및 그 악영향에 대처해야 한다"고 하고 있다.

또한 교토의정서에서는 제10조에서 "당사국은 각각 공통의 그러나 차별화된 책임과 함께 각국 및 지역 특유의 개발 우선순위와 각국 특유의 목적 및 사정을 고려하여, 비부속서1 당사국에 대해서 어떠한 새로운 약속도 도입하지 않지만, 협약 제4조의 규정에 따른 기존의 약속을 재확인하고 이와 함께 지속가능한 개발을 달성하기 위해서 그 약속이행의 촉진을 계속하고 협약 제4조 3, 5 및 7항의 규정을 고려하여 다음을 행한다…"고 말하고 있다.

이 원칙은 1960년 이후 존재해 온 남북문제에서 비롯된 것이다. 개도국의 관점에서 보면 오늘날의 기후변화는 산업혁명 이후 선진공업국이 온실가스를 대량으로 배출한 결과이다. 그 과정에서 선진국은 경제를 성장시키고 생활수준을 높여 왔다. 그리고 특히 개도국에서 온난화 피해가 심각해지고 남북의 경제격차는 날로 심화되고 있다. 선진국의 역사적 책임에 기인한 온난화라는 문제에 개도국도 책임을 지는 것은 불합리하다. 이러한 인식에서 출발하고 있다. 이와 같이 온난화문제의 본질적 책임은 선진국에 있으므로 선진국은 솔선하여 기후변화 및 그 악영향에 대처해야 한다. 선진국과 개도국은 온난화를 방지한다는 사명감에 있어서는 동등하지만 방지행위를 취할 책임에서는 차이가 있다는 원칙이 탄생하였다.

이 원칙은 그러나 현실적으로는 선진국과 개도국의 이원적인 대립을 낳았고 논의의 진행을 저해하고 있다. 가장 커다란 문제는 책임에 차이가 있는 것은 인정한다고 해도 그 '정도'에 대한 정의가 없다는 점이다. 종종 쌍방에 좋은 방향으로 확대해석되기 쉽다. '차별화된 책임'이란 거의 책임이 없다는 것을 의미하는 것처럼 논의에서 원용되는 경우가 있다. 선진국과 개도국의 대립의 많은 부분은 바로 이 원칙을 둘러싼 것이다.

또 하나의 문제점은 이 원칙은 개도국의 다양화라는 최근의 현실에 맞지 않는다는 점이다. 한편에서는 빈곤한 개도국(최빈국)의 피해의 심각함이 점차 명백해지고 있는 가운데, 개도국 중에서도 중국, 인도, 브라질, 남아공 등의 신흥국은 커다란 경제력과 기술력을 갖기 시작하였다. 이들 신흥국에서의 배출량은 급속하게 증가하고 있다. 특히 중국의 온실가스 배출량은 이미 세계 최대가 되었다. 이렇게 중국 등을 포함한 개도국 전부가 '차별화된 책임' 원칙의 적용을 받는 것은 정당화될 수 없다. 이러한 현실은 매년 강해지고 있으며 어떠한 형태로든 '공통의 그러나 차별화된 책임'이라는 원칙의 향방을 좇을 필요가 있다.

(5) 이후의 외교협상은 어떻게 전개될 것인가?

우선 개도국 측의 움직임으로 주목해야 할 부분이 있다. 2010년 4월 25일 케이프타운에서 BASIC 국가들(중국, 인도, 브라질 및 남아공)의 관계각료는 공동성명을 발표하여 두 개의 법적구속력 있는 합의를 2010년에 칸쿤에서 또는 늦어도 2011년에 남아공에서 체결되어야 한다고 주장하였다. 두 개의 법적구속력 있는 합의란 '교토의정서 제2차 이행기간

동안 선진국들의 배출감축목표에 관한 합의'와 '기본협약에 기초한 장기적인 협력행동에 관한 법적구속력있는 합의'이다. 이는 선진국을 나누어 개도국에 유리한 법적구조를 만들려는 것으로 보여 진다. BASIC 국가들[10)]은 2009년 12월의 코펜하겐 당사국총회 시점에는 이러한 주장을 하지 않았다. 그러나 2010년 초부터 방침을 변경한 것으로 보여진다. 유럽국가를 포섭하여 무언가 구체적인 성과를 내고 싶어 하는 의장국 멕시코의 지지를 받아 개도국이 이 문제에 적극적이라는 인상을 주려고 한 것으로 받아들여지고 있다.

한편 선진국측에서는 입장이 수렴되지 않는 구석이 있다. 일본이나 EU도 여전히 개도국·선진국 주요국의 배출감축목표나 행동계획을 법적구속력 있는 약속으로 하나의 문서로 규정해야 할 필요가 있다고 주장하고 있다. 미국은 2010년 7월 상원에서 케리-리버만(Kerry-Lieberman) 법안을 타결시키지는 못하였지만 이것이 미국의 국제협상상의 방향성에 영향을 주고 있다. 미국의 기본자세는 '코펜하겐합의'를 차기체제로 이행시키려는 것이다. 새로운 국내법이 성립되지 않아도 미국이 국제적으로 굳게 약속한 2005년 대비 17% 정도의 감축은 기존의 여러 정책으로 실현될 수 있다고 주장하고 있다. 미국환경보호청(EPA)이 대기정화법으로 국내의 배출규제를 시행할 수 있게 되었다고 한다. 그러나 케리-리버만(Kerry-Lieberman) 법안이 타결되지 못한 것이 세계여론에 정치적으로 영향을 주고 있다. 오바마 정권은 부시정권과 달리 기후변화문제에 높은 우선순위를 두고 있기 때문에 세계여론은 큰 실망감을 맛보게 되었다. 그 결과 개도국은 미국의 자세를 소극적이라고 판단하고, 선진국도 미국의 방향성에 의문점을 붙이는 경향이 나오게 될 것이다.

---

10) BASIC(국가들)이란 브라질, 남아프리카, 인도, 중국의 영어 두문자로 만들어진 명칭이다. 이 유력한 4개 신흥국은 BASIC이라는 그룹으로 발언하고 있다.

5. 기후변화국제협력의 미래: 확실하고 저렴한 체제를 위하여

(1) 나라별로 감축되는 제도로 기후의 안정화는 실현될 것인가?

기후변화협약은 "…기후시스템에 대한 위험한 인위적인 간섭이 되지 않는 수준에서 대기 중의 온실가스농도를 안정화시키는 것을 궁극적인 목적으로 한다"고 규정하고 있다. 이는 기본협약이 지구전체의 온실가스 '농도의 안정화'라는 수치적인 개념을 규정하고 있다는 것을 나타내고 있다. 기후시스템에 대해서 위험한 인위적 간섭을 끼치지 않는 수준이란 어느 수준인가를 수치적으로 정하고 이를 실현할 수 있는 온실가스농도를 일정한 수치로 안정화시켜야 한다.

즉 협약에서는 궁극적인 목적을 실현하기 위해서 국제사회가 '수치'를 기초로 행동할 것을 예정하고 있다. 궁극적인 목표를 실현하기 위해서는 조속하게 필요한 수치와 기간축을 정해서 행동을 개시해야 한다. 전 지구적인 수치목표와 시간축을 설정하고 이를 실현하기 위한 합목적적인 행동을 취해야 한다. 전 지구에서 허용되는 온실가스 배출량을 정하고 그 이상으로 배출되지 않도록 하는 것은 그러한 합목적적인 행동의 하나이다.

교토의정서는 어떠한가? 여기에서는 기본적으로는 (1) 전 지구적인 온실가스의 농도안정화에 대한 수치목표나 기간축은 합의되어 있지 않다. (2) 각국은 IPCC의 분석 등을 참고로 하여 각각 야심차게 자국의 배출량을 감축하는 수치목표를 약속하고 (3) 감축비용을 경감시키기 위하여 한계적으로 해외 오프셋을 이용한다는 세 개의 기둥을 가진 제도가 되었다. 이 제도의 핵심은 국가단위로 감축수량을 결정하고 정부책임으로 실행하자는 것이다. 심각한 것은 온실가스 농도의 안정화목표가 없다는 것과 이를 위한 각국의 수치목표의 합계가 전 지구적인 온실가스 농도의 안정화와 관련지을 수 없다는 점이다.

또한 현실적으로는 모든 국가가 '야심적인 Cap'을 부담하는 것에 저항한다. 자국의 배출량의 감축은 그 국가의 '야심'에 맡겨져 있으므로 타국보다 야심적으로 되지 않으려고 하는 심리가 작동한다. 따라서 전 지구적인 농도안정화에의 수치목표를 합의하려는 유인이 발생하지 않는다. 이후의 국제적 체제로서 전 지구적인 목표설정 없이 각국이 각자 기술적, 재정적으로 가능한 감축을 자발적으로 신고하고 시행한다는 방식도 일부에서는 제안되고 있다. 이러한 제도가 대기 중의 온실가스농도를 안정화시키는 것은 어렵다.

또 하나의 문제는 비용이 너무 많이 든다는 것이다. 자국의 저탄소화에는 상당히 큰 금액이 소요된다. 또한 개도국의 저탄소화나 적응지원을 위해서 막대한 자금을 조달해야 한다. 선진국이 일제히 긴축재정을 이후에도 장기간 지속해야 할지 모르는 상황에서 온난화방지를 위해 거대자본을 투자해 나갈 수 있을 것인가? 배출량 감축은 생산감소로 이어지기 쉽기 때문에 경제성장과의 균형을 생각하지 않아도 되는 것인가? 이러한 의문과 비용최소화에 대한 요구는 이후 차차 강력해질 것이다. 세계 전체가 최소비용으로 기후의 안정화를 실현시키는 것이 이미 지상과제가 되었다.

비용과의 관계에 대해서는 문제가 더 있다. 막대한 비용을 들여 목적을 실현시키지 않으면 전 세계의 정부당국측의 책임을 어떻게 할 것인가에 대한 것이다. 어떤 기업에서도 상당한 투자를 하는 경우 상당한 확률로 성공할 것이라는 전망하에 이루어질 것이다. 교토의정서 체제에서는 우선 애초부터 기후의 안정화목표가 없었기 때문에 경비지출이나 투자의 성공여부를 측정할 수 없다. 실현가능한 약속을 하는 구조에도 비슷한 문제가 있다. 가능한 것을 약속하는 구조에서는 이 또한 달성해야 할 목표가 정해져 있지 않기 때문에 투자는 목표도 투자효과의 측정도 없는 채로 이루어지게 된다. 비용대비 효과의 평가 없이 커다란 투자를 하고 있다. 장래 기후의 안정화가 확보되지 않는 경우 의미 없는 투자에 대한 설명을 납세자에게 해야 할 필요가 있다. 미래세대에 대한 책임이 있는 국제사회로서는 수용할 수 있는 기후안정화의 수준을 정하고 이를 실현할 작업공정을 규정하여 비용효과적으로 행동할 필요가 있다.

보다 근본적인 문제는 현행의 체제가 세계경제의 상황에서 유리되어 있다는 점이다. 현재의 체제는 1960년대의 선진국 대 개도국이라는 이원적인 대립을 기초로 하고 있다. 산업혁명 이후의 '선진국의 배출책임'이 모든 사고의 기초가 되었다. 여기에서 현실적인 배출은 탄소를 포함한 상품이나 서비스를 구입하려고 하는 가계의 수요와 이를 충족시키려는 사기업의 생산활동에서 유래하고 있음에도 불구하고 국가가 책임지고 감축해야 한다는 원칙이 발생하였다. 이와 같이 온난화방지의 국제협력은 국가의 책임론을 기준으로 하여 '국가의 책임으로 당해국의 배출을 감축한다'는 대원칙에 따르게 되었다. 여기에서 A국의 감축비용과 B국의 비용 대비가 문제되자 비용절감을 위한 오프셋 문제로 발전하였고, 경쟁력이 문제되자 무역거래상의 불공평 제거를 위해서 국경조정관세론으로까지 논의가 확산되었다.

나아가 오늘날 세계는 개도국과 선진국이라는 이분법으로는 나눌 수 없게 되었다. 개도국으로 분류되어 있는 중국이 최대의 배출국임에도 불구하고 배출감축에 대한 수치적 의무를 지울 수 없다. 고리타분한 이분법에 의지하는 한 배출감축은 언제까지나 선진국의 1차적인 책임이 된다. 여러 가지 제도나 구조의 설계면에서도 개도국과 선진국의 이익균형이 중시되어 왔다. 그 결과 기후변화협약 체제 내에서는 효율보다 남북 간의 이데올로기적인 이해를 중시한 제도가 만들어지고 있다.

향후 온난화방지를 위한 국제협력은 최소한 2050년까지 이어진다. 1960년대의 국가 간의 대립과 분열을 강하게 반영해 온 체제에서 이 세계적 문제를 해결할 수 있을 것인가? 국가가 자의적으로 정한 야심의 집합체에서 온난화방지가 실현될 것인가? 이것이 가장 중요한 문제이다. 온난화문제가 진실로 심각하다면 국제협력의 현행제도는 조만간 변혁을 거쳐야 할 것이다.

(2) 새로운 발상의 싹: 전 지구배출량을 중심으로 생각하다

한편 코펜하겐합의에서 볼 수 있듯이 국제사회의 논의는 2°C나

1.5℃를 기후안정화의 세계목표로 인식하기에 이르렀다. 이 경우 각국이 감축할 수 있는 데까지 감축한다는 방법으로는 목표를 실현할 수 없다. 각국이 자기의 야심이나 재량으로 결정한 국가별 감축량의 총계가 이 목표수치를 실현할 수 있다는 보증이 없기 때문이다. 이를 실현하기 위해서는 이 목표를 실현하기 위해 허용되는 CO_2 배출량의 상한선(탄소예산)을 결정하고 그 이상은 배출할 수 없도록 해야 할 필요가 있다. 구체적으로 가령 2℃를 75%의 확률로 실현하기 위해서 2010년부터 2050년까지 배출할 수 있는 탄소예산의 총량은 660GTCO_2[11]로 한다는 합의를 하는 것이다.

이 새로운 제도에서는 국가는 자국의 배출량을 감축한다는 의무로부터는 해방된다. 탄소예산(배출권)을 유한하게 하는 것으로 기후안정화를 보증하는 것인데 이 배출권은 원유 등의 희소자원과 마찬가지로 시장에 방출되고, 배출하려는 기업이 이를 구입한다. 그 결과 탄소가격이라는 것이 생성되고 가격이 개입되면 반드시 저렴한 가격을 지향하게 된다. 그리고 희소자원의 효율적인 사용이 실현된다. 기업은 탄소가격을 지불해서라도 이익이 나올 수 있도록 효율적인 투자를 한다. 국가에 할당량을 배분했던 시스템과는 전혀 다른 시스템으로 기후의 안정화를 기대할 수 있게 된다.

(3) 개도국도 탄소예산에 대한 논의를 시작하다: 배급이냐 시장이냐

지구전체의 배출을 대상으로 기후변화의 문제를 보는 논의는 2009

---

11) 이것이 가장 과학적이고 확실한 방법이다. 이는 국가전체의 배출감축량을 정하고 사기업이나 가계의 배출량을 법률 등으로 제한해 나가는 종래의 제도설계를 폐지하는 것을 의미한다. 전 지구에서 배출할 수 있는 양(탄소예산)을 정하고 이와 같이 희소자원이 된 탄소예산을 어떻게 사용할 것인가 하는 제도설계를 도입하는 것을 의미한다. 희소화된 탄소예산은 원유나 철광석 등과 마찬가지로 희소자원이 된다. 희소자원의 적정한 사용은 시장이 가장 효율적으로 실현할 수 있으므로 탄소예산은 배출권의 형태로 시장에 제공되고 화석연료를 사용하여 온실가스를 배출하는 기업이 이를 구입한다. 시장의 기능이 유한자원의 최적이용을 실현한다. 이것이 가장 효율적이고 저비용으로 탄소예산을 사용하는 것이 된다.

년경부터 개도국에서 주장되어 왔다. 개도국은 2°C 등의 목표가 명확하다면, 탄소스페이스(배출권)는 점차 희소화되어 그러한 스페이스에 대한 개도국의 지분은 어느 정도인가 하는 점이 문제되고 있다. 그 배경에는 탄소예산이 사실은 희소성이 있음에도 불구하고 산업혁명 이후 선진국이 압도적으로 독점하였고 그 결과 생활수준의 향상을 실현하였다. 향후에는 개도국에 우선배분되어야 마땅하다는 논의이다.

인도의 라메쉬(Ramesh) 환경장관은 공개석상에서 "지금은 2°C가 세계적인 목표가 된 이상, 탄소스페이스의 공평한 접근은 온난화협상의 중심부분이 되었다"고 하였고 또한 "탄소스페이스는 성장과 직결되어 있기에 개도국은 그 성장을 위해서 보다 많은 탄소스페이스가 권리로서 부여(Entitlement)되어야 한다"고 한다.[12] 인도나 중국에서 시작된 논의는 BASIC이나 개도국에서 일반화되고 있다. 이러한 경향은 이후 보다 강해질 가능성이 있다.

(4) 새로운 배출권거래제도의 설정

배출권거래제도란 본래 무엇인가에 대해서 확인해 둘 필요가 있다. 기본적인 발상은 온난화를 일정한 수준으로 방지하기 위해서는 CO_2 등의 온실가스를 대기 중으로 무제한 방출해서는 안 된다는 점에서 유래한다. 배출할 수 있는 분량에 한계가 있는 것이라면 그 분량을 확정하면 그 분량은 희소자원이 된다. 같은 희소자원인 노동력이나 원류, 철광석 등은 시장가가 존재하며 이의 합리적 이용이 실현되고 있다. 희소자원을 사용하는 비용이 밝혀지면 저렴한 가격을 바라게 된다. 무료로 배출할 수 있는 때에는 비용을 싸게 하려고 하는 동기가 생기지 않는다. 화석연료를 태워 온실가스를 대기 중에 방출하려는 기업과 그 제품을 구입하려고 하는 가계는 이 비용을 부담한다. 그 결과 기업도 가계도 처음

---

12) 2010년 6월 28~29일 인도의 뭄바이에서 개최된 '전지구의 탄소예산과 기후변화 문제에 관한 공평'이라는 국제회의에서의 발언.
http://moef.nic.in/downloads/pub1ic-information/tiss－conference-cc-2010.pdf

으로, 온실가스배출비용을 반영하는 탄소집약제품의 가격과 탄소비집약제품의 가격을 비교하여 생산과 구매의 결정을 하게 된다. 노동력이나 원유나 철광석에 가격이 붙어 있어 이들 자원을 현명하게 사용하려는 동기가 생기는 것과 똑같은 것이다.

오늘날 만약, 세계의 기온을 산업혁명 당시와 비교해서 2℃ 이내로 멈추면 2050년까지 지구가 내뿜는 CO_2의 탄소예산액은 약 660GT이라고 한다. 정부는 이를 탄소예산에 배출권이라는 이름의 소유권을 설정한다. 그리고 CO_2를 배출하려고 하는 기업에 이 배출권을 구입할 의무를 지운다. 그 결과 기업이 배출권을 구입하면 정부측에는 배출권매각수입이 들어오게 된다.

기업이 배출권을 필요로 하는 한 배출권에는 가격(탄소가격)이 붙는다. 그리고 이 가격은 배출권이 희소자원이므로 차차 상승한다. 기업은 상승하는 탄소가격과의 관계에서 이익이 나온다면 화석연료를 사용해서 배출한다. 이익이 적지 않으면 이익을 확보하기 위해서 기술혁신으로 나아간다. 그동안 상승하는 탄소가격은 고탄소함유제품이나 서비스가격에 전가되어 가계에서 최종적으로 부담하게 된다. 가계에서나 기업에서 고탄소함유제품이나 서비스의 가격이 상승함에 따라 고탄소함유제품이나 서비스의 사용을 멈추고 저탄소함유제품이나 서비스를 선택하기 시작한다. 고탄소함유제품이나 서비스라도 기업이나 가계의 수요가 강하다면 기업은 그 생산을 유지한다. 수요가 적으면 기업은 효율화 투자를 해서 가격을 내리든가 그 생산에서 철수한다. 가계나 기업의 수요가 고가의 고탄소함유제품이나 서비스에서 저렴한 저탄소함유제품이나 서비스로 돌아가면 기업은 여기에 생산자원을 투입한다. 이와 같이 사회전체가 처음으로 저탄소화를 향해서 실제로 움직이기 시작한다.

그러나 사회에는 빈곤층도 있고 기업 중에서는 곤란한 상황에 처한 경우가 있다. 이러한 취약층이나 취약부문은 고탄소함유제품이나 서비스의 가격이 상승하면 보다 곤궁해질 가능성이 있다. 이 경우 정부가 배출권판매로 확보된 새로운 수입을 지원한다. 정부가 탄소예산에 소유권을 설정하고 이를 매각할 수 있도록 하는 것이 이를 가능하게 하고 있다.

배출권거래제도란 기본적으로는 이상과 같은 구조하에 사회의 저탄소화를 촉진하는 유효한 제도이다. 어려운 사람에 대해서도 적절히 도움을 주어 영향을 경감시키는 한편, 탄소가격의 상승을 꾀하고 사회 전체에 대하여 저탄소투자와 저탄소제품을 선택하도록 유도하고 최종적으로 2℃ 등의 목표를 실현시키는 것이다. 일부 기업의 노력이나 정부의 규제와 재정지출에 의존하는 것이 아니라 모든 기업과 가계가 가격작용에 기반하여 저탄소함유제품을 선택하도록 촉진하는 것이다. 기업에게만 책임을 지우는 것이 아니라 사회전체가 동참하여 저탄소함유제품이나 서비스를 선택한다는 구조인 것이다.

이 경우 시장을 경유하지 않고 기업과 가계에 대해서 저탄소투자와 저탄소함유제품을 선택하도록 하면 많은 정부개입과 재정지출이 필요하게 될 것이다. 사회전체가 저탄소함유제품이나 서비스를 선택하도록 하기 위해서는 가격작용을 활용하지 않는 한 사기업이나 가계의 행동을 규제하는 정부의 개입이 강화되어야 한다. 이는 보다 많은 재정지출을 의미하고, 때로는 기업 간의 경쟁을 왜곡시키게 된다. 이것은 경제합리성에 맞지 않아 자원의 합리적인 최적사용을 해한다. 가장 유효한 정책수단은 시장과 가격의 움직임이다. 배출권거래제도는 이를 실현시키는 것이다.

기업의 입장에서 보자면 배출권거래제도는 상한(Cap)제도하에서 감축을 위해서 고심하는 것이 아니라, 생산에너지효율을 높이면 부가가치생산이 지속될 수 있는 제도이다. 현행의 국가별 배출상한은 감축량을 수치로 국가나 기업에 부과하기 때문에 생산과 성장억제적으로 되기 쉽다. 배출권거래제도는 배출상한이 아니라 가격으로 승부할 수 있는 제도이다. 시장에서 만들어지는 탄소가격이 기업의 판단기준이 된다. 원유나 철광석과 마찬가지로 원료의 세계가격에서도 이익이 나온다면 누구라도 원유를 얼마든지 구입할 수 있다. 어떤 기업도 생산량의 제한을 받지 않는다. 탄소가격이 명확해지고 나서야 합리적인 투자유인이 발생하게 된다. 효율적으로 투자를 한 결과 탄소가격을 지불하고서라도 이익이 나온다면 얼마든지 화석연료를 사용할 수 있다. 배출권거래제도는 투자장려형이지 성장억제형이 아닌 것이다. 나아가 고용위협이 되는 것도 아니다. 세계 어디서든 단일 탄소가격이 지배하기 때문에 탄소누출도 발생하지 않는다.

(5) 실제 경제는 어떻게 작용하는가: 국가별 감축사상에서 시장으로

교토의정서 제도에서는 국가별로 배출을 규제하기 때문에 국가는 감축비용의 부담을 경감하려고 외국에서 저렴한 감축기회(교토의정서가 말하는 유연성체제인 CDM 등)를 구입하여 자국의 감축량에 가산할 수 있다. 이는 도리어 국내에서 감축하자는 원칙을 무시하는 쪽이 저렴하게 감축할 수 있다는 것을 나타내고 있다. 세계 전체를 하나의 국가로 보고 그 배출에 대해서 감축의무를 지우고 한정된 배출량 내에서 저렴하게 화석연료를 연소시킬 수 있는 곳부터 순차적으로 연소시켜 나간다. 이 방법이 비용면에서 합리적이다. 국가에 감축의무를 부과하는 것이 아니라 세계의 배출량에 상한을 둔다. 이것이 기본적인 발상이다.

국가별 배출량이 아니라 세계의 배출량에 규제를 취하는 정책체계는 이하와 같은 정책적 조치를 포함한다.

1) 참가국정부는 과학에 근거하여 2°C 등의 목표를 실현하는 전 지구적 탄소예산량을 합의하고 확정한다.
2) 참가국정부는 국제합의에 따라 이 탄소예산량에 소유권을 설정한다. 그 결과 탄소예산은 참가국정부당국의 소유가 된다. 또한 온실가스를 배출할 수 있는 권리는 희소한 자원이 된다.
3) 참가국 정부는 탄소시장을 개설한다.
4) 참가국 정부는 온실가스를 배출하는 모든 기업에 대하여 사전에 배출권 구입을 의무지운다.
5) 참가국 정부는 소유권을 가지는 탄소예산을 시장에 매각한다.

6) 시장에서 탄소에 단일가격이 붙는다. 동시에 매각의 결과 참가국정부에 새로운 수입이 생긴다.
7) 탄소가격은 점차 상승하여 고탄소함유제품과 서비스의 가격이 상승한다.
8) 가격상승의 결과 약자가 되는 가계나 기업을 상기 신규수입을 사용하여 보호하고 지원한다.
9) 참가국 정부는 일련의 유도적 보조정책(기술혁신추진정책이나 표준설정 등)을 추진한다.

그 결과 기업이 탄소가격을 제품이나 서비스 가격에 전가하게 되므로 가계가 최종적으로 탄소가격을 부담한다. 가계는 가격이 비싼 고탄소함유제품에서 저탄소함유제품으로 전환한다.

이 정책체계에서는 우선 'CO_2의 배출자체를 희소자원으로 보는 것'에서 출발한다. 과학은 이미 일정한 농도안정화목표를 실현하려면 배출할 수 있는 양은 한정되어 있다고 말하고 있으며 이 한계량(탄소예산 및 탄소스페이스)을 산출하고 있다. 가령 최신 분석[13]에서는 2℃를 적절한

13) "Going Clean-The Economics of 'China's Low-carbon Development", Stockholm Environment Institute and the Chinese Economists 50 Forum, Nov. 2009.
http://sei-international.org/mediamanager/documents/Publications/china-c1uster/china-going-c1ean-20091221.pdf
이 분석에서는 75%의 확률로 2℃를 실현하기 위해서 1850년부터 2050년까지의 탄소예산은 1920$GTCO_2$인데, 1850년부터 2000년까지 920$GTCO_2$를 소비하였기 때문에 2000년부터 2050년까지 소비할 수 있는 잔여탄소예산은 1000$GTCO_2$라고 계산하고 있다. 또한 그 중에서 (1) 2000년부터 2010년까지 280$GTCO_2$를 소비하고 (2) 이후 10년 이내에 산림벌채와 토지의 열화를 거의 완전히 억제한다는 '영웅적 노력'이 성공하여 2000년부터 2010년까지 토지에서 기인하는 CO_2의 배출을 60GT로 멈출 수 있게 된 경우에는 2010년부터 2050년까지 잔여탄소예산은 660 GT가 된다고 한다. 이들 수치는 2009년 4월호 Nature지에 게재된 다음의 분석에 의한다.
Meinshausen et al. "Greenhouse－gas emission targets for limiting global warming to 2℃", Nature 458, 1158-1163 (2009):
http://www.nature.com/nature/journal/v458/n7242/full /nature08017.html

확률로 실현하기 위해서는 2010년부터 2050년까지 소비할 수 있는 탄소예산은 660GTCO_2라고 한다.

2010년부터 2050년까지 전 지구의 탄소예산을 660GTCO_2로 정하고 배출권시장을 개설하기 위해서는 각국정부가 660GTCO_2에 대한 소유권을 설정할 필요가 있다. 그 결과 각국정부는 이 분량의 배출권의 공동소유자가 된다. 기업은 이 권리를 구입하지 않는 한 CO_2를 배출할 수 없다. 각국정부가 배출권의 공급자가 되고 CO_2를 배출하는 기업이 배출권의 수요자가 된다. 배출권의 수요자는 일차적으로는 화석연료를 사용하여 전력이나 제품을 만드는 세계의 기업이 되겠지만, 최종적으로는 이들 전력이나 제품에 포함되는 탄소가격부분의 지불을 맡게 되는 것은 세계의 가계가 된다.

세계의 기업과 가계는 CO_2 배출권을 구입하여 660GTCO_2 밖에 없는 탄소예산의 사용료(탄소가격)를 지불하게 된다. 2°C를 실현하기 위해서 필요한 비용(외부비경제)을 탄소가격의 형태로 지불해 나가게 된다. 지금까지 무료로 무제한 배출해 온 것에 제약이 걸리고 비용이 발생한다. 지구환경의 유지를 위해서 지불해야 하는 외부비경제비용(negative externality)을 오염자인 기업과 가계가 넓고 얇게 세계적으로 평등하게 부담하자는 시스템인 것이다. 이미 밝혀진 것처럼 고탄소함유제품이나 서비스를 소비하는 한 가계도 간접적인 오염자이다.

탄소에 가격을 붙이는 일이나 배출권을 상업거래의 대상으로 하는 것에 대하여 비판이 있는데 희소자원에 시장에서 가격을 붙이지 않는 시스템으로는 당해 자원의 낭비(환경파괴)에서 벗어나지 못하게 되거나 환경보호투자가 과잉되게 된다. 시장에 맡길 수 없는 한 당해희소자원을 능숙하게 합리적으로 사용할 수는 없다. 탄소에 가격을 붙이고 전 지

또한 UNDP는 다음과 같이 분석하고 있다. UNDP's June 2009 "Charting A New Low-Carbon Route To Development" says that the carbon budget for the 21st century must be no more than 1,456GTCO_2 if the world is to maintain the atmospheric concentration level of CO_2e at 450ppm.

구시장에서의 거래로 최저탄소가격을 추구하는 것이 가장 저렴하고 공평하며 경제합리적이고 낭비와 과잉투자를 배제하면서도 2°C를 실현할 수 있는 유일한 방법이다.

(6) 단일의 탄소가격이 낭비를 회피하고 국제경쟁을 평등화하며 저탄소화를 이루어낸다

전 지구 규모의 탄소시장에서는 단일한 탄소가격이 성립한다. 그 결과 세계의 어느 기업도 탄소가격을 감안하여 이익이 되는 방향으로 배출권을 사용하게 된다. 구식의 기술을 사용하여 대량의 CO_2를 배출하고 제품을 만들고 있는 기업은 이익이 줄어들어 경쟁에 뒤떨어지게 되므로 기술혁신으로 이어진다. 효율화 투자를 할 수 없는 기업은 시장에서 퇴출된다. 탄소가격은 세계 전체의 수급상황에 의해서 결정된다. 쓸데없는 CO_2의 배출이 없어지고 비효율적인 배출은 효율성이 올라가게 된다.

세계 각지에서 이러한 움직임이 발생하므로 한계감축비용은 기업을 막론하고 균일화된다. 어느 나라의 어느 산업에도 평등한 경쟁상태가 유지된다. 탄소누출은 일어나지 않는다. 기술 개발로 탄소가격에도 불구하고 이익을 내는 기업은 얼마든지 CO_2를 배출할 수 있다. 따라서 이 새로운 정책은 어느 나라의 경제에 대해서도 성장억제적이지 않다. 도리어 비용절감을 위한 기술투자를 촉진하고 신규고용을 만든다. 성장촉진형의 정책인 것이다. 탄소가격이 없는 상태에서는 정부, 기업, 가계도 합리적인 투자나 낭비의 판단을 할 수 없다. 그 결과 과도한 규제, 막대한 낭비나 과잉투자가 이루어질 위험이 크다.

한편 하류에 위치하는 가계나 기업은 탄소에 가격이 책정되고서야 저탄소상품, 저탄소원재료나 저탄소설비를 구입할지 말지에 대한 판단 기준이 생긴다. 국제사회, 국가, 기업, 가계도 시장의 작용이 도입되어야 저탄소화를 향한 행동패턴을 전환하기 위해서 판단과 선택이 가능해진다. 저탄소사회로 이행하기 위해서 기술혁신투자나 계발 등 여러 가지 정책수단이 동원되겠지만 탄소시장을 만들어 탄소에 가격을 붙이는 것이 가장 강력한 정책수단이다.

위에서 말한 바와 같이 정부가 소유하는 배출권을 매각하여 정부에 새로운 수입이 들어오게 된다. 각국 정부는 이 수입을 저탄소화추진정책이나 기술혁신에 투입한다. 탄소가격은 탄소예산이 660GT로 한정되어 있으므로 필연적으로 점차 상승하겠지만 이에 따라 곤란에 처하게 되는 약자보호 등에도 이 수입을 투입하게 된다.

단일한 탄소가격하에서의 세계경쟁에서 개도국은 약자의 입장이므로 참가국정부의 합의에 따라 이 신규수입은 개도국에게 상대적으로 많이 배분되는 구조가 되도록 한다. 배출권의 초기배분을 개도국에게 우선적으로 하게 되면 국고에 들어가는 판매수입도 커지게 된다. 개도국은 역사적으로 생산확대나 공업화에 뒤처졌고, 국민의 생활수준을 충분히 향상시키지 못하였다. 기본적으로 에너지와 서비스를 국민에게 제공한다는 점에서도 타국에 비해서 뒤떨어지게 되었다. 세계의 저탄소화의 흐름에 합류하는 것도 늦어지고 있으며 이후로도 이러한 경향은 가속화될 것이다. 특히 빈곤한 개도국이 현재 약자의 지위에 있다는 것은 명백하다. 탄소가격이 차차 상승하게 되면 이들 빈곤개도국에 어려움을 주게 된다. 배출권거래제도는 이러한 빈곤국가에 재정적인 지원을 하는 것으로 빈곤개도국이 배출권을 구입하여 탄소가격 상승에도 불구하고 화석연료를 사용할 수 있도록 하는 구조이다. 동시에 기본적인 에너지와 서비스를 국민에게 제공하고 적응자금을 받아 저탄소성장을 빈곤국에서도 실현하려는 것이다.

코펜하겐합의에 따르면 선진국은 개도국에게 2020년까지 1000억 달러의 자금지원을 하게 되어 있다. 이 금액은 전문가의 견해로는 최소규모이며, 현실적으로는 이보다 상당히 많은 증액이 필요할 것으로 예상되고 있다. 재정위기에 몰린 선진국들이 여기에 어떻게 반응할 것인지는 매우 심각한 문제이다.

배출권거래제도에서 발생하는 수입은 자금문제에 커다란 가능성을 열어주는 것이기도 하다. 특히 중요한 것은 개도국의 국고수입이 되는 배출권판매수입은 선진국으로부터의 '재정자금의 이전'이 아닌가 하는 점이다. 이 자금은 선진국정부의 재정자금은 아니다. 이 수입은 세계의 기업과 가격전가를 받게 되는 세계의 가계가 외부비경제로서 탄소가격을 지불하는 것에서 발생된 새로운 자금이다. 국제사회 전체가 2℃ 등의 기후 안정화를 실현하기 위해서 지불하려는 비용의 총체이다.

배출권은 참가국 정부의 합의에 따라 빈곤개도국에게 유리하게 배분된다. 이 빈곤개도국은 모든 참가국들처럼 배출권을 매각하는 것으로 신규 재정수입을 손에 넣게 된다. 빈곤국가에게 배출권을 우선적으로 배분하려면 국가 간 경쟁이 발생하여 합의에 이를 수 없다고 걱정하는 견해가 있다. 배출권은 현실적으로는 상당히 커다란 신규판매수입을 낳는다. 상당한 규모의 새로운 자금원이 생기면 국가는 결국 타협할 것이다. 그렇게 하는 편이 새로운 자금원을 버리게 되는 것보다는 현명한 일이기 때문이다.

배출권은 빈곤국가 외에도 선진국에도 신흥국에도 초기배분된다. 배분된 배출권은 시장에서 판매되고 그 국가의 정부에 신규의 국고수입을 낳는다. 이 배분량은 그 국가의 배출량을 규정하는 것이 아니다. 이는 그 국가의 배출량을 보증하는 것도 아니다. 참가국정부는 초기배분된 배출권을 전액 시장에서 매각한다. 시장이 존재하는 이상 그렇게 하는 것이 어느 국가의 정부에게도 합리적이기 때문이다. 어느 나라의 정부에게도 시장에서 배출권을 자력으로 구입하여 화석연료를 사용하고 온실가스를 배출해도 이익을 낼 수 있는 자국기업에게 배출권을 무료로 제공한다는 것은 합리적인 행동이 아니다. 이 경우 국가는 초기배분에서 얻어진 배출권을 시장에서 환금하여 사회기반정비나 연구개발 등의 우선사항에 투자하는 것이 합리적이다. 자국기업이 이익을 낼 수 없는 경우에도 배출권을 환금하여 당해 기업의 에너지 효율향상투자에 충당한다면 다음 분기부터는 이 기업은 이익을 내서 자립할 수 있다. 정부가 그렇게 하지 않으면 이 기업에 배출권을 무료로 제공해야 하는 지경에

처하게 된다.

최근 개도국을 중심으로 탄소스페이스(배출권)의 배분요구(Entitlement)가 높아지고 있다. 이는 배출권을 시장에서 환금하여 그 국가의 우선정책에 충당하기 위한 것은 아니고 실제로 국가가 온실가스를 배출할 수 있는 권리로서 확보하고 싶어 하는 주장에 기인한다. 이 주장에서는 배출권이 보증되지 않으면 경제성장은 불가능하다고 한다. 선진국은 과거 150년간 대량으로 화석연료를 사용해서 온실가스를 배출하고 2℃ 등의 목표실현에 사용할 수 있는 탄소스페이스의 대부분을 사용해 버렸으므로, 지금부터는 선진국은 배출을 대폭으로 줄이고 개도국이 대폭으로 배출할 수 있도록 해야 한다는 주장이다.

그러나 이 주장은 문제를 내포하고 있다. 권리로서의 배분은 배급에 해당한다. 탄소스페이스는 유한자원이라는 점에서 원유나 철광석과 마찬가지이다. 평상시에는 원유나 철광석이 배급되는 일은 없다. 배급은 가격체계를 왜곡하고 효율적인 성장을 저해한다. 인위적으로 미래의 배출량을 국가마다 정하는 것은 세계경제에 이익을 주지 못한다. 본래 필요한 것은 어느 나라의 기업에서도 자유로이 탄소스페이스라는 이름의 유한자원을 세계 균일가격으로 구입할 수 있도록 하는 구조를 만드는 것이다. 배급제도는 불필요하며 유해할 뿐이다.

몇 번이나 언급한 바와 같이 어느 국가의 정부도 이미 자국기업 등의 배출감축을 실현할 의무는 지지 않는다. 온실가스의 배출을 저하시켜 기후안정화를 실현하는 것은 국제합의에서 결정된 탄소예산의 양이다. 기업이나 국가에 상한선을 긋는 것이 아니다. 그 결과, 어떤 선진국의 입장에서 보자면 그 국가에 속하는 기업 등의 배출량을 합산해보면 종래와 같은 양 또는 그 이상의 온실가스양을 배출하는 결과가 될 수 있다. 시장에서 유한자원에 가격을 붙여 최적사용을 도모하는 한 이러한 결과가 된다. 국가의 배출량에는 제한(상한선)이 정해져 있지 않으며 이익이 나오는 한 어느 나라의 기업이든지 간에 배출을 늘릴 수 있기 때문이다.

개도국에게는 탄소시장이 존재하는 한 어떠한 기업도 세계가격으로 탄소스페이스를 구입할 수 있기 때문에 자유로이 성장할 수 있다. 어느 국가에게도 불리하게 되지는 않는다. 세계화 과정에서 당연히 해야 할 투자경쟁노력을 하는 한 자유로이 성장할 수 있다. 빈곤국가도 상기의 자금지원을 받아 배출권을 구입하고 기본적인 에너지 · 서비스를 국민에게 제공하며 저탄소경제에의 전환을 이룩하고, 적응조치에 대해서도 자금을 배분하며 산림벌채방지프로젝트 등을 실행할 수 있게 된다. 한편 배급제도하에서는 반드시 비효율적인 자원투자가 생기고 효율이 떨어지는 부문을 유지하게 되는 결과가 되기 때문에 그 국가 자신의 경쟁력을 약화시킨다. 과거에 선진국은 많이 배출하고 개도국은 조금 밖에 배출하지 않았기 때문에 이후로는 그 관계를 역전시켜야 한다는 논의는 계획경제로 흘러 세계경제 전체를 궁지로 몰게 된다.

(7) 경제 전체를 대상으로 하는 상류형: 준수하기 쉽고 효율적

국가에게 할당된 배출권은 전량 국내의 탄소시장에서 경매로 매각된다. 참가국들의 국내탄소시장이 완전히 상호간에 연결되어 있으므로 실제로는 단일의 세계탄소시장에 매각된 것과 같다. 화석연료를 연소시키고 CO_2 등의 온실가스를 배출하는 세계의 모든 기업은 경매에 참가하고 배출권을 구입해야 한다. 이들 기업은 화석연료를 수입할 때 배출권을 통관당국에 제시한다. 국내에서 생산된 화석연료가 내수용으로 출하되고 이를 기업이 구입하는 경우에는 구입할 때 배출권을 관계당국에 제시해야 한다. 배출권에 기초하지 않는 화석연료의 수입과 국내출하[14]는 금지된다. 각국 정부는 회기말에 화석연료의 수입량과 화석연료의 국내출하량에 상응하는 CO_2 함유량의 합계와 통관당국과 국내출하관계당국에 제출된 배출권의 합계가 일치하고 있다면 당해 국가가 입수한 배출권의 총량 내에서 배출이 이루어진 것이 된다.

---

14) 화석연료가 국내에서 생산되어 국내에서 사용될 목적으로 출하된 경우 이를 국내출하라고 한다.

전 지구에서 CO_2 등의 온실가스 배출량에 상한을 두는 것이므로 이 제도는 경제전반에서 배출되는 온실가스를 대상으로 한다. 이를 상류형이라고 한다. 이에 대하여 특정기업의 배출량을 파악하는 제도는 하류형이라고 한다. 세계적으로 하류형의 배출권거래를 시행하는 경우 엄청난 행정상의 문제가 발생한다. 개도국과 같이 기업의 생산통계가 충분히 갖추어지지 않는 경우 각 기업마다의 연간 CO_2 배출을 정확하게 측정하고 기록한다는 것은 불가능하다. 그러나 상류형이라면 어느 국가이건 화석연료의 수입통관통계와 국내출하통계만을 검사하고 이와 당국에 제시된 배출권이 합치되는지를 살펴보는 것만으로 끝난다. 어느 개도국이라도 쉽게 시행가능하다.

보다 중요한 것은 하류형에서는 탄소가격이 실제 배출비용을 반영하지 않는다는 점이다. 하류형의 탄소가격은 완전한 탄소가격이라고 할 수 없다. 그 결과 탄소집약적인 제품이나 서비스의 가격을 그렇지 않은 제품의 가격과 충분히 차별화시킬 수 없다. 그 결과 저탄소제품이나 서비스에 대한 기업과 가계의 구입전환 동기가 대폭감소된다.

(8) 배출권거래제도를 기본으로 하는 정책군: 기술 촉진 등의 보완 정책

가격정책이 기업이나 소비자가 저탄소제품을 지향하게 되는 열쇠가 되어 2℃ 실현이나 저탄소화를 향한 가장 유효한 정책도구라는 것은 명확하지만 그것만 가지고는 충분하지 않다. 과학기술혁신을 촉구하는 유도정책이나 유인이 되는 정책도 필요하고 표준정책이나 '시각화 정책'도 중요하다. 도시교통이나 농업에서 발생하는 배출감축에 가격이 유효하다고는 할 수 없다는 점도 있다. 이러한 상황을 고려하여 유효한 정책군을 식별하고 종합적인 정책 체계를 만들어 나갈 필요가 있다.

※ 탄소시장과 탄소가격: 국제적인 논의는 시작되었다

현재 세계의 많은 전문가와 국제기구의 주류적 견해에서는 CO_2 배출을 감축하여 저탄소화를 추진하는 가장 효과적이면서 경제성장과 양립하는 정책은 전 지구적으로 탄소에 가격을 매기는 것이라고 논하고 있다. 이하는 그 몇 가지 예시이다.

Robert Stavins 하버드대학 교수는 2008년에 이미 이렇게 말하고 있다.
"… As the nations of the world consider alternative international climate policy architectures for the post-2012 period, tradable permit systems are emerging as a preferred domestic instrument for reducing greenhouse gas (GHG) emissions." "…In the longer term, international negotiations could establish shared environmental and economic expectations that would serve as the basis for a broad set of direct links among cap-and-trade systems."

(출처: "Linkage of tradable permits system in international climate polcy architecture" Judson Jaffe, Robert N. Stavins, September 2008
http://belfercenter.ksg.harvard.edu/files/StavinsWeb6.pdf)

세계은행의 최근보고서에서는 다음과 같이 서술하고 있다.
"… Looking forward, stabilizing temperatures will require a global mitigation effort. At that point carbon will have a price worldwide and will be traded, taxed, or regulated in all countries. Once an efficient carbon price is in place, market forces will direct most consumption and investment decisions toward low-carbon options. With global coverage many of the complications affecting the current carbon market-additionality, leakage, competitiveness, scale-will fall away."

"… On the mitigation side, fund allocation will be dominated by efficiency considerations. Mitigation is a global public good, and its benefits are the same wherever abatement takes place (although the allocation of mitigation costs raises equity issues). With the right framework in place—essentially a carbon market that allows the exploration of abatement opportunities on a global scale while protecting host-country interests—a combination of carbon markets, other performance-based systems, and public funds aimed at niches overlooked by the market can allocate capital fairly effectively…"

(출처 : World Development Report 2010
World Bank 2009
http://econ.worldbank.org/WBSITE/EXTERNAL/EXTDEC/EXTRESEARCH/EXTWDRS/EXTWDR2010/0,,menuPK:5287748~pagePK:64167702~piPK:64167676~theSitePK:5287741,00.html)

OECD의 기본적 논의는 다음과 같다.

"…The massive emission cuts required to stabilise GHG concentrations must be done by applying cost-effective policies, with a focus on carbon pricing, applied as broadly as possible across all emission sources. Cap-and-trade and carbon taxes should be key elements of a policy mix to build a global carbon market, complemented by regulations and standards (e.g. on building energy efficiency), increased investment in R&D, and information-based approaches (e.g. energy efficiency labels for appliances).

A full-fledged global carbon market developed in the next decade or so to keep the GHG concentraions at safe levels would cost only one-tenth of a percent of average world GDP growth between 2012 and 2050. Cumulatively that's about 4% of world GDP in 2050 (Figure

1). A small price to pay if we consider that GDP in 2050 is expected to be 250% higher than today…"

"…We need a credible and sufficient global carbon price to bring on a green technology revolution. Price signals show investors that it is worth developing technologies for a green future. Putting a price on carbon emissions, for example through taxes or cap-and-trade schemes, will penalise carbon-intensive technologies and create markets for low-carbon technologies such as solar and wind energy and carbon capture and storage. It will also accelerate investment in energy efficiency. Carbon pricing to keep greenhouse gas concentrations even at moderate levels could lead to a four-fold increase in world energy R&D spending by 2050…."

(출처: "Tackling Climate Change and Growing the Economy"
Key messages and recommendations from recent OECD work
http://www.oecd.org/dataoecd/28/18/44287948.pdf)

이하의 OECD 문헌에서도 탄소시장의 세계화의 필요성을 논하고 있다.
"Climate change and competitiveness"
Remarks by Angel Gurría, OECD Secreatary-General, delivered at the Johns Hopkins School of Advanced International Studies, Global Energy and Enviroment Intiative. 22 April 2010, Washington D.C
http://www.oecd.org/document/40/0,3343,en_2649_34361_45055400_1_1_1_37425,00.html

"The Economics of Climate Change Mitigation: Policies and Options for Global Action beyond 2012" http://oecd.org/document/56/0,3343,en_2649_34361_43705336_1_1_1_1,00.html

"Factoid from the new OECD book (September 2009)"
The Economics of Climate Change Mitigation: Policies and Options for Global Action Beyond 2012
http://www.oecd.org/dataoecd/62/40/43706492.pdf

IMF의 기본문헌은 아래와 같다.
"Press Points for Chapter 4: Climate Change and the Global Economy"
World Economic Outlook, April 2008
http://www.imf.org/external/pubs/ft/weo/2008/01/pdf/4sum.pdf

제4장

EU환경정책의 전개와 법적 문제

_ 오카무라 다카시(岡村 堯)

들어가며

2004년에 「유럽환경법(三省堂)」을 출판한 이후 6년이 지났다. 이 책에서는 EU가 본격적으로 환경문제가 신경을 쓰기 시작한 것이 1973년의 일이며 이를 계기로 대기, 물, 토양, 폐기물 등과 관련한 광범위한 법정비를 차근히 진행해 왔다는 것과 그리고 이들 환경법제를 둘러싼 판례에 대해서 상술하였다. 이와 동시에 EU의 환경정책 및 환경법이 일본에 얼마나 큰 영향을 주었는지에 대해서도 서술하였다.

여기에서는 이 책의 간행 후 6년이 지난 오늘날까지의 EU의 환경정책 및 환경법의 발전상황을 따라 그 중에서도 중요하다고 생각되는 사항을 중점적으로 소개하고 검토한다.

1. 제6차 환경행동계획

유럽연합은 환경정책의 대강을 보여주는 것으로서 1973년에 제1차 환경행동계획을 소개한 이래 몇 번인가의 개정을 하였고 지금 시행되고 있는 것은 2001년에 제정되어 2010년까지 유효한 제6차 환경행동계획이다. 이 계획은 지금까지와는 달리 EU법의 하나인 결정의 형태로 제정되었으며 법적인 효력을 가진다는 것에 주의해야 한다.

이 계획은 환경에 관하여 매우 광범위한 문제를 규정하고 있는데 EU에서 달성되어야 할 우선사항으로서 다음의 4가지를 들고 있다.

① 기후변화

② 자연 및 생물다양성

③ 환경, 건강 및 생활의 질

④ 천연자원과 폐기물

전술한 '유럽환경법'에서는 이 계획의 모든 내용을 소개하였지만 여기서는 이 책의 출판 이후 오늘날까지의 EU환경정책 중에서 발전이 이루어진 중요한 분야, 가령 EU의 배출권거래제도 내지는 REACH 등의 문제에 초점을 두고 검토하고자 한다.

먼저 이들 문제를 규정하는 동 결정을 발췌한다.

제2조 1항 이 계획은 높은 수준의 보호를 확보하고 보충성의 원칙(Principle of Subsidiarity) 및 공동체의 여러 지역의 상태의 다양성 및 환경압력과 경제성장의 분할을 달성하려는 목적으로 이 계획기간 중 공동체의 환경정책의 체제를 구축하는 것에 있다. 이 계획은 유럽의 지속가능한 발전전략의 환경적 측면에 관한 기초를 만들고 동 전략에서의 환경상 우선순위를 설정하여 모든 공동체(Community) 정책에 환경관련사항이 들어갈 수 있도록 기여해야 한다.

제2항 이 계획은 다음을 목적으로 하고 있다.

- 지금부터 10년간 및 그 이후의 중요한 과제인 기후변화에 중점을 두고 기후시스템에 대한 인간의 위험한 행동에 의한 간섭을 방지하는 수준에서 대기 중의 온실가스농도를 안정시키는 장기목표에 기여한다. 이를 위해 산업혁명 이전 수준보다 지구의 최고기온의 상승을 2℃ 이내 및 CO_2의 농도를 550PPM 미만으로 할 것을 장기목표로 한다. 장기적으로는 기후변화에 관한 정부 간 패널(IPCC)에서 인

정하는 바와 같이 1990년에 비하여 70%의 온실가스를 지구적 차원에서 감축할 필요가 있다.

- 사막화, 유전자의 다양성을 포함한 생물다양성의 소실을 유럽연합 및 지구적 차원 쌍방에서 방지하려는 목적으로 자연시스템의 기능, 자연생식지, 야생동식물의 보호, 보전, 회복 및 발달시킨다.
- 오염의 정도가 사람의 건강 및 환경에 유해한 영향을 끼치지 않고 지속가능한 도시의 개발을 촉진하도록 환경을 준비하여 시민을 위한 높은 생활의 질과 사회복지에 공헌한다.
- 보다 지속가능한 생산 및 소비패턴을 가져오는 높은 자원효율, 자원 및 폐기물 관리로 경제성장의 속도에서 자원이용과 폐기물의 발생을 분리하여 재생가능한 자원과 그렇지 않은 자원과의 소비가 환경수용력을 넘지 않을 것을 목적으로 한다.

제3-6항 (생략)

제5조 1항 제2조에서 규정된 목표는 다음을 위한 것이다.

- 2002년까지 UN기후변화협약의 교토의정서를 비준하고 1998년 7월 16일 및 17일의 이사회결의에서 채택된 각 회원국의 합의에 따라 유럽공동체 전체로서 2008년부터 2012년의 배출량을 1990년 대비 8% 감축한다.
- 교토의정서에 따른 약속을 달성하기 위해서 2005년까지 명확히 나아간다.
- 공동체를 교토의정서에서 정한 제2차 이행기간동안 보다 엄격한 감축목표에 대하여 국제협정을 주도하는 입장에 둔다. 이 협정은 특히 IPCC 제3차 평가보고의 조사결과를 충분히 고려하여 배출량을 대폭감축하는 것을 목적으로 하며 온실가스 배출량을 지구적 차원에서 공정하게 배분하기 위한 행동의 필요성에 대해서 고려한다.

제2항 이러한 목적은 다음의 우선적 행동으로 이루어진다.

(i) 교토의정서를 포함하는 기후변화에 관한 국제적 약속을 이행하기 위해서
  (a) 유럽기후변화프로그램의 결과를 점검하고 적당한 경우에는 회원국에서의 국내행동을 보완하는 여러 가지 부문에 대하여 유효하고 조화로운 공통의 정책 및 이에 기초한 조치를 채택
  (b) 다른 온실가스로 확대될 가능성이 있는 효과적인 CO_2 배출거래 발전을 위한 공동체 체제의 확립을 위한 행동
  (c) 온실가스 및 내부부담의 분담협정에 따라 이루어진 회원국의 약속을 지키기 위한 추진상황의 감시의 개선
(ii) 에너지부문에서의 온실가스의 감축
  (a) 에너지의 효과적이고 지속가능한 사용을 저해하는 보조금을 서서히 폐지하기 위해서 관련보조금의 목록작성과 재검토를 되도록 빨리 진행한다.
  (b) 발전용에 있어 재생가능하고 저탄소화석연료를 촉진한다.
  (c) 2010년까지 모든 에너지 사용의 12% 도달목표를 달성하기 위해서 장려방법의 이용, 지방차원의 이용 등 재생가능에너지원의 이용을 촉진한다.
  (d) 열병합발전을 확대하기 위한 장려방법을 도입하고, 공동체에서의 열병합발전 전비율을 2배, 총발전량의 18%로 할 것을 목표로 하는 대책을 실시한다.
  (e) 에너지의 생산과 공급에 의한 메탄 배출을 방지하고 감축한다.
  (f) 에너지효율을 촉진한다.
(iii) 운송부문에 있어서의 온실가스의 감축
  (a) 2002년까지의 국제민간항공기구(International Civil Aviation Organization, ICAO)에서 관련행동에 대한 합의가 이루어지지 않는 경우 항공기의 온실가스배출을 감축하기 위한 구체적인 행동을 인정하고 착수한다.
  (b) 만약 관련행동이 2003년까지 국제해사기구(International Mari-

time Organization, IMO)에서 합의되지 않는 경우에는 해운부문의 온실가스배출감축을 위한 특별한 행동을 정하고 개시한다.

(c) 보다 바람직한 조직이나 유통을 포함한 운행률이 좋고, 보다 청정한 형태의 운송으로 교체한다.

(d) 온실가스배출량을 8% 감축한다는 유럽연합의 목표와 관련하여 지속가능한 운송시스템을 위해서 수치화된 환경목적에 관한 문서를 2002년 말까지는 제출할 것을 위원회에 요구한다.

(e) 이산화탄소를 포함한 자동차의 온실가스배출량을 감축하기 위해서 적절한 입법을 포함한 추가적인 특별한 행동을 취한다.

(f) 대체연료와 저연비차량의 비율을 늘리기 위해서 그 개발과 이용을 촉진한다.

(g) 수송비용에 충분한 환경비용을 반영할 수 있는 조치를 촉진한다.

(h) 환경에 대한 영향을 줄이기 위해서 경제성장과 운송수단을 분리한다.

(iv) 공업생산에서의 온실가스의 감축

(a) 공업의 환경상 효율을 배려한 활동과 기술

(b) 그 활동의 적응, 혁신 및 개선을 위한 중소기업을 지원하기 위한 조치를 추진한다.

(c) 공동체조치의 확립을 포함하여 보다 환경적으로 건전하고 기술적으로 가능한 대체수단의 개발을 장려하고 배출량의 감축을 목표하며 적절하고 실행가능한 경우에는 생산을 단계적으로 중지시키고, 공업용 불소가스인 HFCs, PFCs 및 SF6의 사용을 감축한다.

(v) 다른 부문의 온실가스의 감축

(a) 건축물의 설계에 있어, 특히 냉난방과 온수공급 에너지효율을 높일 것

(b) 공통농업정책 및 공동체의 폐기물관리전략은 다른 환경상의 배려와 동시에 온실가스를 감축할 필요성을 고려한다.

(vi) 다음과 같은 적절한 수단을 이용한다.

(a) 효과적인 에너지의 이용, 청정에너지와 운송으로 교체하는 것을 촉진하고 기술혁신을 촉진하기 위해서 에너지세에 관한 시의 적절한 공동체의 체제를 포함한 재정상조치의 이용을 촉진한다.

(b) 온실가스배출감축에 관한 공업부문과 환경에 관한 협정을 촉진한다.

(c) 연구 · 기술적 개발 및 국내연구계획에 관한 공동체정책의 주요한 테마로서 기후변화를 받아들인다.

제3항 기후변화의 완화에 더하여 공동체는 기후변화의 결과에 대한 적응을 목적으로 한 조치를 다음을 통해서 준비해야 한다.

- 적절한 투자결정이 이루어지도록 하기 위해서 특히 기후변화와 관련된 공동체 정책을 재검토한다.
- 수자원의 관리, 생물다양성의 보존, 사막화와 홍수의 방지 등에 적응된 지역정책 및 시민과 기업 간에 싹튼 의식을 지원하기 위하여 기후에 관한 지역의 모델링 및 평가를 촉진한다.

제4항 기후변화는 공동체의 확대시에 고려되어야 한다. 따라서 가입후보국에게는 다음의 사항이 요청된다.

- 교토메커니즘 이용 및 보고에 더해 배출감시에 관한 국내조치적용을 위한 대응능력을 지원한다.
- 추가적인 지속가능한 운송 및 에너지 부문의 지원
- 기후변화문제에 관하여 가입후보국과의 협력을 강화한다.

제5항 기후변화와 관련된 조치는 유럽연합의 대외관계정책의 주요한 부분을 구성하며 지속가능한 발전정책의 우선사항의 하나이다. 따라서 다음의 사항에 관하여 공동체와 회원국에서 강조 및 협력할 것이 요구된다.

- 가령 교토의정서의 청정개발체제(CDM)와 공동이행(JI)과 관련된 프로젝트를 추진하여 개발도상국 및 이행경제국을 원조할 능력을 구축한다.
- 인정된 기술이전의 필요에 부응할 것

- 관련국에서의 기후변화에 적응하는 과제를 지원할 것

제6조 1항 제2조의 규정한 목표는 다음의 목적을 위하여 추구한다.
- 침략적 외래종과 그 유전자형에 대한 영향의 방지와 경감 등 2010년까지의 달성을 목표로 생물다양성의 감소에 제동을 건다.
- 오염에 의한 손상에서 자연과 생물다양성을 보호하고 적절한 회복을 시도한다.
- 해양환경, 해안 및 습지의 보전, 적절한 회복 및 지속가능한 이용을 한다.
- 취약한 지역과 마찬가지로 개간된 지역을 포함한 경관가치가 높은 지역을 보전하고 적절한 회복을 시도한다.
- 번식지의 분화에 특히 주의하여, 생물종과 번식장소를 보전할 것
- 침식, 열화, 오염 및 사막의 방지에 특히 주의하여 토양의 지속가능한 이용을 촉진한다.

제2항 이들 목적은 보충성 원칙을 고려하여 현행의 세계적 및 지역적인 조약과 전략 및 이와 관련된 공동체법의 전면적인 이행에 기초하여 다음의 우선행동을 한다. 생물다양성협약에서 취하고 있는 생태계차원의 검토가 적당한 경우에는 항시 시행되어야 한다.

(a) 생물다양성과 관련하여
- 공동체의 생물다양성 전략 및 자료 · 정보수집에 관한 계획, 적절한 지표의 개발을 포함하는 관련된 행동계획의 감시를 실시 및 촉진하고 이에 더하여 이용가능한 최선의 기술과 함께 최고의 환경대책행위를 촉진한다.
- 생물다양성, 유전자원, 생태계 및 인간활동의 상호영향에 관한 연구를 촉진한다.
- 생물다양성과의 관계에서, 지속가능한 이용, 지속가능한 생산 및 지속가능한 투자를 높이는 조치를 추진한다.
- 멸종위기종에 관한 일관된 평가 및 보다 앞선 연구와 협력을 촉진

한다.

- 제3국에서 발생하는 유전자원의 입수와 관련하여 생물다양성협약 제15조의 이행을 위하여 유전자원의 이용에서 발생하는 이익의 형평하고 공정한 배분을 국제차원에서 촉진한다.
- 외래유전형을 포함한 외래종의 침입을 막고 통제하기 위한 조치의 개발
- Natura 2000 네트워크의 완전한 이행, Natura 2000 적용이외의 지역에서는 생식지 및 야생조류에 관한 지침(Directive)에 따라 보호되는 종의 보호를 위해서 필요하다고 생각되는 기술적 및 재정적 조치를 확보한다.
- 가입후보국에서 Natura 2000 네트워크의 확대를 촉진한다.

(b)-(f) (생략)

(g) 높은 생물다양성 가치가 있는 부문에 특히 주의하여, 해양의 지속가능한 이용을 촉진하고, 해저, 하구지역 및 연안지역을 포함하는 해양생태계의 보전을 다음을 통해서 시행한다.

- 2002년 공통어업정책을 재검토하면서 이 정책 중에서 환경에 관한 보다 큰 배려를 편입시킨다.
- 해양협약의 조건 및 이행의무를 고려한 해양환경의 보호 및 보전에 관한 테마별 전략 그리고 해상운송 및 해상・육상 활동에 의한 배출과 영향을 감축할 필요성
- 연안지역의 종합적인 관리를 촉진한다.
- 공동체의 다른 실행가능한 조치와 마찬가지로 특히 Natura 2000 네트워크에서 해역의 보호를 보다 촉진한다.

(h)-(i) (생략)

제7조 1항 제2조에서 규정된 목적은 관련 세계보건기구(World Health Organization, WHO) 기준, 가이드라인 및 계획을 고려해서 다음의 목적에 의하여 추구된다.

- 환경과 인간의 건강에 대한 위협을 방지하고 감소시키는 행동을 하기 위하여 이들 위협에 대해서 보다 깊은 이해를 달성할 것
- 도시지역에서의 집중적이고 종합적인 검토를 통해서 생활의 질을 보다 향상하는 것에 공헌한다.

(이하생략)

제2항 이들 목적은 다음의 우선행동으로 추구한다.

(a) 건강과 환경에 관한 목적의 달성을 지원하기 위하여, 공동체의 연구계획 및 과학적 지식의 강화와 국내 연구계획의 국제적 협조를 촉구하고, 특히 다음의 것을 한다.

- 전자파오염에 기인하는 건강에 대한 잠재적 영향을 포함하여, 화학물질의 안전성 분야에서의 동물실험에 관한 대체수단의 개발과 검증에 특히 배려하고 연구와 행동의 우선영역에 관한 특정과 권고를 한다.
- 건강과 환경의 정의와 개발
- 잠재적으로 영향을 받기 쉬운 그룹, 가령 어린이와 노약자에 대한 영향, 여러 가지 오염물질의 상승작용과 상호영향 등을 필요에 따라 고려하여 현행 건강기준과 허용치를 재검토, 개발 및 개정한다.
- 현재의 또는 부상되고 있는 문제에 대한 조기경계체제의 경향과 규정의 재검토를 한다.

(b) 화학물질에 관하여

- 모든 화학물질에 관한 정보발신에 관하여 제조자, 수입업자 및 하류의 이용자에게 책임을 지우고(주의의무), 재생 및 투기와 마찬가지로 생산의 경우를 포함하여 이들 행동에 의한 리스크를 평가한다.
- 동물실험의 필요성을 최소한으로 하는 검사조치에 의하여 극히 미량을 사용하는 화학물질을 제외하고 신규 및 기존의 물질의 검사, 리스크평가 및 리스크관리를 위해서 단계적인 감축방법에 기

초한 일관된 시스템을 개발하고 또한 대체검사방법을 개발한다.

- 관심을 끄는 화학물질에 대해서는 신속한 리스크관리 절차를 진행하고, 특히 관심이 가는 물질, 즉 발암성, 변이종 및 생식장애성물질 및 잔류성유기오염물질(POPs)의 특성을 갖는 물질 등은 정당한 이유가 있으며 한정적인 경우에만 사용하고, 이들 사용에 있어 허가를 얻을 것을 확실히 한다.
- 화학물질의 리스크평가 결과가 화학물질을 규제하는 공동체법의 모든 분야에서 또는 작업의 중복을 피하도록 충분히 고려한다.
- 난분해성, 생체축적성 및 독성을 가져 문제가 매우 큰 물질, 난분해성이 매우 큰 물질, 매우 생체축적성이 강한 물질 및 합의된 시험방법과 기준이 확립된 경우에 이미 알고 있는 내분비교란물질에 추가로 규정되는 것 등 사이의 기준을 규정한다.
- 중간재검토 전에 실시할 수 있도록 특정한 목적을 위해서 필요한 주요조치가 신속하게 개발될 것을 확립한다.
- 화학물질에 관한 공동체 등록(REACH Register)에 관한 비밀이 아닌 정보에 대한 일반공개를 확보한다.

(c) (생략)

(d) 화학물질 및 농약에 관하여

- 국제무역의 대상이 되는 특정한 유해한 화학물질 및 구제(驅除)제에 대한 사전의 정보에 기초한 동의절차에 관한 로테르담협약 및 잔류성유기오염물질(POPs)에 관한 스톡홀름협약의 조기비준을 목표한다.
- 로테르담협약에 부합하기 위하여 또는 절차의 구조를 개정하고 개발도상국으로의 정보를 개선하기 위하여 위험화학물질의 수출입에 관한 이사회규칙 2455호(Reg.2455/92)를 개정할 필요가 있다.
- 제거를 목표로 하는 계획을 지원하여 사용중지된 농약의 재고처분을 포함한 개발도상국이나 가입후보국에서의 화학물질이나

농약관리의 개선을 지원한다.

- 국제적 화학물질의 관리에 관한 전략적 방법을 빈틈없이 이행하려는 국제적 노력에 기여한다.

(e)-(h) (생략)

2. EU의 대기오염대책

EU는 처음부터 대기오염에 관해서 체계적인 입법으로 대응해 온 것은 아니며 대기오염에 대해서 실제로 문제가 된 사항에 직접적으로 대처한 것도 아니고, 그 사항에 관한 국내법을 접근시킨다는 방법으로 대응해 왔다.

그 최초의 입법은 디젤자동차의 배기가스대책조치에 관한 회원국법의 접근(approximation)에 관한 지침 306호[1]이었다. 이에 따르면 디젤엔진이 첨부표 I, II, III, IV 및 VI에 적합한 경우에는 디젤자동차의 엔진에서 오염물질이 배출된다는 이유로 자동차에 대한 EC사양 내지는 국산사양의 인정을 거부할 수 없다(제2조). 형식인정을 한 회원국은 첨부표 I 의 2.2 항목에 규정된 변경에 대하여 통지를 받는 데 필요한 조치를 취해야 한다. 테스트 결과 이 지침에 적합하지 않음이 밝혀진 경우에는 개량이 인정되지 않는다(제3조).

1976년에 자동차엔진 배기가스에 의한 공기오염에 대한 조치에 관한 회원국법의 접근에 관한 이사회지침 220호[2]에 기술적 진보를 적합하게 하는 위원회지침 102호[3]가 제정되었다.

디젤엔진은 자동차뿐만 아니라 농업용, 산림용으로도 사용되는 트랙터에도 탑재되어 있으므로 그 엔진에서 배출되는 오염물질에 대해서 취해지는 조치에 관한 회원국법의 접근에 관해서 규정한 것이 이사회지

1) 1972년 8월 2일. Dir.72/306.Jans, *op. cit.*, p.360.

2) 1970년 3월 20일. Dir.70/220.

3) 1976년 2월 30일. Dir.77/102.

침 537호[4])이다.

EU는 당초 대기에 관한 전체적인 대기오염대책의 전략이 없었는데 그 계기가 된 것은 1980년대 초에 발생한 독일 및 중앙유럽의 산성비에 의한 산림의 고사였다. 1983년에 개최된 공동체의 정상회의는 산성비 및 대기오염에 대한 효과적인 방법에 대해서 검토하였다. 이 회의는 산업시설에서 발생하는 대기오염에 관한 일반적 지침, 대규모 연소공장 및 질소산화물의 기준에 관한 지침안의 제출로 이어졌다. 1988년에는 자동차의 촉매부착이 의무화되었고, 1993년 이래 모든 신차에는 그 부착이 의무화되었다.

1980년대 중반, 오존층 파괴 및 기후변화에 대한 논의가 증가하였고 이는 온실가스에 대한 것으로 이어졌지만, 전체적이고 포괄적인 대기오염방지대책의 전략을 구축하는 것에는 이르지 못하였다. 그 이유로는 다음과 같은 것을 생각해 볼 수 있다.

(1) 대기오염은 특히 핵에너지, 석유, 가스, 석탄 등의 에너지원의 이용에 원인이 있다는 것까지는 밝혀졌지만, 각 회원국의 에너지 정책에 차이가 있어 공통에너지 정책의 채택이 어려웠던 점
(2) 대기오염이 다른 환경문제와 분리해서 생각하기 힘들다는 점, 이를테면 원자력발전은 이산화탄소의 발생 등 대기오염이라는 측면에서 보면 문제가 없지만 반대로 방사능유출 등 기술면에서 위험성이 높다.
(3) 대기오염의 정도는 각 회원국의 경제발전과 관련된 것으로 이들 경제발전에 상당한 차이가 있기 때문에 공통의 해결책을 내기가 어려웠다는 점
(4) 대기오염에 관한 의식이 희박하여 문제해결을 위해서 사람들이 자신의 생활방식을 쉽게 바꿀 수 없었다는 점. 즉 자가용자동차는 줄지 않았고 도리어 경제발전으로 트럭 운송이 더욱 활발해졌다는 것이다.

---

4) 1977년 6월 28일. Dir.77/537.

대기오염방지에 관한 EU의 입법은 다음의 분야를 대상으로 하고 있다.

(1) 최소대기농도기준 및 얼마간의 유해물질에 관한 최대배출기준을 확립하는 것

(2) 승용차 및 다른 자동차에서의 오염물질의 배출을 감축하는 것

(3) 오존층의 보호

이 입법은 EU가 참가한 협약을 이행하는 의무의 일환으로 채택된 것이며 그 기본이 되는 협약으로서는 다음의 것들을 들 수 있다.

(1) 장거리월경대기오염에 관한 제네바협약(1979년)

(2) 제네바의정서(모니터링과 평가, 1984년)

(3) 헬싱키의정서(유황산화물, 1985년)

(4) 소피아의정서(질소산화물, 1988년)

(5) 오존층 보호를 위한 비엔나협약(1985년)

(6) 오존층파괴물질에 관한 몬트리올 의정서(1987년)

(7) 기후변화협약(리우데자네이로, 1992년)

1980년대, 이사회는 여러 가지 물질에 관한 대기 중의 최소 함유량을 규정하는 세 개의 지침을 채택하였다.

(1) 유황산화물 및 부유입자상태물질에 관한 지침 779호(Dir. 80/779 for sulphur dioxide and suspended particulates)

(2) 대기 중의 납 함유 제한량에 관한 지침 884호(Dir. 82/884 for lead)

(3) 질소산화물의 대기상태기준에 관한 지침 203호(Dir. 85/203 for nitrogen dioxide)

EU에서의 이산화유황의 배출에 대해서는 1980년대부터 대응하였다. EU는 제5차 환경행동계획에서 이산화유황을 2000년까지 1985년 대비 35%까지 줄인다고 하였지만 이 목표가 달성된 것은 1995년도였다. 이 계획은 또한 질소산화물에 대해서 1990년부터 2000년까지 30% 감소

를 목표하였지만 1995년에 8% 감소에 그쳤다. 이 목표달성은 상당히 어려운 것이다. 납의 배출은 상당히 감소하였다고 볼 수 있다. 그 주요한 이유는 무연가솔린의 보급에 있다고 말할 수 있다.

유황산화물과 질소산화물에 관한 지침의 내용과 형식은 동일하며 납에 관한 것에는 몇 가지 다른 점이 있다. 이들 세 가지 지침의 기본특징은 대기농도의 제한치를 준수할 의무를 둔 것이다. 제한치는 특히 인간의 건강을 지키기 위해서 회원국의 영역에서도 넘어서는 안 되는 오염의 농도를 의미한다. 이들 제한치는 국내법의 강행규정으로서 도입되어야 한다.

1988년 위원회는 지침 779호의 완전한 국내법화를 이루기 위해 필요한 법적 및 행정적 규정을 채택하지 않아 EC조약상의 의무불이행[5)]을 이유로 독일을 상대로 유럽재판소에 제소하였다.[6)]

위원회는 이 지침에 기재된 한계치를 넘는 것을 명확하게 금지하고 이에 위반한 경우에는 제재를 받는다는 강행규정을 채택할 의무가 있는데 독일은 이를 이행하지 않았다고 주장하였다.

독일은 이 지침에서 말하는 보호는 환경에 관한 대기오염, 소음 등의 유해한 영향으로부터의 보호에 관한 1974년법[7)] 및 이를 이행하는 조치로 이행되고 있으며 이 지침을 완전히 이행하고 있다고 반론하였다.

유럽재판소는 독일의 주장을 배척하고 독일이 EEC조약에 규정된 조약상의 의무를 이행하지 않았다고 판시하였다. 동 재판소는 국내법의 해석에 관여하지 않으려 하였지만 결국 말하고자 했던 것은 강행규범으로서의 채택방식이 불충분하였다는 점이라고 생각된다.

위원회는 대기 중의 납 함유 제한치에 관한 지침 884호의 이행을

---

5) 질소산화물의 대기농도의 제한치는 200마이크로그램/입방미터이다.

6) Case C-361/88, Commission v Germany, (1991) ECR 2567.

7) 1974년 3월 15일 제정 연방법(Bundesgesetz zum Schutz vor scädlichen Umbelteinwirkungen durch Luftveruneingungen, Geräusche Erschütterungen und ähnliche Vorgänge vom 15 März 1974).

둘러싸고도 독일과 다투었다.[8)]

884호 제2조 2항에서 한계치는 연간평균농도로서 2마이크로그램 Pb/입방미터로 규정되어 있었다. 또한 제3조 1항은 회원국은 이 지침의 통지 후 5년간은 제4조에 따라 측정된 대기 중의 납 농도가 제2조에서 규정된 한계치를 넘어서는 안 된다는 것을 규정하고 있었다.

제12조 1항에 따르면 회원국은 이 지침의 발효 후 2년 이내에 이행하기 위해서 필요한 법적 · 행정적 조치를 갖출 것을 요구하고 있었다. 이 지침은 1982년 12월 9일자로 독일에 전달되었으므로 1984년 12월 9일까지는 국내법화할 의무를 지고 있다.

위원회는 독일이 이 지침 제2조 2항에서 규정한 한계치를 넘지 않을 것을 요구하는 강행규범의 채택을 게을리하고 있다고 주장하였다.

독일은 앞서 소개한 사건과 마찬가지로 지침에 기초한 의무이행이라는 이유로 1974년 법의 존재를 주장하였다. 또한 독일은 동법이행의 일반적인 행정조치로서 기술적 회람(통달문서)을 관계행정기관에 송달하였지만, 1986년 2월 27일에는 동 문서의 내용을 강화, 즉 최대한 2마이크로그램Pb/입방미터의 제한을 지킬 것을 통지하였다고 주장하였다.

위원회는 독일법제도 하에서 행정상의 '회람'은 법규로서 일반적으로 인정되지 않으며 또한 회람은 이상사태가 발생한 경우에는 반드시 지킬 필요가 없다고 학설상 여겨지고 있다는 점들을 들어 1974년의 강행규범으로서의 회람의 효과에 의문을 표하였다.

유럽재판소는 독일의 주장을 배척하고 EC조약 제169조(기능조약 제258조)에서 말하는 회원국, 여기서는 독일의 의무불이행을 확인하였다.

주의할 것은 이 판결이유에서 의무를 이행하였는지 아닌지에 대한 기준으로서 회원국은 사실상 뿐만 아니라 법적으로도 문제 분야에 대한 특별한 법적 체제를 확립할 필요가 있다고 판시한 선례[9)]를 인용하였다

---

8) Case C-59/89, Commission v Germany, (1991) ECR I-2607. L.Krämer, *Casebook on EU Environmental Law*, 2002, p.215.

9) Case C-339/87, Commission v Netherlands, (1990) ECR I-851.

는 점이다.

유황산화물지침[10)]과 질소산화물지침[11)]은 회원국이 필요한 경우에는 행동해야 한다는 지표치를 포함하고 있다. 유황산화물 및 부유입자물질에 관한 779호와 질소산화물에 관한 203호는 각각 제4조에서 회원국은 보다 엄격한 기준치를 규정할 수 있다는 취지를 규정하고 있다.

3. 교토의정서에 기초한 배출권거래제도

국가 및 기업에 온실가스(여기서는 탄소가스, CO_2)의 배출상한치(Cap)를 정하고 상한치를 넘는 배출을 한 국가나 기업은 할당량이 남는 곳에서 초과분을 구입하여 메울 수 있도록 한 것을 배출거래(Emissions Trading)라고 한다. 일반적으로 배출권거래, 배출량거래, 할당량거래 등으로 불리고 있는데 여기서는 배출량거래를 사용토록 하겠다.*

배출권거래제도의 핵심은 다음을 말한다.

(1) 배출량(상한)의 할당

국가 또는 기업의 배출량(상한)을 할당하는 것.

일본 전체에 부여된 총배출량은 교토의정서에서도 정하고 있는 바와 같이 1990년 대비 6% 감축이다. 또 하나는 각 기업에 대하여 각각의 배출량(상한)을 할당하는 것이다(초기할당량).

---

10) 이 지침 779호(Dir:80/779)를 완전히 이행하지 않은 것은 EC조약상의 의무불이행에 해당한다고 하여 위원회가 독일을 상대로 유럽재판소에 제소한 사건으로, 동재판소는 Case C-361/88의 경우와 마찬가지로 이 지침의무를 충분히 다하지 않았다고 하여 독일에 패소판결을 내렸다. Case C-361/88, Commission v Germany (TA-Luft), (1991) ECR I-2567. European Environmental Case Law, Ed. by Wybe Th. Douma, 2002, p.96.

11) 이 지침 203호(Dir.85/203)의 이행을 둘러싸고 위원회가 프랑스와 다툰 사건에서, 유럽재판소는 프랑스는 이 지침을 충분히 이행하지 않았다고 하는 위원회의 주장을 전면적으로 받아들여 원고승소판결을 내렸다. Case C-14/90, Commission v. France, (1991) ECR I-4331. Douma, *op.cit.*, p.130.

(2) 거 래

어떠한 대상자이건 배출상한선을 결정하면 이를 초과한 경우에는 배출상한선의 잉여분을 가진 곳에서 구입하여 메울 필요가 발생하고 여기에서 거래가 생겨나게 된다. 배출상한량의 설정이 없으면 거래가 발생하지 않는다. 원래 배출상한 그 자체는 가치가 없으며 탄소가스의 감축시스템을 전제로 해야 가치를 가지게 된다.

이사회의 엄격한 관리하에서 거래가 이루어지고 있다.

(3) 배출권거래제도의 기본적인 구조

이 제도에는 Cap & Trade 방식 및 Baseline and Credit 방식의 두 가지가 있다.[12] 전자는 국가가 자국의 온실가스 총배출량(상한)을 설정하고 이를 각 기업에 배출상한으로 배분하고 이를 기반으로 거래를 인정하는 방식이다. 후자는 미리 배출자의 배출상한을 설정하지 않고 온실가스의 감축계획에 기초한 크레딧을 발행하고 거래를 인정하는 것이다. 따라서 감축량은 감축계획을 실시하지 않는 경우에 배출되었을 양과의 차이가 된다. 감축효과를 확실하게 볼 수 있다는 점에서는 전자가 우세하다고 할 수 있을 것이다. 세계적인 흐름은 이 방식을 따르고 있다.

다음으로 배출상한의 할당방법이 문제가 된다. 이유는 특히 최초에 어떤 할당방식을 취하는가가 중요하기 때문이다.

① 유상할당(경매방식)

이것은 정부가 경매로 배출상한을 판매하고 기업이 배출할 분량만큼의 상한을 구입하여 부족한 경우에는 다른 기업에서 배출상한을 구입하여 자기의 배출량에 충당하는 것이다.

---

* [역자 주] 배출량거래라는 표현 대신에 우리나라에서는 배출권거래라는 용어를 사용하고 있으므로 이하에서는 배출량거래 대신에 배출권거래라는 표현을 사용하기로 한다.

12) 三菱綜合研究所 編, 『排出量取引入門』, 日経文庫, 2008년, 66면.

이 방법은 정부가 각 기업에 배출상한을 할당할 필요가 없기 때문에 각 기업이 자기의 경제활동을 고려해서 배출량을 감안하기 때문에 시스템적으로는 납득하기 쉽다고 할 수 있다. 그렇게 되면 지금까지 감축노력을 해 온 기업일수록 배출상한구입을 적게 해도 되며 보다 환경친화적인 기업의 노력을 사회에 보여줄 수 있게 된다.

② 무상할당(Grandfathering 방식)

이는 어떤 기준 또는 과거의 배출량에 기초하여 각 기업에 배출상한을 무상으로 배분하는 방식이다. 기업은 자기의 배출상한선 내에서 배출하는 한 타인으로부터 배출상한을 구입할 필요가 없으며 새로운 비용발생이 없다. 각 방면에서 채택되고 있는 배출권거래제도에서는 이 방식을 취하고 있다.[13)]

다만 문제는 과거의 배출량을 기준으로 한 경우 방만하게 다량의 탄소를 배출해 오고 있었던 기업이 큰 배출상한을 얻게 되고 나아가 이러한 기업일수록 감축효과가 높을 것이므로 잉여분을 매각할 수 있다는 2중의 이익을 얻게 된다. 역으로 말하자면 원래 감축노력을 해 온 기업이 불리해진다는 불공평함이 문제가 된다. 거기에 이러한 문제 때문에 벤치마크 방식이 제안되고 있다. 이것은 생산량당 기준배출량을 설정하고 배출상한을 배분하자는 것이다. 이 방법에 의하면 기업의 감축노력을 반영하기 쉽고 공평성이 확보되기 쉽기 때문이다. 하지만 제품이 다양한 경우 이 방식은 어려움이 가중된다는 문제가 있기는 하다.

4. 교토의정서

교토의정서는 1997년 12월, 기후변화협약에 기초하여 제3회 당사국총회가 교토에서 열렸을 때(COP3) 체결되었다.[14)] 세부항목에 대해서

---

13) 庄司克宏編 著,『EU農境法』. 慶応義塾大学出版会, 2009년.

14) 체결시의 EU는 15개 회원국이었는데, EU버블로서 공동으로 8%의 감축의무를 지

는 2001년에 모로코의 마라케쉬에서 열린 제7차 기후변화협약(COP7)에서 결정되었다(마라케쉬합의).

교토의정서는 온실가스 중에서 이산화탄소(CO_2), 메탄(CH4), 아산화질소(N_2O), HFCs, PFCs 및 SF6에 대해서 선진국의 감축률을 1990년을 기준으로 이행기간(2012년)까지 목표치의 달성을 규정하고 있다.

교토의정서 제3조 8항에 의하면 당사국은 HFCs, PFCs 및 SF6의 기준년을 1995년으로 한다고 규정하고 있다.

제3조 1항에서는 당사국은 2008년부터 2012년까지 사이에 온실가스 총배출량을 1990년 대비 적어도 5% 감축해야 하지만 이 경우 개별 또는 공동으로 진행해도 상관없다.

각국의 감축목표는 EU(1) 8%, 미국 7%, 일본 6%라고 규정되어 있었지만 EU는 회원국 전체에 의한 공동달성목표이다. 미국은 이를 비준하지 않았고 교토의정서에서 이탈하였다.

이들 목표를 달성하기 위해서 식림활동, 외국에서의 활동 또는 감축량의 국가 간 거래 등 소위 유연성체제를 규정하고 있다. 여기에는

① 공동이행(제6조, JI)

② 청정개발체제(제12조, CDM)

③ 배출권거래(제17조, ET)

가 포함된다.

(1) 공동이행(JI, Joint Implementation)

이는 투자선진국(출자국)이 선진유치국(사업이행국)에서 온실가스를 감축하는 사업을 하여 여기에서 얻어진 감축량(ERU, Emission Reduction Unit)을 자기의 감축량에 더할 수 있는 제도이다.

고 있다.

(2) 청정개발체제(CDM, Clean Development Mechanism)

이는 선진국이 개발도상국에 기술, 자금 등의 지원을 하고 그 감축 또는 흡수량을 증폭하는 사업에 협력하여 감축된 일정한 배출량을 선진국의 감축량에 산입할 수 있도록 한 것이다.

(3) 배출권거래(ET, Emission Trading)

이는 다음의 네 가지 탄소 크레딧을 거래할 수 있는 제도이다.

(a) AAU(Assigned Amount Unit) 각국에 할당된 배출량

(b) RMU(Removal Unit) 흡수원활동에 의한 흡수량

(c) ERU(Emission Reduction Unit) JI로 발행된 크레딧

(d) CER(Certified Emission Reduction) CDM으로 발행된 크레딧

이들 탄소 크레딧은 이산화탄소 톤 단위로 거래된다. 교토의정서는 국가 간의 배출권거래만을 규정하고 있다는 것에 주의해야 한다. 이 점은 후술하는 EU-ETS의 경우와는 크게 다른 것이다.

(4) 흡수원활동

이는 1990년 이후의 식림 등으로 온실가스를 흡수한 분량만큼을 자국의 감축량에 산입할 수 있는 방법이다. 교토의정서 제3조 3항에 의하면 흡수원인 산림이 1990년 이후에 도시화 등 인위적인 토지이용 등의 변화를 받은 경우에는 배출량 증가로서 산입된다. 이들 활동은 토지이용, 토지이용변화 및 산림부문(Land Use, Land Use Change and Forestry: LULUCF) 활동이라고 부른다. 동항에서는 다음의 사항을 규정하고 있다.

(a) 신규식림(Afforestation) 과거 50년간 산림이 없었던 토지에 식림하는 것

(b) 재식림(Reforestration) 1990년 이전에 산림이 없었던 토지에 식림하는 것

(c) 산림감소(Deforestration) 산림을 다른 용도로 전용하는 것

이들 활동은 ARD 활동이라고도 부른다.

일본은 전술한 바와 같이 2008년부터 2012년까지 1990년 대비 6%의 감축의무를 지고 있지만, 지금까지의 상황으로 보면 의무의 달성은 매우 어려울 것으로 보인다. 2007년도의 배출량을 보면 기준년도보다 9% 초과하였으며 이후의 상황으로 보면 이러한 상태는 개선되지 않아 배출량은 감소하지 않고 있다.

산업부문을 보면 나름의 개선노력이 있어 배출량은 감소경향으로 접어드는 듯하나 운송, 사무소, 및 민생부문 등은 배출량이 증가하고 있다.

5. EU 배출권거래제도(European Union Emission Trading Scheme)

(1) EU 배출권거래제도의 창설

유럽연합은 적어도 배출권거래제도에 대해서는 선진국의 배출감축 노력을 약화시킨다는 이유로 매우 소극적이었다. 교토의정서의 체결시에도 미국은 이 제도의 도입을 강하게 주장하였지만 EU는 도리어 반대했을 정도였다.

그러나 이 제도가 배출감축에 효과적이라는 것을 EU가 깨닫게 되자, EU 독자적인 시스템으로서 도입을 시작하였다. 2003년도에는 교토의정서 목표달성을 위해서 2005년부터 배출권거래제도를 도입하는 지침(Directives)을 제정하였다.

EU 배출권거래제도는 배출권거래에 관해서는 교토의정서의 그것을 모방한 것이라고도 할 수 있다. 또한 2004년에 시작된 영국에서의 배출권거래제도도 많은 참고가 되었다.

EU위원회는 회원국에 공통의 규칙으로서

(a) EU-ETS 전체의 총배출상한의 설정

EU는 교토의정서에서 1990년 대비 -8%의 감축의무를 부담하고 있으며 제2기에는 EU-ETS 총배출상한은 2005년 대비 -6%였다.

(b) 대상설비는 대규모 직접배출시설(20MW 이상의 연소시설, 금속공업 및 요업 등으로 일정한 생산능력을 초과하는 것)

(c) 각 회원국에 의한 배출상한의 국내할당계획(National Allocation Plan, NAP) 책정기준의 설정

각 회원국은 이상의 규칙에 기초하여 NAP을 작성하고 대상사업시설에 배출상한을 할당한다. 당해 사업시설은 배출량을 지켜야 하며, 배출량 감축을 위하여 노력하거나 다른 사업자에게서 배출상한을 구입하거나 교토크레딧(CER/ERU)을 구입하는 것으로 자기의 배출상한과 균형을 맞추어야 한다.

EU회원국 27개국이 참가한 이 제도는 세계 최대의 규모를 자랑하는 것이며 일본에서 이루어질 이후의 거래제도를 검토한다는 의미에서도 매우 커다란 의미를 주는 것이라고 할 수 있다.

EU-ETS는 2005년을 기점으로 2007년까지를 제1기, 2008년부터 2012년까지를 제2기, 2013년부터 2020년까지를 제3기로 하고, 현재는 제2기가 진행되고 있다.**

1) **할당방법**

배출감축을 위한 규제를 어떻게 해 나갈 것인가가 하나의 큰 문제이다. 여기에는 상류할당과 하류할당의 두 가지 방식이 있다.

① 상류할당

일본의 배출량의 대부분을 차지하고 있는 화석연료의 CO_2를 보면 화석연료의 생산, 수입을 하고 있는 사업자를 대상으로 할당하는 것을 상류할당이라고 한다. 이 사업자는 직접 CO_2를 배출하는 것은 아니지만 원유에 포함되는 CO_2를 수입량에서 총배출량으로서 환산할 수 있다.

② 하류할당

이것은 CO_2를 직접배출하는 사업자를 대상으로 하는 것으로 화석

** [역자 주] 2013년 현재 제3기가 진행 중이다.

연료의 구체적인 사용자이기 때문에 배출상한의 할당이 비교적 쉽다. 그러나 상류할당의 경우는 대상사업자가 적기 때문에 파악하기 쉬운 데 반해, 하류할당은 대상사업자가 많기 때문에 배출량의 파악이 쉽지 않고, 이 때문에 배출상한의 할당에 정확성을 기하는 것이 곤란하다는 난점이 있다.

2) 유연성조치

다음으로 문제가 되는 것은 배출권거래제도는 일정기간 내에 배출량의 과부족에 대해서 거래를 하고 자기의 감축의무를 다한다는 것이 기본이다. 그러나 연도 내에 처리한 결과 배출상한의 과부족이 발생하는 경우가 발생할 수 있고 이 경우에는 차년도에 이월 내지는 차년도분의 차입이 필요할 수 있다. 배출권거래제도 하에서는 '배출상한의 당해년도 내에서만 유효하므로 아래와 같은 조치가 필요해진다. 전자는 이월(banking)이라고 하여 잉여배출상한을 차년도 이후로 넘기는 것을 말한다. 차입(borrowing)은 당해년도의 배출상한을 초과한 부분을 차년도에 배분예정인 배출상한을 빌려와서 사용하는 것을 인정하는 것이다.

또 하나의 유연성조치로서 외부 크레딧의 활용을 인정하는 방법이 있다. 여기에는 외국의 크레딧과 국내의 크레딧을 생각해 볼 수 있다.

EU는 교토의정서의 거래제도를 준용하는 것을 인정하고 있어 배출감축단위(ERU)에서 얻어지는 탄소크레딧의 이용을 인정하고 있다. 따라서 UN의 CDM이사회 또는 JI 유치국가가 인정한 카본 프로젝트가 책정한 인정배출감축량(CER)단위는 EU에서 동등한 가치로 여겨진다.

즉 1 EU 배출상한단위(EAU)는 CO_2 1톤에 상당하고 이는 교토의정서에서 말하는 CO_2 초기할당량(AAU)과 동등한 것으로 취급된다.

배출상한을 준수하지 못했던 사업자는 톤당 100유로의 과징금 내지는 초과배출량과 같은 양의 차년도의 예정배출상한에서 차감된다.

제2기부터 2013년 이후로의 이월은 무제한으로 가능하지만 차입은 불가능하다. 또한 교토크레딧(CER/ERU)을 이용할 수 있는데 원칙적으로는 10%이며 최대한 20%까지 인정된다.

(2) EU-ETS 제2기의 대응

2008년 12월, 유럽이사회는 기후변화 대응책으로 중대한 결정을 하였다. 배출감축방법에 관한 포괄적인 패키지이다. 여기에 따르면 2020년까지 1990년 대비 적어도 온실가스를 20% 감축할 것, 재생가능에너지를 시장의 20%까지 끌어올릴 것, 여기에 에너지소비 전체를 20% 줄일 것을 규정하고 있다. 또한 재생가능에너지의 이용에 박차를 가하기 위해서 운송연료의 10%를 바이오연료, 전기 또는 수소로 교체할 것을 규정하고 있었다.

제2기에서의 총배출상한을 2005년 대비 -5.6%로 엄격하게 하였다. 전력, 산업부문의 생산설비를 대상으로 배출상한을 할당하였다. 하지만 산업부문에는 데이터의 입수가 쉽지 않다는 점과 너무 엄격한 감축의무를 부과하는 것은 국제경쟁력이 저하될 수 있다는 점을 배려해서 할당을 완화하였다. 전력부문에 대해서는 가격전가가 쉽다는 점에서 엄격한 할당을 하였다.

제2기에서는 제1기와 마찬가지로 하류형 C&T를 채택하여 무상할당을 기본으로 하되 일부 국가(가령 독일)에서는 전력부문에 벤치마크 방식으로 할당하고 있다.

※ 제2기의 특징

1. CDM 및 JI와의 연동

전술한 바와 같이 EU는 회원국의 배출상한거래가 CDM 내지는 JI와 연결해서 인정하는 지침 101호(Dir. 2004/101)를 제정하여 이것이 제2기에서 도입되었다.

2. 항공부문을 대상

2010년 이후에는 항공부문을 배출량감축대상에 포함하게 되었다. 운송부문 중에서 항공기가 차지하는 배출비율이 높아 제2기에서는 배출량이

1천만 톤에서 1천 200만 톤으로 증가될 것으로 예상하고 있다. 그러나 러시아 및 우크라이나의 JI 크레딧과의 상쇄가 예상되어 가격 상승은 억제될 수 있을 것으로 보여진다.

3. EU 비회원국의 참가

노르웨이, 아이슬란드, 리히텐슈타인, 스위스 등 4개국도 EU-ETS에 참가하였다. 노르웨이의 오슬로에는 Nord Pool이라고 불리는 거래소가 개설되어 있다.

회원국에서는 영국에 ECX(런던), 독일에 EEX(라이프치히), 프랑스에 Blue Next(파리)의 3개소로 배출상한(EUA) 및 일부의 교토크레딧(CER/ERU) 거래소가 운영되고 있다.

(3) EU-ETS 제3기의 대응

제3기의 특징 중의 하나는 회원국이 각각의 국내할당계획(NAP)에 기초한 배출상한 할당을 폐지하고 EU 전체로서 하나의 상한을 도입하여 2013년 이후 2020년까지 배출상한할당량을 매년 감소시켜 나간다는 것이다.

유럽의회의 환경위원회는 제3기(2013~2020년)를 향한 위원회의 결정안에 대해서 의결하였고 산업부문에서 배출되는 온실가스를 제2기의 평균보다 매년 1.74%씩 감소시켜 2020년까지는 2005년도 대비 21% 감축한다는 위원회의 원안을 지지하였다. 이 부분에서의 배출은 EU전체 CO_2 배출량의 절반 가까이 차지하고 있다.

할당방법으로는 유상할당을 대폭 증가시켜 산업부문은 2013년에는 배출상한의 15%, 일부의 예외를 제외하고는 2027년에는 모두 경매로 돌린다. 발전부문은 원칙적으로 100%를 경매로 한다.

경매수익의 적어도 50%를 국제적 기금으로 갹출하고, 개도국의 배출량감축이나 산림감소방지 등의 프로젝트를 지원하며 남는 수익에 대해서는 EU 회원국의 기후변화대응책, 기술연구 및 개발에 충당한다.

대상가스는 CO_2, N_2O 및 PFC이다. 대상부문은 알루미늄, 화학 등으로 순차적으로 확장한다.

2013년 이후 EU 역내의 소비자가격지수에 따라 제재는 매년 연동된다.

CDM 및 JI의 이용에 대해서는 2005년 배출실적의 3%가 상한이다. 일정요건을 충족하는 회원국은 최빈국 또는 도서국의 프로젝트에서 추가적으로 1%가 인정된다. 또한 간혹 언급되는 일이지만 일본만이 지나치게 엄격한 감축을 한 결과 환경주의자들로부터 높은 평가를 받지만 경제가 위축되고 국제경쟁력을 잃어 일본만 바보가 되는 것이 아닌가 하는 우려가 있다.

EU에서도 환경감축과 국제경쟁력 저하의 관계가 주목을 받아 제3기에서는 직접, 간접 부문의 증가분과 총수출입액의 비율로 보아 심각한 영향이 발생할 우려가 있는 부문에는 100% 무상할당을 한다. 심각한 정도는 아니지만 영향을 받게 되는 부문에 대해서는 무상할당의 비율을 2013년에는 80%, 2020년에는 30%로 단계적으로 감축한다.

6. 화학물질의 안전성확보와 법규칙

우리들 주변만 보아도 의외로 여러 가지 것들에 화학물질이 포함되어 있다는 것을 알 수 있다. 즉 일상적인 생활용품, 약, 또는 교통수단으로서의 자동차 등도 그 재료 중에는 화학물질이 포함되어 있다.

여기에서 문제가 되는 것은 이들 화학물질이 사람의 건강에 미치는 영향을 정확하게 아는 것이 건강증진과 생활의 안전에 필요하다는 것은 말할 필요도 없다.

유럽환경문제를 검토할 때에 특히 주목해야 할 사항은 EU배출권거래제도(EU-ETS)와 함께 화학물질의 안전성의 확보와 그 폐기방법이다.

EU는 이 점에서 2003년 말 화학물질의 안전한 사용을 위한 법규제를 시작하여, 화학물질이 인간의 건강 또는 동식물의 생식 및 생육에 지장을 줄 우려가 있는 화학물질에 의한 환경오염을 방지하기 위한 법령을 몇 가지 제정하였으므로 이하에서는 이들을 검토해보도록 하겠다.

(1) 전기 및 전자기기에 포함되는 특정유해물질의 사용제한에 관한 지침 95호

[Directive 2002/95/EC of the European Parliament and of the Council of 27 January 2003 on the restriction of the use of certain hazardous substances in electrical and electronic equipment(RoHS)]

전기, 전자기기에 포함되는 유해물질의 사용제한에 관하여 회원국에서 채택된 법률 내지는 행정조치에 차이가 있는 것은 공동체의 거래에 장애 및 경쟁을 왜곡시키므로 이는 역내시장의 설립 및 기능에 직접적으로 영향을 미치게 된다.

이 때문에 이들 분야에서의 회원국 간의 법을 상호근접시킬 필요가 있으며 또한 인간건강의 보호, 건전한 환경의 회복 등에 기여하게 되는 것이다. 이 지침은 이상의 것들을 목적으로 하고 있다.[15]

이 지침에 따라 2006년 7월 1일 이후, EU 회원국 내에서 다음의 물질이 기준치를 넘어 포함되는 전기 · 전자 기기의 판매가 금지되었다. (제4조)

1) 납(1000ppm 이하)
2) 수은(1000ppm 이하)
3) 카드뮴(100ppm 이하)
4) 6가크롬(1000ppm 이하)
5) 폴리염화페닐(PBB)(1000ppm 이하)
6) 폴리브롬화디페닐(PBDE)(1000ppm 이하)

이 지침은 제6차 환경행동계획(결정)에 규정된 EU 화학정책의 원칙에 따라 이행되어야 한다.

---

15) 藤井良広,『EUの知識』, 日経文庫, 2005년, 211-213면.

적절한 대체수단이 없는 경우, 다음과 같이 일정한 범위에서 적용이 면제되는 경우가 있다.

1) 지정범위의 형광램프 내의 수은
2) 브라운관 등의 유리 안의 납
3) 지정 함유율 이하의 납함유 합금
4) 고온용접형식의 납땜
5) 의료기기

(2) 전기 및 전자기기의 폐기에 관한 지침 96호

[Directive 2002/96/EC of the European Parliament and of the Council of 27 January 2003 on waste electrical and electronic equipment (WEEE); Joint declaration of the European Parliament, the Council and the Commission relating to Article 9]

이 지침의 목적은 폐기물의 폐기를 감소시키기 위해서 폐기물의 이용을 위한 재이용, 리사이클을 목적으로 하고 있다.[16)]

동 지침 첨부표 1A에 회수, 리사이클의 대상이 되는 제품이 규정되어 있다.

1) 대형가전
2) 소형가전
3) IT 및 통신기기
4) 내구(耐久)소비재
5) 조명기기
6) 전기 및 전자공구(대형 고정방식산업용 공구를 제외)
7) 완구, 레저 및 스포츠용 기구
8) 의료기기
9) 감시 및 제어장치

---

16) 藤井, 前揭書, 같은 면.

10) 자동판매기

이들 제품의 제조업자, 판매업자 등은 각 제품의 폐기시에 환경을 악화시키지 않도록 배려해야 하며 회수, 리사이클 등에서 제조자책임을 진다.

(3) 화학물질의 등록, 평가, 승인 및 제한에 관한 규칙(REACH)

[Regulation (EC) No. 1907/2000 of the European Parliament and of the Council of 18 December 2006 concerning the Registration, Evaluation, Authorisation and Restriction of Chemicals]

전술한 RoHS 및 WEEE는 지침(Directive)으로 제정되었다. 지침은 그 내용의 실현에 대해서 회원국을 구속하지만 실현방법이나 수단에 대해서는 회원국에 맡기는 법적 성질을 가지기 때문에 정합성에서는 약간 문제가 남는 것이다.

이에 비하여 REACH는 규칙(Regulation)의 형태로 제정되어 있다. 환언하면 규칙은 일본의 법과 마찬가지로 제정, 시행되는 것과 동시에 모든 분야에 직접적으로 적용되고 구속되는 것이다. 따라서 REACH는 회원국뿐만 아니라 개개의 기업에도 적용되는 것이며 EU 내에 진출한 일본기업에게도 예외는 없다.

EU는 2007년 6월, REACH를 발효시켰다. 자동차, 가전, 잡화 등 공업제품에 포함되는 화학물질은 수만 종에 이르며 이 규칙은 그 화학물질이 인간의 건강이나 환경에 미치는 리스크에 대해서 기업에 등록의무를 부과하는 것이다.

화학물질에 대한 법규제는 1981년까지는 기존화학물질로 보아 종류별로 법규제를 두고 있었다. 그러나 기존의 법제에서는 인간의 건강과 환경에 미치는 영향에 관하여 충분한 정보를 얻을 수 없어 이에 관한 리스크의 관리도 충분하지 못하였다.

1993년에 제정된 규칙 793호는 1971년 1월 1일부터 1981년 9월 18일 사이에 EU 시장에서 판매된 화학물질은 기존화학물질(10만 종 이상)

이라고 부르며, 1981년 이후에 판매된 화학물질(3800종 이상)은 신규화학물질이라고 부르고 있다. 신규화학물질은 판매되기 전에 시험해야 할 의무가 있지만, 기존의 화학물질은 그와 같은 규정이 없다. 또한 지금까지 화학물질의 리스크평가를 하는 것은 그 물질을 제조, 수입, 사용하는 기업이 아니라 공기관이었다. 모든 화학물질의 리스크평가를 공기관에 맡기는 것은 막대한 비용과 시간이 걸리며 EU산업의 발전에 커다란 장애가 되는 것이다.

2001년에 위원회가 밝힌 이후의 화학물질정책의 전략은 높은 수준의 화학물질안전성과 화학산업 경쟁력을 확보하는 것임을 확실하게 하고 2006년 12월 13일, 의회와 이사회는 REACH 규칙(Reg.1997/06)을 제정하여 07년 6월 1일부터 발효시킨 것이다.

REACH는 지속가능한 개발의 연장선상에서 다음을 목적으로 하고 있다.

1) 인간의 건강과 환경의 보호
2) EU의 화학산업의 경쟁력 유지와 강화
3) 역내시장의 분리방지
4) 투명성의 향상
5) 국제적 노력의 통합
6) 동물을 사용하지 않는 시험방법의 추진
7) WTO와의 관계에서 EU의 국제적 의무와 조화

REACH의 특징은 다음과 같이 정리할 수 있다.

1) 기존화학물질과 신규화학물질의 구분을 REACH에서는 비단계적 도입물질(non-phase-in substances) 즉, REACH가 발효되기 전에 제조, 판매되지 않았던 물질과 단계적 도입물질(phase-in substances) 즉, EU 내에서 판매되는 물질이지만 과거 15년간 역내에서 판매되지 않았던 물질로 나뉜다.
2) 지금까지는 공기관에서 시행했던 리스크평가를 사업자가 부담하도록

한 것

3) 공급체인(supply chain)을 통한 화학물질의 안전성이나 취급에 관한 정보의 공유를 상류, 하류의 쌍방향에서 강화한다.

4) 성형품(article)에 포함되는 화학물질의 유무(농도)나 용도에 대해서도 정보의 파악을 요구

이미 말한 바와 같이 1981년을 경계로 화학물질은 기존과 신규로 구별되는데 모든 화학물질이 이 규칙의 대상이 되며 그 내용은 다음과 같이 요약할 수 있다.

1) 화학물질의 제조자나 수입자는 물질에 대해서 적절한 정보를 입수하여 물질의 안전관리를 하기 위한 데이터로서 사용해야 한다(등록).

2) 유해성 내지는 리스크에 관한 정보 및 관리는 공급체인에 전달된다.

3) 하류사용자는 구조 내에 편입된다.

4) 유럽화학물질관리청(ECHA)이 시험계획자 및 등록요건의 심사를 한다(평가).

5) 고위험물질(SVHC)을 사용하기 위해서는 사업자는 행정청에 신청하여 인가를 얻을 필요가 있다(인가). 인가를 보유한 사업자 및 하류사용자는 판매 전에 라벨에 인가번호를 기재해야 한다.

6) 행정청이 실시한 리스크평가의 결과, 리스크경감조치가 필요한 경우에는 제조, 판매, 사용을 제한한다(제한).

7) 성형품에 포함되는 화학물질에의 대응

① 등록(Registration)

(i) 연간 제조, 수입량이 사업자당 1톤을 넘는 화학물질이 대상이 된다. 신규화학물질인지 기존화학물질인지를 불문한다.

(ii) 제조 · 수입사업자는 등록을 위해서 유럽화학물질관리청(European Chemicals Agency, ECHA)에 이하의 정보를 제출해야 한다.

가. 1톤 이상의 물질에 대해서는 기술서류 한벌(등록자정보, 물질의 특정, 용도, 분류, 표시, 유해성정보, 안전한 사용에 관한 가이드 등)을 제출해야 한다.

나. 연간 제조 · 수입량이 사업자당 10톤 이상의 화학물질에 대해서는 화학물질안전성보고서(CSR)(유해성평가, 리스크평가가 필요)가 추가적으로 필요하다.

(iii) 기존화학물질의 등록은 사업자당 제조 · 수입량의 정도에 따라 등록기한을 설정하고 있다.

② 평가(Evaluation)

(i) 화학물질안전성보고서(CSR)의 내용을 유럽화학물질관리청이 평가하고 필요에 따라 추가시험의 실시 또는 추가정보를 사업자에게 요구한다.

(ii) 행정청은 고위험물질(SVHC)에서 노출이 있으며 사업자당 연간 100톤을 넘는 양이 사용되는 물질부터 우선적으로 평가를 실시한다.

(iii) 고위험물질(SVHC)의 대상은 이하와 같다. 이후 유럽화학물질관리청에서 구체적인 물질목록이 작성될 예정이다.

가. 일정정도 이상의 발암성, 변이원생 · 생식독성물질(CMR물질)

나. 잔류성, 축적성, 독성을 가진 물질(PBT물질)

다. 잔류성 및 축적성이 매우 높은 물질(vPvB물질)

라. 위에 적혀진 것 이외의 화학물질로 내분비교란 특성을 가지고 있으며 인간의 건강과 환경에 심각한 영향이 있을 법한 것(개별적으로 특정)

③ 인가(Authorisation)

(i) 고위험물질(SVHC)을 사용하기 위해서는 사업자는 행정청에 신청해서 인가를 얻을 필요가 있다. 인가의 유효기간은 사안에 따른다.

(ii) 인가를 보유한 사업자 및 하류사업자는 판매 전에 라벨에 인가번호를 기재해야 한다.

④ 제한(Restriction)

유럽화학물질관리청이 실시한 리스크평가의 결과, 리스크경감조치가 필요한 경우에는 제조, 판매, 사용을 제한한다.

⑤ 공급체인의 정보전달

화학물질 · 조제(주: 혼합물, 용액 등) 공급자는 하류사용자에게 화학물질 · 조제정보를 전달할 의무가 있다.

가. 위험하다고 분류된 경우: 안전성 데이터시트(SDS)

나. PBT물질, vPvB물질: 등록번호, 인가에 관한 정보(부여 또는 거부 등), 제한의 상세, 리스크관리대책에 필요한 정보를 제공해야 한다.

유럽화학물질관리청이 헬싱키에 설치되었다. 동청은 유럽연합 내의 화학물질의 안전한 사용을 확보하기 위해서 화학물질의 등록, 평가, 승인 및 제한의 조치를 한다.

관련조치를 함에 있어 동청은 과학적 또는 기술적 데이터를 최대한 활용하고 회사 및 경제적 정보를 고려한다. 또한 동청은 화학적 기술적 및 과학적 고안을 준비해야 한다. 등록된 화학물질을 평가, 승인하는 것으로 동물실험을 줄이는 것이다.

7. 배출권할당에 관한 EU재판소 판례

Société Arcelor Atlantique et Lorraine and Others v Premier minister

Ministère de l'Écologie et du Développement durable

Ministère de l'Economie, Finances et de l'industrie

이 사건은 EU의 배출권거래제도를 규정한 지침 87호(Directive2003/87)의 효력에 대해서 최고행정재판소(Council d'Etat)가 EU의 재판소에 선결적 판결을 구한 것이다.

선결적 판결은 국내재판소가 자신의 심리사건에서 EU법의 해석에 대한 EU재판소의 판단을 구하는 것이다. 하급심이 이를 구하는 것은 임의이지만 최종심은 의무적으로 이를 구해야 한다.

Directive(지침)는 내용의 실현은 회원국을 구속하지만 그 방법은 회원국에 맡겨지는 독특한 EU법이다.

이 판례의 특징은 행정재판소가 원고의 청구 그 자체는 배척하였지만 원고가 청구이유의 하나로 주장한 EU법(여기에서는 Dir.87호)이 프랑스 헌법에서 규정한 평등대우원칙에 위반된 것인지에 대한 문제를 들어 EU재판소에 판단을 구하였다는 점이다.

[사 실]

프랑스는 2004년 8월 19일, Dir.87호를 국내법으로 하기 위해서 법률 832호(Decree 832)를 제정하였다. 그 내용은 당연히 Dir.87호에 준하는 것으로 배출량의 할당대상은 철강부문에 한정되며 비철부문 및 화학부문은 대상 외로 하였다.

[심 리]

이에 불복한 알세롤(Arcelor)사(철강회사)는 동법 제1조가 철강부문의 기업에 적용되는 경우에 한하여 이의 취소를 동국의 권한기관에 요청하였다. 그러나 어떠한 회신도 없었기 때문에 이를 묵시적 거부결정으로 보고 그 취소를 최고행정재판소(Council d'Etat)에 구하였다.

그 이유로 원고들은 동법이 몇 가지 헌법규정 즉 재산권, 영업권 및 평등한 대우를 받을 권리를 위반하였다고 주장하였다.

동 재판소는 취소청구 그 자체는 배척하였지만, 청구이유 중의 하나인 동법이 평등대우원칙을 위반하였다는 주장에 대해서는 판단의 대상으로 한 것이다.

동 재판소가 이 점에 주목한 이유는 Dir.87호의 규제대상이 된 배출량과 같은 양의 CO_2를 배출하는 플라스틱 및 알루미늄산업은 대상외였다는 점이었다.

이 점에 대해서 EU재판소에 다음과 같은 선결적 판결을 구하였다.

“Dir.87호가 화학, 비철부문을 제외하고 철강부문만을 대상으로 한 것은 평등대우원칙에 위반된 것이 아닌가?”

이 질문은 다시 말해, 비교할 수 있는 같은 범위에 있음에도 불구하고 다른 대우가 가능한가에 대한 문제이며 해당 대우는 평등대우원칙에 위반되는 것이 아닌가 하는 점이다.

EU재판소는 이 질문에 대하여 다음과 같이 회신하였다. 즉

“대우의 차이는 그것이 객관적이고 합리적인 기준에 기초하여, 즉 그 차이가 해당법에서 추구하는 법적으로 인정된 목적에 관한 것이고 그 대우가 요구되는 목적에 부합하는 경우에는 정당화된다. Dir. 87호의 범위를 정하는 객관적인 기준의 하나는 한 가지 부문의 CO_2 직접배출의 수준이다. 따라서 이들 각 부문의 배출수준을 비교함에 있어 배출량의 커다란 차이에서, 한편으로는 철강부문과 다른 편에서는 화학, 비철부문과의 다른 대우는 정당화되며 평등대우원칙을 위반한 것이 아니다.”

동 재판소는 상기의 이유에서 Dir.87호가 화학, 비철부문을 제외하고 철강부문에 적용되는 것에 관하여 그 효력이 좌우되는 일은 없다고 판시하고 원고의 주장을 배척한 것이다.

[코멘트]

이 판례에 따르면 같은 범주이며 또한 유사의 산업부문이면서 배출규제의 대상이 될 수 있는지에 대한 기준은 온실가스(여기서는 CO_2) 배출량의 많고 적음이다. 일본에서도 배출권거래제도를 도입하는 경우 어떤 의미에서는 당연한 것이라고도 할 수 있지만, 배출량의 많고 적음이 결정적인 한수가 될 것이라고 보인다. 따라서 배출량의 비교고찰은 커다란 핵심이 될 것으로 생각된다.

제5장

기업의 온실가스정보공시의 동향

_ 우오즈미 류타(魚住隆太)

들어가며

기후변화문제에 대처하기 위해서 인위적인 요인인 온실가스(Greenhouse Gas)의 배출은 가능한 한 억제하는 것이 세계적인 요청이다. 그 일환으로서 선진국, 그 중에서도 EU를 중심으로 제도적으로 기업에 온실가스 배출량에 관한 정보를 공시하는 것을 검토하고 있다.

우선 제1절에서는 현재까지의 과정을 각국의 환경보고서 가이드라인 등에 의한 환경퍼포먼스지표의 하나인 온실가스 배출량 공시부터 기후변화에 수반되는 리스크와 기회와 같은 정성적 정보의 공시를 해설한다.

이어 제2절에서는 런던에 사무국을 둔 비영리단체인 탄소정보공개프로젝트(Carbon Disclosure Project, CDP)의 활동이 가져온 기업에 대한 영향을 살핀다. CDP는 매년 세계의 기업에 대해서 기후변화에 대한 전략과 온실가스 배출량 실적공개를 요구하고 질문하고 있다. 이 조사는 2003년도부터 시작되어 2010년(CDP 8)까지 제8회째 조사가 이루어졌다.

제3절에서는 스위스의 경제연구기관인 '세계경제포럼'이 2007년 다보스회의에서 설립한 컨소시엄인 CDSB(Climate Disclosure Standards

Board: 기후정보공시기준위원회)의 활동을 해설한다. CDSB는 기후변화에 관한 정확하고도 표준화된 정부의 공시에 대한 필요성이 높아짐에 따라 CDP, 국제회계사무소, 주요국의 회계사협회 등이 참가하는 기술작업반을 통해서 CSR 보고서와 같은 자발적 보고매체에서의 기후변화정보의 공시가 아니라 상장기업에게 요구되는 연차재무보고서 상의 기후변화정보의 공시를 위한 프레임워크를 개발, 제안하고 각국정부의 법령개정을 촉진하고자 한다.

제4절에서는 2010년 2월에 미국증권거래위원회(SEC)가 공표한 기후변화정보공시의 해석지침의 내용과 그 영향에 대해서 검토한다.

제5절에서는 재무정보와 비재무정보를 통합하여 보고하려는 움직임에 대해서 해설한다.

제6절에서는 CDP의 정보공개요청서에 대한 기업의 회신 중에서 CDP가 채점하고 공표한 최고 사례에 대해서 어떠한 기업이 어떻게 기재하여야 높은 평가를 얻을 수 있는가를 살펴본다.

본 장의 마지막인 제7절은 온실가스의 감축활동에 경제적 이익이 있는 것과 없는 것이 있다는 점과 어떠한 기업의 온실가스 정보공시를 투자자가 평가하는가에 대해서 검토한다.

1. 기후변화정보공시를 향한 과정

기후변화정보가 온실가스 배출량정보뿐만 아니라, 현재와 같이 기후변화에 수반되는 리스크와 기회라는 관점에서 공표되게 된 것은 후술하는 영국에 본부를 둔 CDP의 2003년 제1회 세계의 기업에 대한 정보공개요청서에서 비롯된 것이다. 그 이전에는 연차재무보고서에서 환경보고와 환경보고서가 작성되어 그 중에 환경관련 성과로써 온실가스 배출량이나 그 저감계획을 기재하는 정도였다.

〈그림 5-1〉 환경보고서 가이드라인의 발행주체와 발행시기

국 명	발행주체	타이틀	발행년	사회성 기재항목
노르웨이	규격협회[1]	- Miljorapportering Retningslinjer	2000	무
스웨덴	재무애널리스트연맹[2]	- Recommendations on environmental information in the 2000 annual report	2000	무
덴마크	환경성[3]	- Vejledning om gronne regnskaber - til virksomheder og miljomyndigheder	2003	무
영국	환경·식량·지방성[4]	- General Guidelines on Environmental Reporting - Guidelines for company reporting on greenhouse gas emissions - Guidelines for company reporting on waste - Guidelines for company reporting on water	2001	무
독일	INEM (환경관리 국제 네트워크)[5]	- The INEM Sustainability Reporting Guide A Manual on Practical and Convincing Communiciation for Future-Oriented Companies	2001	유
네덜란드	경제성[6]	- Guide to Sustainability Reporting	2003	유
오스트레일리아	환경 유산성[7]	- Triple Bottom Line Reporting in Australia	2003	무
캐나다	환경성[8]	- Canadian Coporate Sustainability Reporting Toolkit(책자배포뿐만 아니라 웹사이트에도 공표)	2003	유

※ 덴마크의 가이드라인은 법규명령 등에서 규정된 기재항목에 관하여 상세한 해설을 덧붙이고 있다.

※ 스웨덴 및 네덜란드의 가이드라인은 제도와는 별도로 자발적인 환경보고서의 작성을 장려하기 위해 작성되었다.

1 NHO: Næringslivets Hovedorganisasjon
2 Sweish Federation of Financial Analysts
3 Danish Environment Protection Agency
4 Department for Environment, Food and Rural Affairs
5 International Network for Environmental Management. 독일의 민간싱크탱크. 독일연방 환경기금(German Federal Environment Foundation)이 후원자이며, 이 싱크탱크가 가이드라인작성을 담당하고 있다.
6 Ministry of Economic affairs
7 Department of the Environment and Heritage
8 Environment Canada

각국의 환경보고서 가이드라인은 2005년 3월에 발행된 환경성의 「환경보고서의 각 제도에 관한 해외동향조사보고서」를 인용한다.

이 표를 보면 2000년경부터 환경정보의 공시에 관한 가이드라인이 발행되기 시작하였다는 것을 알 수 있다. 그리고 표의 어느 가이드라인에서도 온실가스 배출량이 환경정보에 포함되어 있다.

기업이 작성하는 연차재무보고서의 환경보고나 환경보고서 중의 하나인 환경성과지표로서 온실가스 배출량(주로 CO_2 배출량)이 기후변화정보로서 2000년경부터 공시되기 시작하였다. 그리고 보다 정성적인 정보를 포함하는 기후변화정보의 공시는 다음 절에서 설명할 2003년의 CDP1의 정보공개요청서와 그 회신의 공시에서 비롯된다. 개별기업은 이미 정성적 정보를 포함하는 기후변화정보의 공시를 해 온 곳도 있지만, 자발적 참여라고는 해도 일정정도 정리된 제도적인 공시는 CDP에 의한 것이 최초라고 말할 수 있을 것이다.

일본에서의 환경보고서 가이드라인은 환경성에 의하여 2001년 2월에 「환경보고서 가이드라인(2000년 판)」, 2004년 3월에 「환경보고서 가이드라인(2003년 판)」, 2006년 6월에 「환경보고서 가이드라인—지속가능한 사회를 향하여—(2007년 판)」이 발행되었다.

환경보고서 가이드라인(2000년 판)에서 '온실가스 배출량'과 '총운송량, 운송에 수반되는 CO_2 배출량'이 환경부하 관련 지표로서 명시되어 있다.

영국이 2002년 4월에 세계 최초로 온실가스 배출권거래제도를 시작하였다. 또한 EU에서도 2005년부터 배출권거래제도가 도입되어 영국배출권거래제도도 합류하였다. 이즈음부터 EU의 기업도 배출상한을 구입하는 등 회계적으로도 온실가스 배출량 등에 관한 정보를 연차재무보고서에 포함하도록 하였고 동시에 탄소관리에 신경쓰게 되었다.

2. CDP의 창설과 활동

(1) CDP의 개요

CDP(Carbon Disclosure Project)는 런던에 본부를 둔 NGO이며, 기관투자자의 찬성 의견을 모아 이들을 대표하여 기업의 탄소정보의 공시를 요구하는 세계적인 활동을 전개하고 있다.

CDP의 창설은 2000년으로 거슬러 올라간다. CDP의 홈페이지에는 '런던 다우닝가 10번지에서 시작되었다'라고 쓰여 있고, 이 번지는 영국의 수상관저에 해당한다. 2000년 당시의 영국수상은 온난화대책에 힘쓰고 있던 토니 블레어(Tony Blair)였다. 즉 국가원수의 지지를 얻어 시작된 것이다. 현재는 영국 외에도 미국, 프랑스, 스웨덴, 네덜란드, 호주 정부나 각국 정치가의 지원을 받는 이른바 국가규모의 프로젝트라고도 볼 수 있다. 그러나 그 형태는 어디까지나 독립된 NGO로서 비영리단체이다. 영국에서 공인자선단체, 미국에서는 비영리단체로 정식등록되어 있으며 미국에서의 CDP 재무대리인 및 보증인연락창구는 록펠러 자선자문단(Rockefeller Philanthropy Advisors)이다. CDP의 본부는 발원지인 런던에 있지만 뉴욕, 베를린, 파리, 상파울루, 스톡홀름, 도쿄에 지부를 두고 전 세계적인 활동을 전개하고 있다.

CDP에 의한 정부수집은 기업에 송부되는 정보공개요청서를 통해서 이루어진다(자세한 조사방법 및 정보공개요청서의 내용에 대해서는 후술). 2003년 제1회 정보공개요청서가 기업에 송달되었고 현재 진행 중인 2010년도가 제8회째가 된다. 본고 집필시(2010년 9월)는 결과공표가 각국에서 막 시작될 즈음이었다. 제8회째 CDP의 활동에 찬성하고 서명한 기관투자자의 수는 534개에 이른다. 그 회계자산액은 64조 달러에 달한다. 대상기업수도 매년 증가하고 있으며 2010년에는 세계의 대기업 약 4,700개사에 정보공개요청서가 발송되었다.

이 수만 보아도 CDP가 얼마나 세계적인 영향력을 가지고 있는지 알 수 있다. 나아가 기업에 송부되는 정보공개요청서는 매년 바뀌지만, 항상 그 근간에 있는 것은 기후변화에 수반되는 '리스크' 및 '기회'라는 관점이며, 이 관점은 종래의 CSR보고서 등에는 없는 탄소정보공시로서 투자자에게 중요시되는 이유 중의 하나일 것이다.

이렇게 수집된 데이터는 모든 서명기관투자자에게 공시된다. 또한 자사 회신을 공공에 공시해도 좋다고 동의한 기업의 정보는 일반에도 무상으로 공개되어 있으며 CDP의 홈페이지에서 정보접근이 가능하다.

〈그림 5-2〉 서명 기관투자자수와 자산총액

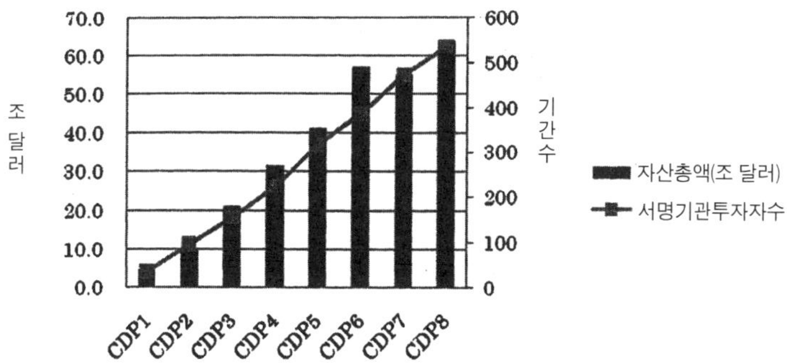

(2) CDP에 의한 조사

위에서 본 바와 같이 CDP 조사의 흐름은 기관투자자의 동의를 얻은 정보공개요청서를 대상기업에 송부하고 그 회신을 모아 공표한다는 지극히 간단한 형식이다. 구체적으로는 정보공개요청서의 초안을 기초로 관련 이해관계자와 협의하고(9월), 최종적으로 결정된 질문서와 대상기업에 대하여 기관투자자가 찬성, 서명하여(11월 중순~다음해 1월 중순), 대상기업경영자에게 정보공개요청서를 송부한다(다음해 2월). 정보공개요청서를 받은 기업은 자사의 탄소정보를 모아 정보공개요청서에 회신하고 회답기한(다음해 5월말)까지 제출한다. CDP는 제출된 회신을 공표함과 동시에 분석하여 CDP의 독자적인 보고서를 작성하여 공시하고 있다(다음해 9월~10월). 또한 보고서 발행과 동시에 각국에서 보고서 결과의 보고회도 개최하고 있다. 그 일련의 흐름이 프로젝트로서 매년 실시되고 있는 것이다.

2003년 제1회 CDP 정보공개요청서의 대상기업은 영국의 Financial Times에 의한 시가총액 상위 500개사가 대상이었다(이 대상기업을 글로벌 500이라 한다). 대상기업은 2006년(CDP 4)을 기점으로 비약적으로 확대되어 2010년의 조사에서는 5,000개사에 이르는 규모가 되었다.

대상이 되는 일본기업은 2005년까지는 글로벌 500에 들어간 50개사 정도였지만, 2006년부터 일본기업을 대상으로 한 'CDP 재팬 150'이 시작되어 150개사로 확대되었다. 이 해부터 일본기업의 동향을 전하는 'CDP 재팬보고서'도 발행되게 되었다. 2009년에는 보다 확대되어 현재는 시가총액 상위 약 500개의 일본기업에 정보공개요청서가 송부되고 있다.

〈그림 5-3〉 대상기업수

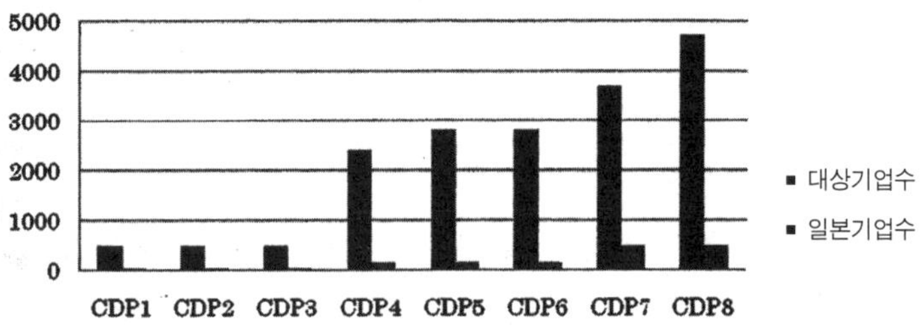

(3) CDP 정보공개요청서의 내용

CDP가 묻는 구체적인 질문사항은 다음의 5개 항목으로 집약된다.

1. 거버넌스
2. 기후변화로 인한 리스크와 기회
3. 전략
4. 온실가스 배출량 산정 및 보고, 에너지, 연료사용, 거래
5. 기후변화정보의 공시

"3. 전략"은 2010년부터 만들어진 질문인데 그 외 항목은 형식적인 변화는 있었지만 기본적으로 지금까지 계속하여 공시가 요청되고 있다. 각각의 항목의 특징은 다음과 같다.

【 1. 거버넌스 】

기후변화에 대한 책임 및 관리수단의 특정에 대해서 묻는 것이며, 구체적으로는 '기후변화에 대한 책임을 지고 있는 최고기관'이나 '기후변화문제 관리활동에 대한 인센티브' 등의 회신이 요구되고 있다.

【 2. 기후변화로 인한 리스크와 기회 】

CDP 질문의 근간을 이루고 있다고 해도 과언이 아닐 것이다. 여기에서는 '규제리스크/기회', '물리적 리스크/기회', '기타리스크/기회'로 분류된다.

'규제리스크/기회'는 세계적으로 기후변화에 관련된 규제가 엄격해지는 상황에서 기업이 그 상황을 얼마나 비즈니스 기회와 리스크로서 받아들이고 있는가를 질문한다. 또한 '물리적 리스크/기회'는 기후변화가 가져오는 구체적인 임팩트에 대한 것이다. 단순화한 예를 들자면 강수량의 증가에 따른 공장의 홍수피해와 조업정지리스크 등을 들 수 있다.

'기타리스크/기회'에서 기업이 가장 고려해야 할 점은 '평판'이나 '세간의 여론'일 것이다. 적극적으로 기후변화에 대응하고 있는지 여부는 소비자를 비롯한 이해관계자의 평판이 크게 변화하고 있다는 것을 생각

해 볼 수 있다.

이들 '리스크/기회'를 기업이 바르게 인식하는 것에서 재무적인 임팩트가 발생하는 것은 쉽게 예측할 수 있다. 2010년의 질문에서는 기업의 탄소정보에 대한 태도를 보기 위해서 '재무적 영향'을 묻고 있다.

【 3. 전략 】

기업의 기후변화문제에 대한 전략, 온실가스 배출감축목표나 감축활동, 정책관여 여부를 묻는다. 이 질문은 2010년부터 새로이 도입된 것으로 CDSB(Climate Disclosure Standards Board)의 프레임워크와 CDP의 질문을 준비하기 위해서 설정되었다(CDSB에 대해서는 별도 항목을 참조할 것).

【 4. 온실가스 배출량 산정 및 보고, 에너지, 연료사용, 거래 】

온실가스 배출량감축에 관한 퍼포먼스의 공시를 요구하고 있다. 구체적으로는 온실가스 배출량(Scope 1, 2, 3)을 필두로 배출량에 대한 외부검증의 유무, 배출상한의 창출/구입에 대한 것 등을 묻는다.

CDP에서는 사용되는 산정기준 등의 선택을 기업에 일임하는 한편, 그 방법론 등을 구체적으로 기재할 것을 요구함으로써 공시의 공평성을 유지하고 있다. 즉 정보의 사용방법은 그 정보가 어떤 식으로 산출되었는지를 추적하는 것까지 가능하게 한다. 온실가스 배출량의 산정 및 보고에 관해서는 세계적으로 통일된 상태가 아니며, 그 방향을 향하여 여러 가지 시도를 하고 있는 상황이며 또한 유동적인 면이 있다는 것을 부정할 수 없다. 산정정보의 추적이 가능한 산정기준이나 방법론 등까지 기업에 공시하도록 하는 것이 탄소에 관한 공시의 최대공약수라고도 생각된다.

【 5. 기후변화정보의 공시 】

CDP에 회신 및 공시되는 것 외에 기업이 탄소정보를 어떻게 공시하고 있는지를 묻는다.

지금까지 CDP의 정보공개요청서의 구체적인 요소를 보았는데, 이들 질문이 하나의 정보공개요청서로서 모든 대상기업에 일제히 송부되는 것이 CDP의 최대 특징일 것이다. 즉 CDP는 질문, 회신의 세계적인 표준화를 도모하고 있는 것이다. 물론 이미 언급한 바와 같이 온실가스 배출량의 산정 및 보고는 아직 산발적이며 세계적으로 통일되어 있지 않은 경우가 많다. 그러나 그러한 상황에서도 우선은 통일화시키려는 CDP의 도전은 CDP 그 자체가 기관투자자의 대리가 되어 투자자가 중시하는 '비교가능성'을 높여가는 것을 목표하는 것이라고 할 수 있을 것이다. 시각을 바꾸면 CDP는 탄소정보공시의 세계적인 사실상의 표준(*de facto* Standard)을 모색하고 있는 것으로 생각된다.

(4) Carbon Disclosure Leader Index(CDLI)

CDP는 2008년부터 회신을 공시한다는 점에서 점수화하고 기후변화에 관해서 공시를 잘하고 있는 기업을 Carbon Disclosure Leader Index(CDLI)라고 하여 공표하고 있다. CDLI에서의 점수 공시에 한정된 것이지만, 온실가스 배출량감축 노력을 하지 않고 있으면 그러한 공시는 할 수 없다고 파악할 수 있어 CDLI를 살펴보는 것으로 온실가스 배출량감축에 대해서 적극적인 기업을 가려낼 수 있다. 또한 높이 평가된다는 점은 기업의 CDP에 대한 회신, 나아가 탄소정보의 공시에 대한 동기부여를 높일 수 있다고도 볼 수 있다.

2010년 글로벌 500에서는 CDLI로 공표된 일본기업은 파나소닉 1개사였다(2009년에는 없음). 또한 2009년부터는 공시뿐만 아니라 실적·퍼포먼스 면에서도 점수화하고 있다. 이것은 Carbon Performance Leadership Index(CPLI)라고 하며 2010년에는 CPLI로 선정된 기업의 69%가 CDLI로 선정되고 있다. 2010년 일본기업으로는 파나소닉과 도요타가 CPLI로 선정되었다.

(5) CDP의 프로그램 확대

CDP 조사는 기업의 공급체인(supply chain)에까지 이르며 2009년부터 공급체인 프로젝트(supply chain project)가 시작되었다. 이는 공급체인 프로젝트에 찬성하는 회원기업을 대표하여 CDP가 회원기업의 공급자(supplier)에게 정보제공을 요구하는 것으로 2009년에는 세계 45개사 [일본기업으로는 카오우(花王), 후지츠(富士通), 소니가 참가]의 공급체인을 목표로 하는 1400개가 넘는 공급자 기업에 정보공개요청서가 송달되었다. 이 시스템에서 기업은 공급자의 배출량 관리·파악을 보다 용이하게 할 수 있고 동시에 공급자 측에서는 각 기업으로부터 요구된 회신을 한번에 끝낼 수가 있어 기업, 공급자 쌍방에 이익이 있다고 한다.

마찬가지로 2007년부터는 정부에 의한 조달처 조사인 CDP의 공적부문구매프로젝트도 시작되었다. 영국, 유럽의 정부, 지자체를 대신하여 CDP가 공급자에 대해서 탄소정보의 공시를 요구하고 있다.

나아가 CDP는 탄소뿐만 아니라 '물'에 대해서도 조사를 시작하게 되었다. CDP의 Water Disclosure Project라고 하는 이 조사는 2008년에 시범 프로젝트로서 추진되어 2010년에는 본격적인 조사가 시작되었다. 2010년에는 화학, 일상소비재, 식품, 광산, 제지, 제약, 전기사업, 반도체산업에 소속된 세계 302개사에 정보공개요청서가 송부되었다. 질문내용은 물에 관한 리스크와 기회가 중심이 되며 탄소의 경우와 같은 형식이다.

이와 같이 CDP 활동은 착실하게 세계 대기업에 커다란 영향을 주고 있다. '물'에 대한 조사를 개시한 것을 보면 CDP는 기업의 탄소정보뿐만 아니라 지구차원에서의 위기적 상황이 예상되는 이슈에 대해서 기업의 취급정보를 모아 공표하는 기관으로서 역할을 목표로 하게 된 것으로 보인다.

(6) CDP 데이터의 사용

CDP에 의한 데이터 수집은 기관투자자를 위해서 이루어지고 있지만 여러 가지 면에서 발전적으로 사용되고 있다. 우선 투자은행 골드만삭스그룹의 GS Sustain Research가 CDP 데이터를 정량적으로 분석하여 산업부문마다 영향을 평가한 보고서 *Change is coming: A framework for climate change—a defining issue of the 21st century*를 2009년 5월에 공표하였다. 마찬가지로 2009년에는 금융정보 서비스회사 Markit이 CDLI를 이용해서 주가인덱스를 작성, 상품화하였다. 또한 주식인덱스를 제공하고 있는 영국의 FTSE가 FTSE CDP Carbon Strategy Index Series를 2010년 6월에 시작하였다. 이는 CDP가 데이터를 제공하고 탄소정보를 선별하는 ENDS Carbon사가 분석하여 작성된 주식인덱스이다.

게다가 투자자의 CDP 데이터로의 접근성 향상이 시도되고 있다. 우선, 투자정보의 대형벤더인 Bloomberg사가 그 단말기에 CDP의 데이터를 공개하게 되었다(2009년 10월부터 가동). 이에 따라 Bloomberg의 단말기를 사용하는 투자자는 CDP 데이터를 쉽게 볼 수 있어 투자판단에 CDP 데이터를 기초로 한 탄소정보를 포함할 수 있는 가능성이 높아지고 있다. 한편, Google Finance가 2010년 4월부터 CDP 데이터의 공개를 시작하였다. 지금도 CDP의 홈페이지에 접속하면 데이터는 무상으로 이용할 수 있지만 Google Finance에서 공개됨으로써 개인투자자도 기업의 탄소정보를 지금보다 더 편리하게 이용할 수 있게 되었다고 할 수 있다.

이러한 흐름에서 투자판단에 탄소정보를 편입시키는 행동은 서서히 주된 흐름이 되어가고 있다고 생각된다. 그 중에서 기업의 탄소에 관한 데이터수집에 일찍부터 진출하여 최대 데이터를 확보하고 있다고 볼 수 있는 CDP의 존재감은 매우 크다.

(7) CDP에 대한 일본기업의 대응

탄소정보의 공시는 세계적인 흐름이 되어가고 있으며 그 중에서도 CDP가 담당하고 있는 역할이 커서 그 영향력이 강화되고 있다고 할 수 있다. 글로벌기업의 주목도가 높으며 글로벌 500에 해당되는 기업으로부터의 회신율은 2009년, 2010년 모두 연속해서 82%에 달하고 있다. 이 결과에서 지금까지 회신율이 낮았던 아시아의 기업이나 BRIC 국가(브라질, 러시아, 인도, 중국)에서의 회신율도 증가하고 있어, 이들 국가들의 기업도 기후변화정보공시의 중요성에 대한 인식이 높아지고 있음을 알 수 있다. 한편, 재팬 500에 포함되는 기업의 회신율은 40% 전후에 머물고 있다(2009년 37%, 2010년 41%). 회신기업수 자체는 150개사 대상인 2008년 115개사에서 2009년 187개사로 증가하고 있다. 일본기업의 회신율이 낮은 것은 2009년에 그때까지의 조사대상기업이었던 시가총액상위 150개사에서 500개사로 확대한 것 때문이다.

개정 에너지절약법이나 지구온난화대책법 등에서 탄소정보의 공시를 의무화하고 있는 가운데 CDP에 대한 회신은 자발적인 것이며 또한 CDP 공적부문구매프로젝트와 같이 정부를 대신하여 정보공개요청서를 송부하는 것도 아니어서 NGO의 존재감이 거의 없는 일본에서 기업의 동기부여는 별로 많지 않은 것이 현실이다. 또한 배출권거래시장이 정비되고 탄소에 대한 금전적 가치가 어느 정도 가시화되고 있는 EU 회원국에 있는 기업과는 달리 재무 임팩트 등을 기재하지 않으면 안 되는 CDP의 정보공개요청서는 일본기업에는 답하기가 어려워 외면당하고 있다고도 할 수 있다. 그러나 지금까지 보아온 바와 같이 세계로 눈을 돌리면 CDP의 활동은 착실하게 확대되어 가고 있으며 주목을 받고 있음을 알 수 있다. CDP의 질문에 대한 회신이 탄소정보공시의 세계표준이 될 가능성이 없다고도 볼 수 없다. 세계의 흐름에 뒤처지지 않기 위해서라도 CDP에 대한 일본기업의 적극성이 필요하다고 볼 수 있다.

3. CDSB(기후정보공시기준위원회)의 설립

앞 절에서 본 바와 같이 CDP는 세계의 대기업에 정보공개요청서를 송부하고 그 회신을 모아 공표함으로써 기업이 기후변화에 의한 리스크와 기회를 이해하고 대응하는 것을 지원하고 있다. 그러나 CDP는 영국을 비롯하여 각국정부의 지원을 받고 있다고는 하지만 NGO이며, 정보공개요청서에 회신하는 것을 강제할 수 없다. 그러나 회신하지 않은 경우에는 'NR(No Response): 무응답'이라고 웹상이나 보고서에 표시된다.

여기에서 실질적으로 CDP가 중심이 되어 재무회계의 제도적 공시에 기후변화정보도 추가적으로 기재시키는 프레임워크를 제언하는 것을 목적으로 CDSB(Climate Disclosure Standards Board: 기후정보공시기준위원회)가 설립되었다.

(1) 기업의 기후변화정보의 제도적 공시를 위한 제언

기후변화문제는 기업의 경제활동에 어느 정도 재무적 영향을 주고 있는 것인가? 각국의 온실가스 배출감축을 위한 정책도입, 기후변화에 수반되는 물적리스크나 이에 대한 기업의 대책 등 기후변화가 기업에 주는 경제적 임팩트는 무시할 수 없으며 투자자는 이 재무적 영향에 관하여 보다 정확한 정보를 요구하고 있다. 그러나 지금까지 기후변화정보의 공개는 CSR 보고서 등을 통해 기업의 자발적인 보고에 거의 의지하였으므로 투자자가 요구하는 정보가 충분히 공시되어 있다고는 할 수 없는 상황이다. 경제학적으로 말하자면 기업과 투자자 간에 '정보의 비대칭성'이 존재하여 경제시스템에서의 효율적인 자원배분이 저해되고 있었던 것이다.

이와 같은 상황에서 기후변화정보에 관한 투자자를 대상으로 하는 제도적 공시 움직임이 국내외에서 일어나고 있다. 2009년 5월에는 코펜하겐에서 개최된 World Business Summit on Climate Change에서 CDSB가 기후변화관련 정보공시에 관한 체제인 'CDSB Reporting Framework'의 공시초안(Exposure Draft)[1] (이하 CDSB 프레임워크 초안)을 공표하였다. 한편 일본 국내에서도 2009년 1월에 일본공인회계사협회

1) CDSB 프레임워크 초안
http://www.cdsb_global.org/index.php?mact=News,cntnt01,detail,0&cntnt01articleid=8&cntnt01origid=15&cntnt01returnid=54(영문사이트).

(JICPA)가 '투자자용 제도공시서류에 대한 기후변화정보의 공시에 관한 제언'[2](이하 JICPA 제언)을 공표하였다.

(2) CDSB 프레임워크 초안

이하 CDSB 프레임워크 초안의 요점을 JICPA 제언과 비교하면서 정리한다.

CDSB는 기후변화에 관한 정확하고 표준화된 정보공시에 대한 필요성이 높아지자 2007년에 스위스의 경제연구기관인 '세계경제포럼'이 다보스회의에서 발족시킨 콘소시엄이다. CDP(CDSB사무국), Coalition for Environmentally Resonsible Economics(CERES), 세계경제포럼(의장), 세계자원연구소 등의 회원으로 구성된 이사회를 통해서 활동하고 있다. 주요 국제회계사무소 및 주요국의 회계사협회의 대표로 구성되는 기술작업반(TWG)을 통해서 기업이 기후변화에 수반되는 리스크나 기회, 온실가스 배출량, 전략 등에 대해서 '메인스트림 리포트'(유가증권보고서, 10-K 등)에서 보고하기 위한 국제적인 프레임워크 개발에 착수하였다. 즉 CSR 보고서와 같이 자발적 보고서를 매개로 한 기후변화정보공시가 아니라 상장기업에 요구되는 연차재무보고서에서의 기후변화정보공시를 위한 프레임워크를 개발하려는 것이다. 또한 이 프레임워크는 GHG Protocol과 ISO14064-1과 같이 온실가스 배출량의 산정이나 보고방법에 대한 규정이 아니라, 기후변화정보의 보고체제(프레임워크)를 규정하고 있는 것이다.

CDSB 프레임워크 초안의 목적은 이하와 같으며 기업과 투자자 사이에 존재하는 기후변화정보에 관한 정보의 비대칭성을 해소하는 것을 목적으로 하고 있다.

- 투자자의 필요에 대응하기 위해서 종래의 재무보고서에 더하여 각국의

2) JICPA 제언
http://www.hp.jicpa.or.jp/specialized_filed/main/post_1091.html.

기존의 재무보고나 공시규칙을 보완한다.

- 향후 기업 관리적 측면에서 가장 우려되는 기후변화문제는 무엇인지, 또는 이러한 점이 기업의 실적이나 전망에 어떠한 리스크를 줄 수 있는지를 투자자에게 전달한다.
- 기업이 그러한 문제나 리스크에 대해서 채택하고 있는 전략이나 그 유효성에 대해서 투자자가 평가할 수 있도록 한다.

투명성이 지켜지는 가운데 과거와의 비교나 회사 간의 비교를 가능하게 할 공통의 접근을 채택한다.

한편 JICPA 제언도 동일한 문제의식을 공유하고 있으며, 기후변화에 관한 기업방침, 리스크인식, 온실가스 배출량 및 기후변화대책상황에 대한 정보 등 의사결정에 유용한 정보를 투자자에게 제공하여 기후변화정보의 비대칭성을 해소하는 것을 목적으로 하고 있다.

(3) 보고기업의 범위와 보고조직의 범위

보고기업의 범위에 대해서 CDSB 프레임워크 초안은 특히 다음과 같은 기업이 사용할 것을 상정하고 있다.

- IFRS(International Financial Reporting Standards: 국제회계기준)에 따른 감사를 받은 재무보고서를 작성할 의무가 있는 기업
- 의무는 없지만 IFRS에 따른 감사를 받은 재무보고서를 작성하고 있는 기업
- 2014년까지 IFRS에 따른 감사를 받은 재무보고서를 작성할 의무가 발생할 것으로 보이는 기업
- IFRS에 상당하는 각국의 회계기준에 따라 감사를 받은 재무제표를 작성할 의무가 있는 기업
- 그 외 IFRS에 따라 재무보고서를 작성하고 있는 모든 기업

JICPA 제언에서도 마찬가지로 금융상품거래법에 근거하여 작성되는 유가증권보고서에서의 기후변화정보공시를 상정하고 있다.

보고조직의 범위에 대해서 CDSB 프레임워크 초안에서는 다음과 같이 상정하고 있다.

범위는 원칙적으로 연결재무제표의 범위와 합치하여야 하며, 지배력 있는 조직에 대해서는 지분이 100%에 달하지 않더라도 그 범위의 배출량의 전량을 보고한다(GHG Protocol의 '지배력 접근' 사고).

개도국에서의 운영 등 산정을 위해서 필요한 정보를 구할 수 없어 연결재무제표의 범위에서 배출량을 산정하기 어려운 경우에는 어느 부분이 제외되어 있는지를 명기한다.

이에 반해 JICPA 제언에서는 범위에 대해서 다음과 같이 제안하고 있어 자회사와 관련회사의 배출량 취급에 대해서 CDSB 프레임워크 초안과는 약간 다른점이 있다.

보고조직의 범위는 연결재무제표의 범위와 합치되어야 한다. 따라서 지배력기준 및 영향력기준을 적용하여, 원칙적으로 모회사, 자회사 및 관련회사 모두의 기후변화정보를 공시하여야 한다. 온실가스 배출량 집계에서는 자회사는 전체 배출량과 지분비율에 따른 배출량을 집계하고 관련회사에 관해서는 지분비율에 따른 배출량을 집계하는 것이 바람직하다.

조직경계의 결정에 있어서는 온실가스 배출량이라는 관점에서 중요성을 고려하고 재무회계상 중요하더라도 온실가스 배출량에 중요성이 없다면 조직경계에서 제외시키는 것이 인정되지만, 온실가스 배출량에 중요성이 있다면 재무회계상 중요성이 없더라도 조직경계에 포함시켜야 한다.

국가 및 지역에 따라서는 일본과 동등한 정밀도와 비용으로 온실가스 배출량을 산정하기가 어려운 경우도 있지만, 원칙적으로 모든 국가 및 지역을 조직경계에 포함시켜야 한다.

(4) 공시항목

CDSB 프레임워크 초안에서는 기후변화에 관한 전략적 분석, 기후변화에 수반되는 규제리스크, 기후변화에 수반되는 물적리스크, 온실가스 배출량이라는 4종류의 정보를 공시할 것이 요구되며, 각각의 정보에 대해서 보고양식(reporting templates)이 공개초안이긴 하지만 준비되어 있다. 여기에서는 각각의 항목에 대해서 다음과 같은 정보를 공시할 것을 장려하고 있다.

이에 반해 JICPA 제언에서는 제안하고 있는 공시정보는 다음과 같으며 CDSB 프레임워크 초안과 겹치는 부분이 대부분이지만 기후변화에 관한 투자의 상황 등 CDSB 프레임워크 초안에는 없는 정보도 포함되어 있다.

(5) 메인스트림 보고서상에서의 지위

CDSB 프레임워크 초안에서는 메인스트림 보고서의 '경영자에 의한 재무, 경영성적의 분석(MD&A)' 또는 이에 상당하는 부분이 공개되어 그 상세를 포함하여 프레임워크의 모든 정보가 포함되어 있어야 한다고 한다.

한편 JICPA 제언에서는 공시항목마다 이하와 같이 나누어 대응할 것이 상정되고 있다.

1. '기후변화리스크정보'는 '사업 등 리스크' 항목에 기재
2. '온실가스 배출상황'은 현행제도에서 적절한 기재항목이 없기 때문에 적절한 공시방법을 검토할 필요가 있다.
3. '기후변화대책상황'에서는 '대처해야 할 과제', '연구개발활동', '재정상태 및 경영성적의 분석', '기업거버넌스' 항목에 기재

(6) 고찰과 과제

CDSB 프레임워크 초안에서는 투자자의 의사결정을 위한 정보의 질을 높이기 위해서 기업이 공시해야 할 기후변화정보가 망라되어 있지

는 않으며, 보고서의 샘플이 첨부되어 공시항목마다 공시정보의 체크포인트가 표시되는 등 JICPA 제언에 비해서 기업측이 보고서를 작성하기 위해서 필요한 실무차원의 상세한 방향을 보여주고 있다.

그러나 범위나 공시항목 등에서 약간의 차이가 있지만 CDSB 프레임워크, JICPA 제언 모두 기업과 투자자 사이에 존재하는 기후변화정보에 관한 정보의 비대칭성을 해소하여 투자자의 투자의사결정의 질을 높인다는 근본적인 목적은 공통된다. 또한 두 가지 안 모두 안전성, 중립성, 정확성 및 비교가능성, 검증가능성, 적시성, 이해가능성 등 재무보고정보의 프레임워크로서 규정되어 있는 질적특성을 기본으로 하여 작성되기 때문에 대략 공통의 인식하에 작성된 것이라고 볼 수 있다.

일본에서도 유가증권보고서에서 기후변화정보공시의무를 강제할 움직임이 보이고 있지만, 가령 유가증권보고서에서 기후변화정보공시가 강제되는 경우 범위는 원칙적으로 연결재무제표의 범위와 합치할 것이 요구될 가능성이 높다고 추측된다. 그러한 경우 얼마나 망라적으로 일관된 산정방침 및 기준으로 온실가스 배출량을 산정하고 정보의 정확성을 유지할 것인가 하는 점은 많은 기업에서도 현실적인 과제가 될 것으로 생각된다.

(이 항목은 ㈜KPMG AZSA Sustainability에 의한 2009년 6월의 뉴스레터를 기초로 집필함. http://www.kpmg.or.jp/resources/newsletter/sustainability/200906_2/01.html)

〈그림 5-4〉 CDSB 프레임워크 초안의 공시추천항목

전략적 분석	· 기후변화에 대한 방침 · 기후변화에 수반하는 기회를 최대화하고 리스크를 최소화하기 위하여 실시하고 있는 중요한 대처 · 온실가스 감축목표와 그에 대한 실적 · 미래전망 · 기후변화에 관련된 기업 거버넌스

규제리스크	· 현재 및 미래의 기후변화에 관한 규제가 미치는 가능성 있는 법적 및 재무적인 영향에 관한 분석
물적리스크	· 기후변화에 수반하는 직접적 및 간접적 물적리스크의 개관
온실가스 배출량	· Scope 1 배출량(연료사용 등에 의한 간접적 배출) 및 매출원단위 · Scope 2 배출량(매전 등에 수반하는 간접배출량) 및 매출원단위 · Scope 3 배출량(예를 들어, 제품사용에 수반하는 배출량), Scope 1 배출량과 Scope 2 배출량의 매출 이외의 활동량을 분모로 한 원단위 등에 대해서는 공시를 추천

〈그림 5-5〉 JICPA 제언의 공시추천항목

기후변화 리스크정보	· 규제 등 리스크: 배출규제 등에 의한 영향 · 물적리스크: 지구온난화, 기후변화에 의해 초래되는 물리적 영향 · 시장 및 평판 리스크: 소비자 니즈(Needs)의 변화 등, 시장경쟁상의 지위에 미치는 영향
온실가스 배출상황	· 온실가스 실제배출량정보: 소유설비 등에서 직접 또는 간접적으로 배출되는 온실가스의 양 · 세그먼트 정보: 사업 세그먼트 및 지역 세그먼트별 배출량 정보 · 배출량 실적의 분석: 온실가스 배출량의 변동요인에 대한 분석
기후변화 대책상황	· 기후변화대책방침: 경영에 대한 영향에 대처하기 위한 방침 · 거버넌스: 기후변화리스크에 대한 조직적 대응상황 · 중요과제에 대한 대응 · 기후변화에 관한 투자상황: 저탄소형제품의 연구개발, 온실가스 감축을 위한 투자 등의 상황

4. 미국증권거래위원회(SEC), 기후변화정보공시의 해석지침을 공표

2009년 5월에 CDSB가 기후변화관련정보공시에 관한 체제의 공개 초안인 CDSB 프레임워크 초안을 공표한 것은 앞 절에서 언급한 바 있다. 또한 CDSB가 공표를 생각하고 있는 최종 기후변화관련정보공시에 관한 프레임워크는 영국이나 기타 EU 국가 등의 재무보고의 공시 제도에 편입시키는 것을 목표로 한 제언이다.

한편 미국에서는 부분적이나마 재무보고의 공시제도 내에서 기후변화관련정보공시에 관해서 다음과 같은 움직임이 있었다.

(1) SEC 해석지침

미국증권거래위원회(Securities and Exchange Commission, SEC)는 2010년 1월 17일부로 '공개기업에 대한 기후변화문제에 관한 사업상의 또는 법적인 전개에 대하여, 기존의 SEC 공시요구에 관한 해석지침을 제공할 것을 가결하였다'는 맥락의 보도발표를 하고,[3] 이어 2월 2일, 웹상에서 해석지침을 공표하였다.[4]

미국증권거래법에 근거하여 미국의 공개기업은 주로 Form 10-K라고 하는 연차보고서에서 Regulation S-K 또는 Regulation S-X라고 하는 SEC 공시규칙에 기초하여 투자자에 대해서 일정한 정보공시를 할 의무가 있다. SEC는 종래부터 정보공시를 담당하는 실무자를 위해서 기업 및 투자자에게 관심을 끄는 주제에 관해서 공시규칙의 해석지침을 제공해 왔다. 이번에 제공된 해석지침도 동일한 지위를 가지며 새로이 공시의무를 발생시키거나 기존의 공시의무를 변경하는 것이 아니라 공시요구의 내용을 명확하게 하고 공개기업 및 투자자에게 일관성을 높이는 것을 의도한 것으로 보여진다.

SEC는 2009년 6월, SEC에 의한 공시규칙의 제정 및 이행절차에 투자자의 의견을 보다 많이 반영하는 것을 목적으로 SEC의 하부기관인 투자자자문위원회(Investor Advisory Committee, IAC)를 설치하였다. 그 후 IAC는 '환경, 기후변화 및 지속가능성에 관한 공시'를 주제의 하나로 다루고, 현재의 공시실무는 충분한지, 만약 충분하지 않다면 SEC가 어떻

---

3) SEC의 보도발표
http://www.sec.gov/news/press/2010/2010-15.html (영문사이트).

4) SEC의 해석지침
http://www.sec.gov/rules/interp/2010/33-9106.pdf (영문사이트:PDF파일).

게 대처해야 하는지를 논의해 왔다. IAC의 논의는 계속되고 있지만 이번의 해석지침의 공표는 IAC의 논의동향을 감안하여 SEC가 일정한 결론을 보여준 것이라고 생각된다.

(2) 이번 해석지침의 내용

이번에 공표된 해석지침은 기후변화문제에 관한 사업상 또는 법적인 전개가 자사의 사업에 미치는 영향에 대해서 기존의 공시규칙 내에서 요구될 수 있는 사항의 지침이 된다. 기후변화에 관한 공시가 요구될 가능성 있는 비재무정보 공시규칙으로 Regulation S-K의 이하의 항목이 가장 관련성이 높다고 여겨진다.

- 제101항: 사업의 내용(Item 101: Description of Business)
- 제103항: 법적절차(Item 103: Legal proceedings)
- 제503(c)항: 기업의 리스크 요인(Item 503(c): Risk Factors)
- 제303항: 경영자에 의한 재무상태 및 경영성적의 분석(Item 303: Management's discussion and analysis of financial condition and result of operations, 통칭 'MD&A')

이번 해석지침은 공시해야 할 사항으로 기후변화문제가 해당될 가능성이 있는 예로서 이하의 영역에 초점을 두고 있다.

- 법규제의 영향(Impact of legislation and regulation)

기후변화에 관한 정보공시의무가 있는지 여부를 판단함에 있어 기업은 기존의 법규제의 영향이 중요한지를 고려해야 한다. 일정한 환경하에서는 기업은 도입이 검토되고 있는 법규제가 가져올 잠재적인 영향에 대해서도 평가하여야 한다.

- 국제협정(International accords)

기업은 기후변화에 관한 국제협정이나 조약이 자사의 사업에 미치는 리스크와 효과를 고려하고 중요하다고 판단한 경우에는 공시하여야 한다.

- 규칙 내지는 비즈니스 트렌드에 의한 간접적 영향(Indirect consequences of regulation or business trends)

기후변화에 관한 법적, 기술적, 정치적 및 과학적인 발전은 기업에게 새로운 기회와 리스크를 가져오는 경우가 있다. 가령 온실가스 배출량이 큰 상품에 대한 수요는 감소하는 한편, 온실가스 배출량이 적은 경쟁상품에 대한 수요는 증가할 가능성이 있다. 이 때문에 기업은 기후변화문제에 관련된 규제 내지 비즈니스 트렌드가 가져오는 실제적 또는 잠재적인 간접적 영향에 대해서 공시규칙에 기초한 정보공시의 필요여부를 고려하여야 한다.

- 기후변화로 인한 물리적 영향(Physical impacts of climate change)

기업은 또한 기후변화가 자사의 사업에 주는 실제적 및 잠재적으로 중요한 영향에 대해서 공시규칙에 기초한 정보공시의 필요여부를 고려해야 한다.

(3) 해석지침이 주는 영향

SEC가 발표한 해석지침은 일본의 논의동향에도 영향을 줄 것이 예상된다. 이후의 SEC에 의한 논의의 방향성이나 미국의 실무동향에 대해서 충분히 주목하고 있어야 할 것이다. SEC 등록기업인 일본기업은 현재 약 20개사이며, SEC에 대해서 연차보고서(Form 20-F)를 제출하고 있다. 즉 일본기업의 재무보고서류에서의 기후변화정보공시는 일본국내에서의 제도화 논의의 귀결은 아니며 이들 약 20개사의 SEC 등록기업이 선행하게 된다. Form 20-F에서 요구되는 공시항목은 미국기업이 제출하는 연차보고서(Form 10-K)에서 요구되는 공시항목과 다르지만, 기후변화에 관해서는 미국기업에 적용되는 것과 거의 동일한 공시규정이 Form 20-F에도 있는 것이 이번의 해석지침에서도 나타나 있다. 이 때문에 SEC 등록기업인 일본기업은 Form 20-F의 기후변화정보공시가 실무상의 과제로서 단기적으로 부상할 가능성이 있다. Form 20-F는 경리 ·

재무 · IR부문이 주담당이 되어 작성하는 것이 일반적이라고 여겨지고 있으나, 기후변화에 관해서 자사가 직면한 법규제나 국제협정, 이것이 비즈니스에 가져오는 리스크와 기회 등에 대해서 투자자가 요구하는 충분한 정보공시를 함에 있어 자사의 환경 및 CSR 부문, 기업커뮤니케이션 부문 등과의 연계와 정보교환이 종래 이상으로 요구될 것이다.

(이 항목은 ㈜KPMG AZSA Sustainability에 의한 2010년 2월의 뉴스레터를 기초로 집필함. http://www.kpmg.or.jp/resources/newsletter/sustainability/201002/01.html)

5. 재무정보 · 비재무정보의 통합보고를 향한 흐름

지금까지 살펴본 바와 같이 CDP, CDSB, SEC의 새로운 해석지침은 모두 기후변화에 관한 정보공시에 관한 것이다. 그러나 CDP가 기후변화정보에 2010년부터 '물'과 관련된 정보도 세계적 기업에 정보공개요청서를 송부하고 취합하게 되었다. 재무정보에 더하여 기후변화정보가 세계적으로 가장 중요한 정보가 되어 가고 있는데, 여기에 '물', '생물다양성', '광물' 등 기후변화정보를 포함한 여러 가지 비재무정보에 대해서도 기업과 관련하여 그 중요성을 더해가고 있다. 이러한 배경 아래, 재무정보 · 비재무정보의 통합보고(Connected Reporting)를 모색하는 움직임이 현저해졌다.

기후변화나 지구의 천연자원 과잉소비 등의 지속가능성 테마는 기업의 경제활동뿐만 아니라 우리들의 삶 그 자체에 커다란 변화를 가져올 가능성이 있는 것이므로 지속가능성 테마와 기업의 비즈니스와의 관련성에 대한 관심이 높아지고 있다. 이 때문에 지속가능성 테마가 기업의 장기적인 발전에 얼마나 영향을 줄 것인가를 분석하고 대응책을 모색하여, 이들 투자자나 기타 이해관계자들에게도 명확하게 전달하는 것은 기업에게 점차 중요한 과제가 되고 있다. 이에 기업의 경제활동과 지구와 사회의 지속가능성을 연관시켜 공시하는 수단으로서 연차보고서

(annual report)에서 비재무정보의 공시, 즉 통합보고가 주목받고 있다.

(1) 영국의 비재무정보공시 상황

최근 수년간 환경계획과 평가, 자연보호와 생물다양성, 대기오염, 물, 토양, 폐기물 등 환경에 관한 주요한 분야를 대상으로 하는 여러 가지 EU 지침의 제정으로 영국에서는 환경정보공시에 관한 많은 법률과 규제가 생겨났다. 특히 EU회계현대화지침(EU Accounts Modernization Directive)의 제정으로, 일정규모 이상의 기업은 연차보고서의 일부인 이사회보고서(Director's Report)에 사업평가를 포함해야 한다. 그 때문에 환경정보가 기업경영에 커다란 영향을 준다고 판단되는 경우에는 이에 대한 기재가 필요하게 되었다. 대형 상장기업에게는 환경관련 리스크, 방침, 핵심성과지표(Key Performance Indicators, KPI)의 보고도 의무화되고 있다.

나아가 2008년 11월 26일에는 기후변화법(Climate Change Act 2008)이 제정되었다. 이 법률은 영국정부가 2009년 내로 기업의 온실가스 배출량 보고방식에 관한 지침을 발표하고 2010년 12월까지 기업의 보고가 배출감축으로 이어지는지를 조사하여 2012년 4월까지 회사법(Company Act)에 기초하여 기업의 배출보고를 의무화한다(또는 의무화하지 않는 경우에는 그 이유를 의회에서 설명한다)는 것을 규정하고 있다.

이와 같은 상황을 배경으로 기업활동에 의한 장기적이고 광범위한 영향을 고려하고 21세기에 직면한 지속가능성에 대한 과제에 대응할 수 있는 의사결정 및 보고시스템의 개발을 목적으로 하여 2004년에 영국 찰스 황태자의 주도로 'Accounting for Sustainability'(약칭, A4S)[5] 프로젝트가 2006년에 발표되었다. 이 프로젝트의 일환으로 재무정보·비재무정보의 통합보고(Connected Reporting)가 제안되어 통합보고체제(Connected Reporting Framework, CRF)가 공표되었다. 영국에서는 이미 몇몇

5) Accounting for Sustainability (A4S)
http://www.accountingforsustainability.org/media/ (영문사이트).

기업이 이 보고방법을 도입하였으며, 2009년 12월에는 이들 기업의 경험담이나 의견, 사례집 등 통합보고에 관한 실무적인 방향을 제시하는 4개의 보고서가 발표되었다.

이들 보고서 중에서 경리, IR, CSR 부문 등 실무자를 위한 통합보고 지침인 'Connected Reporting－A practical guide with worked examples'의 내용을 중심으로 소개한다.

(2) 통합보고(Connected Reporting)

기업의 외부보고는 단순한 재무상황의 보고부터 기업의 경영방침이나 활동에 관한 정보를 포함하는 종합적인 정보원이 되어가고 있다. 이와 함께 거버넌스와 환경, 사회에 관한 비재무정보의 일부가 공시정보에 포함되게 되었다. 한편, CSR 보고서로 대표되는 지속가능성에 관한 보고서도 매년 적극적으로 발행되기 시작하였기 때문에 지속가능성 정보는 두개의 별개 매체로 공시되는 상황이 되었다.

통합보고는 지금까지 CSR 보고서 등에서 공시되어 온 정보를 재무정보와의 관련성을 명확히 하면서, 기업의 의사결정이나 경영방침에 관한 것으로 자리매김하여 투자자를 위한 외부보고의 주 매체인 연차보고서(영국에서는 Annual Report and Accounts)에 포함시키는 것을 목적으로 하는 보고방식이다. 그러나 단순히 CSR 보고서와 연차보고서를 하나의 보고서로 합친다는 것이 아니라 투자자의 의사결정의 관점에서 특히 중요성이 높은 지속가능성 테마에 대응하는 KPI에 대해서 재무실적과 연관하여 공시하려고 의도하고 있다.

나아가 기업의 경영전략과 목표, 업계와 기업을 둘러싼 시장이나 사회의 상황, 이에 수반되는 리스크와 기회, 의존자원의 거래관계 등 다각적인 정보를 게재함과 동시에 경영전략과 재무적, 비재무적 활동과 관련된 분석을 공시하여 투자자 뿐만 아니라 경영자에게도 종합적이고 장기적인 기업의 비전을 제공하는 것을 목적으로 하고 있다.

(3) 통합보고 작성단계

실무지침은 CRF에 따라 정보를 공시할 때에는 세 가지 단계를 거친다고 하며 각 단계에서 어떠한 정보를 공시해야 하는지 이하와 같이 상세히 기재하고 있다.

1) 경영전략과 지속가능성의 관련성 확인

- 시장배경: 업계, 시장, 법규제에 영향을 줄 수 있는 환경적, 사회적인 경향의 분석
- 비즈니스모델: 특정 환경적, 사회적인 경향으로 기업이 받는 영향과 그에 대응하기 위한 경영전략
- 목표, 전략, 리스크와 자원, 거래관계
- 중요한 리스크와 기회 그리고 이를 중요하다고 본 이유 및 재무, 영업상의 영향
- 중요한 천연자원, 인적자원, 경제적 자원과 관련된 거래관계
- 지속가능성 요인의 중요성을 고려함에 있어 실시한 절차
- 연수, 인센티브 등을 포함하는 조직개편을 실시하기 위한 절차

2) 지속가능성 문제에 대한 대응과 그 효과를 측정하기 위한 KPI의 설정

- 비즈니스 전략의 수행을 고려하여 실시한 중요한 지속가능성 관련문제에 대한 대응(리스크의 경감이나 기회 활용을 포함)
- 지속가능성 관련 활동을 측정하기 위하여 선택된 KPI와 이것이 기업전체의 활동에 미치는 영향
- 목표를 달성하기 위해서 실시되고 있는 거버넌스, 보수, 장려제도의 개요

3) 통합성과보고서(Connected Performance Report)의 작성

- 구체적인 KPI 목표의 설정

- 베이스라인, 과거실적, 목표, 업계의 벤치마크 등에 대한 실적
- 재무 및 영업실적 등 각 KPI와 관련지어 공시함에 따른 기업업적과 지속가능성 실적의 관련성에 대한 설명
- 목표치에 대한 실적이나 기타 기대되는 성과와 관련된 해설

보고서에서는 이상의 단계와 항목뿐만 아니라 항목 하나하나의 고려방식이나 기재방법 등 상세한 절차를 표시하고 있다.

(4) 이후의 동향

이번에 발표된 보고서에서는 이상에서 소개한 정보 이외에도 실제 회사의 연차보고서에 의한 통합보고의 실례와 기업의 담당자가 작성시에 직면한 과제와 조언, 가공회사의 통합보고의 예 등 여러 가지 요령이나 통합보고의 작성실무를 지원하는 내용이 포함되어 있다.

이 보고서 이외에도 잉글랜드 · 웨일즈 공인회계사협회(Institute of Chartered Accountants in England and Wales)와 영국 환경부가 2009년 9월에 협력하여 발행한 연차보고서의 환경이슈 및 연례재무보고(Environmental Issues and Annual Financial Reporting)에서도 환경문제의 연차보고서 통합에 대해서 일문일답형식으로 보여주고 있으며, 법적으로 요구되는 환경문제의 공시뿐만 아니라 통합보고에 공시되는 내용에 대해서도 널리 취급하고 있다.

한편 통합보고는 재무보고에 환경, 사회정보의 통합보고로 주목받고 있음에도 불구하고 현재까지 발표된 여러 가지 지침은 법적인 규제가 많은 환경측면의 공시에 편향된 경향이 있어 이후로는 사회면에 관하여 보다 구체적인 지침이 요구될 것으로 예상된다. 또한 통합보고의 도입은 지속가능성 정보와 재무활동의 관련성을 명확히 하기 위해서 유효한 방법이지만, 공시방법에 따라서는 비재무정보의 잘못된 해석이나 오해의 소지가 있기 때문에 투명하고 비교가능한 통합보고의 지침이 정비되어야 할 것이다. A4S가 발표한 보고서 중 하나인 Governance & Collaboration—Establishing an 'International Connected Reporting

Committee'에서는 이들 과제를 시정함과 동시에 통합보고의 발전 로드맵을 설정하고 세계의 재무정보공시, 비재무정보공시에 관한 기관의 연대, 정보공유를 촉진하기 위해서 통합보고에 관한 국제적인 위원회를 설치할 것을 제안하고 있다.

A4S의 활동에는 많은 기업이나 정부기관, 정치가가 찬성하고 있으며 또한 이번에 발표된 보고서의 작성에는 많은 기업, 회계사단체, 학술기관 등이 협력하고 있다는 점에서 통합보고의 사고방식은 이후로도 확산될 것으로 보인다. 또한 기후변화정보에 한정해서 말하자면 전술한 바와 같이 CDSB의 'CDSB Reporting Framework'과 일본공인회계사협회(JICPA)의 '투자자를 위한 제도공시서류의 기후변화정보공시에 관한 제언' 등 투자자를 위한 제도공시서류에서 기후변화관련정보의 공시체제에 대한 제안도 이루어지고 있다.

통합보고는 주로 투자자를 상정한 정보공개이며, 가령 장래에 통합보고가 일반적으로 채택되게 되더라도 CSR 보고서를 발행하는 의의가 사라지는 것은 아니라고 생각된다. 투자자는 기업에 대한 중요한 이해관계자이기도 하지만 기업은 투자자 이외의 이해관계자에 대해서도 지속가능성 테마에 관한 정보를 공시할 의의가 있기 때문이다. 또한 재무정보공시의 중심이 유가증권보고서인 일본기업의 정보공개에 대해서, 자발적 발행인 연차보고서에서 통합보고가 즉시 직접적인 영향을 줄 가능성은 없다고 생각된다. 하지만 통합보고라는 사고방식은 기업에 의한 장래의 정보공시에 확실히 영향을 줄 것으로 예상되기 때문에 그 동향을 주시할 필요가 있다.

(이 항목은 ㈜KPMG AZSA Sustainability에 의한 2009년 12월의 뉴스레터를 기초로 집필함. http://www.kpmg.or.jp/resources/newsletter/sustainability/200912/01.html)

6. 국제통합보고위원회(IIRC)의 창설

전술한 A4S프로젝트와 기업의 지속가능성보고 촉진의 중심적 역할을 하고 있는 Global Reporting Initiative(GRI)[6]는 2010년 8월 2일에 국제통합보고위원회(International Integrated Reporting Committee, IIRC)의 창설을 발표하였다.[7] IIRC는 기업의 재무적 측면, 환경측면, 사회적 측면, 거버넌스에 관한 정보를 명확성 · 정확성 · 일관성 있는 양식에 따라 공시할 국제보고 프레임워크를 창출하는 것을 목적으로 하고 있다. 이 프레임워크는 기업의 통합적인 활동에 관한 실적과 장래적인 전망을 보다 포괄적이고 알기 쉬운 정보로서 취합하기 위한 것이며, 보다 지속가능한 새로운 세계경제모델의 요청에 부응할 것으로 기대되고 있다.

(1) IIRC의 회원과 목적

IIRC는 민간기업, 투자자, 회계사단체, 행정기관, NGO, 정부간조직과 기준설정기관의 회원 등으로 구성된 운영위원회와 워킹그룹으로 이루어져 있다. 운영위원회는 찰스황태자의 비서인 마이클 피트경(Sir Michael Peat)을 의장, GRI 회장인 머빈 킹(Mervyn King) 교수를 부의장으로 하는 외에 UNEP 금융이니셔티브와 투자자를 중심으로 하는 민간조직 ICGN(International Corporate Governance Network) 등 대표자나 네슬레 등의 다국적기업의 재무책임자가 참가하고 있다. 일본에서는 운영위위원회에 도쿄증권거래소 CEO인 사이토 아츠시(斉藤惇), 워킹그룹에 일본공인회계사협회 부회장인 코미야야 미츠루(小見山満)가 취임하였다.

IIRC 설립의 배경에는 현재의 재무정보를 중심으로 한 기업공시제

---

6) 조직이 경제, 환경 및 사회활동을 측정 · 보고할 때 원칙과 지표를 제시하는 지속가능성보고를 위한 프레임워크의 개발과 보급을 사명으로 하는 조직 http://www.globalreporting.org/Home(영문사이트).

7) Formation of the International Integrated Reporting Committee (IIRC) http://www.integratedreporting.org/node/16(영문사이트).

도나 기업의 등급분류구조는 기후변화, 자원이용이나 인권 등의 환경과 사회면에서의 중요사항을 적절하게 반영하지 못한다는 문제의식이 있다. 또한 기업의 CSR/지속가능성 보고로 공시되는 정보의 대부분은 그 기업의 전략적인 방향성이나 재무적 활동과 명확하게 관련되지 않는 형태로 공시되고 있어 이러한 정보에 기초하여 기업간, 연도간 비교분석을 하거나 기회, 리스크와의 연관성을 파악하기가 곤란하다.

이에 지속가능한 사회의 구축에 공헌하는 기업활동을 정확하게 평가하고 자금흐름을 만들기 위한 기업정보공시의 방향성을 나타내는 것, 이것이 IIRC가 목적하는 통합보고의 프레임워크이며 그 목적은 다음과 같다.

1) 광범위한 의사결정과 장기적인 결과를 보여주어 장기적인 이익을 바라는 투자자의 필요를 충족시키는 것

2) 장기적인 활동 및 사업의 활동을 좌우하는 의사결정에서 환경, 사회, 거버넌스 및 재무적 요소의 상호관계를 반영하여 지속가능성과 경제적 평가의 연관성을 명확하게 하는 것

3) 보고와 의사결정을 함에 있어 환경적 측면이나 사회적 측면을 고려하기 위한 체계적인 프레임워크를 제공하는 것

4) 단기적인 재무활동을 과도하게 중시하는 경향과 균형을 맞추는 것

5) 기업보고를 경영자가 일상적인 사업운영을 하기 위해서 활용하고 있는 정보 가까이에 두는 것

IIRC는 통합보고가 하루라도 빨리 세계적인 사업보고(business reporting)의 주류가 되는 것을 목표로 하고 있으며, 작업반은 2011년에 개최되는 운영위원회에 통합보고 프레임워크의 제1차 보고서를 제출할 예정이다.

(2) IIRC와 이후의 가능성

재무정보와 비재무정보의 통합보고에 대해서 기술하고 있는 *One Report: Integrated Reporting for a Sustainable Strategy*[8]의 저자이며 사업보고에 정통한 하버드 비즈니스 스쿨의 로버트 에클레스(Robert Eccles) 교수는 IIRC의 창설과 통합보고 이후의 가능성에 대해서 다음과 같은 의견을 내고 있다.[9]

> 동서양을 막론하고 기업은 지금까지도 끊임없이 새로운 정보공개를 요구받아왔습니다. 그리고 보다 광범위한 이해관계자의 요청에 부응해야 한다는 압력을 받고 있습니다. 이에 더하여 왜 재무정보와 비재무정보의 통합보고라는 골치 아픈 일을 해야 하는 것일까요? 답은 이미 세계의 선진기업이 하고 있는 통합보고의 상황을 보면 알 수 있습니다. 가령 미국에서는 사우스웨스트항공(Southwest Airlines), 유나이티드 테크놀로지즈(United Technologies)와 아메리칸 일렉트릭파워(American Electric Power) 등이, 유럽에서는 네덜란드의 전기회사인 필립스(Philips)와 덴마크의 제약회사 노보노르딕(Novo Nordic), 브라질의 화장품회사 나뚜라(Natura) 등이 아직은 소수이지만, 이들 기업은 모두 같은 이유로 통합보고를 하고 있습니다. 이것은 기업의 지속가능성 전략에 대한 성실한 약속을 보여주는 것이며 이를 실시하기 위한 내부적인 통제를 확실히 하기 위해서 통합보고가 가장 적합한 방법이라는 것을 보여주고 있습니다. 이렇게 폭넓은 국가와 업종의 기업이 통합보고를 하고 있다는 것은 통합보고의 시대가 바야흐로 오고 있다고 볼 수 있습니다.

---

8) Robert G. Eccles et al. "One Report: Integrated Reporting for a Sustainable Strategy" Wiley. 2010.

9) Robert G. Eccles "It's time to standardize integrated reporting of financial and sustainability performance." Harvard Business Review blog. 2010/08/03 http://blogs.hbr.org/hbsfaculty/2010/08/its-time-to-standardize-integr.html(영문 사이트).

통합보고가 세계적인 흐름이 되도록 유럽의 애널리스트 그룹 European Federation of Analysts Societies(EFFAS) 및 독일의 신용등급기관인 재무분석·투자자문협회(Society of Investment Professionals in Germany, DVFA)는 재무보고와 비재무보고를 통합할 것을 기업들에게 제안하고 있으며,[10] 영국공인관리회계사협회(Chartered Institute of Management Accountants: CIMA) 등이 이미 추진하고 있는 통합보고에 관한 연구회의 성과도 이후의 IIRC, 나아가 파리에서 개최될 예정인 2011년의 G20 회의에서의 검토대상이 되고 있다.

2010년 5월에 네덜란드 암스테르담에서 개최된 GRI 회의인 지속가능성과 투명성에 관한 암스테르담 국제회의(Amsterdam Global Conference on Sustainability and Transparency)에서도 2020년까지 재무정보와 비재무정보 보고의 새로운 국제기준하에서 통합할 것을 제안하고 있다. 또한 현재의 GRI 가이드라인(G3)을 G4로 개정하는 것에 대해서도 언급되었는데, 가이드라인의 개정작업에서 통합보고에 관한 논의는 피해갈 수 없는 것이라는 인식을 보여주었다.

환경정보와 재무정보의 상관관계를 보여주는 데이터는 아직 부족하며, 기업가치에 미치는 리스크와 기회를 측정하는 방법이 발달되지 않았다. 또한 복잡한 통합보고를 읽어내야 할 독자들의 역량도 문제된다. 통합보고가 투자자의 판단에 기여하는 것으로 광범위하게 적용되기 위해서는 여러 가지 장애가 존재하지만, 보다 지속가능한 경제모델의 구축을 목적으로 하는 사업보고기준 창출을 향한 첫 번째 발걸음이 옮겨졌다. 이후의 IIRC에서의 논의전개가 기대된다.

---

10) EFFAS/DVFA 환경·사회·거버넌스를 위한 KPI 가이드라인
EFFAS/DVFA "the Exposure Draft(ED) of KPIs for ESG - A Guideline for the Integration of ESG into Key Performance Indicators for Environmental, Social & Governance Issues Financial Analysis and Corporate Valuation. Version 3.0" 2010
http://www.dvfa.de/files/die_dvfa/kommissionen/non_financials/application/pdf/KPIs_for_ESG_Exposure_Draft.pdf (영문사이트: PDF파일).

(이 항목은 ㈜KPMG AZSA Sustainability에 의한 2010년 8월의 뉴스레터를 기초로 집필함. http://www.kpmg.or.jp/resources/newsletter/sustainability/201008/01.html)

7. CDP 회신에서 보이는 우수사례

여기까지 기후변화정보의 공시에서 재무정보·비재무정보의 통합보고를 향한 흐름을 살펴보았다. 그러면 실제로 기업은 어떠한 공시를 하고 있는 것일까? 지금까지의 기업의 기후변화정보를 수집해 온 CDP 회신 중에서 그 구체적인 사례를 살펴보자.

CDP에서의 회신 우수사례는 CDLI 선정을 위해서 Carbon Disclosure Score 고득점 기업에서 볼 수 있을 것이다. 2010년 조사에서 글로벌 500에 들어 있던 일본기업 중에서 고득점(80점 이상)을 받은 것은 파나소닉(90점 이상), 기린(82점), 소니(81점), 도요타(80점)의 4개사이며, 파나소닉은 글로벌 500의 CDLI로서 일본기업으로는 유일하게 선정되었다. 이번 항에서는 전술한 CDP에 의한 질문사항은 거버넌스, 기후변화가 가져오는 리스크와 기회, 전략, 온실가스 배출량 산정 및 보고, 에너지·연료사용, 거래기후변화정보의 공시라는 5항목에 따라, 어떤 공시가 높이 평가되는지를 글로벌 500의 CDLI에 선정된 파나소닉의 사례를 중심으로 검토한다. 또한 CDP에 대한 회신은 모든 기업이 영어로 하였기 때문에 아래의 회신례는 필자의 번역에 의한 것이다.

(1) 거버넌스

기후변화에 대한 책임을 지고 있는 최고기관과 그 구조를 묻는 것이며 회신기업은 이에 대한 추진 및 검토방법, 전체관리방법에 대해서 기재한다.

여기에서 소개하는 4개사 모두 '이사회나 중역차원에서 책임을 진다'고 대답하였고 그 관리 메커니즘을 공시하고 있다. 파나소닉은 이하와 같이 기술하고 있다.

> 월간 에너지사용량, CO_2 배출량, 제품생산량, 에너지절약실시상황은 각 공장 사이트에서 집계된다. 데이터는 본부에서 취합되고, 환경과 이에 관련된 부서인원이 출석하는 월례 CO_2 보고회의에서 추진상황을 검토한다. 회의의 결과는 월간보고서로 작성되어 사장을 포함한 모든 이사회 구성원에게 배포된다. 진전이 늦는 부문에는 필요에 따라 추가적인 조치가 도입된다(파나소닉).

한편 소니는 구체적인 위원회의 나아갈 방향에 대해서 기재하고 있다.

> CEO를 의장으로 하여 모든 이사회 구성원이 참가하는 그룹임원위원회(GEC)가 기후변화를 포함한 환경과제전반을 책임지고 있다. 이들의 과제는 기업의 배출감축목표나 투자관련, 소니의 환경문제(예: 회수재활용, 화학물질관리)의 방향성을 검토한다. 이 위원회는 매월 진행되지만 환경에 관한 검토는 약 2년에 한번 이루어지고 있다. 환경이니셔티브인 중기계획은 연 1회 개최되는 환경중기계획심의회의에서 토의되고 있다. 임원은 이 회의에 출석한다. GEC와 환경중기계획심의회의에 더하여, 환경에 특화된 새로운 회의체가 이번 여름부터 발족하여 6개월마다 개최된다. 이는 CEO와 이사회의 모든 구성원, 제품사업그룹의 장들이 참가하여 보다 상세한 검토와 토의가 이루어지게 된다(소니).

가전을 주로 취급하는 두 개의 회사지만 동일한 질문에 대해서 각각 다른 회신을 하고 있다. 그러나 파나소닉 및 소니도 어떤 데이터와 문제가 보고되고 있는지 등 그 기업에 특화된 정보가 기재되어 있다는 점이 CDP의 방법론에 따른 채점방식으로 평가된다. 이와 같이 상세하고도 구체적인 공시는 기후변화에 관한 문제를 토의하는 경영진회의 ·

위원회가 유명무실한 것이 아니라는 점을 보여주는 가장 우수사례로서 제시되고 있다. 또한 간결하지만 거버넌스의 형태가 알기 쉽게 기재되어 있다는 점이 좋은 평가를 받은 것이다.

(2) 기후변화로 인한 리스크와 기회

기후변화가 가져오는 리스크와 기회를 기업이 어떻게 바라보고 있느냐를 공시한다.

우선 모든 기업에게 요구되는 것은 리스크와 기회의 특정과 재무적인 것을 포함한 영향도의 평가절차이다. 파나소닉의 회신례를 들어보자.

> 환경부문은 관련부문과 협력하여 기후변화에 의한 리스크와 기회의 특정 및 사업에 대한 영향을 측정하는 책임을 지고 있다. 직원은 본부와 각 사업부에 배치되어 있으며 세계적인 네트워크를 구축하고 있다. 고도의 판단이 필요한 사항은 환경문제담당임원을 통해서 상시 사장에게 보고되며, 경영회의에서 다른 임원과 정보를 공유한다. 본부 및 지사의 환경부문의 장은 기타 사항에 대한 책임을 지고 있다. 상기의 절차에 의하여 특정 및 평가된 것은 소비자, 투자자 기타 이해관계자와 미국증권거래위원회에 규정되어 있는 Form 20K의 리스크정보공시나 재무정보보고서, CSR, 환경보고서 등으로 보고된다(파나소닉).

파나소닉은 이후에 사례를 들어 구체적인 설명을 곁들이고 있다.

> 가령 환경부문과 기술품질관리부문은 제품의 에너지절약에 대한 규제에 관한 특정 및 판단의 절차를 사용하고 있다. 우리 본부환경부문은 일반적인 환경정보를 주2회 계약된 정보제공회사에서 받거나 마찬가지로 규제정보를 해외거점직원에게 받고 있다. 또한 우리들은 여러 기관에 속하고 있어 환경에 관한 정치적 · 경제적인 경향을 판단하고 있다. 본부의 환경

부문은 기술품질관리부문과 이들 정보를 공유하며 리스크 및 기회를 특정 · 평가하는 동시에 홍보활동에 종사하고 있다. 우리 본부기술품질관리부문은 독자적인 글로벌 네트워크를 가지고 각 사무소에서 규제정보에 대한 보고를 정기적으로 받고 있다. 환경부문과의 연대를 유지하고 정보공유를 하면서 관련된 정책을 미리 규정하기 위해서, 리스크와 기회를 특정 · 평가하고 R&D 그룹 전체에 반영시킨다. 또한 규제가 공표된 때에는 R&D 그룹은 이 규제에 따라 활동하도록 모니터한다(파나소닉).

CDP에서는 '리스크와 기회가 기업전체 및 설비마다 어떻게 평가되고 있는가', '절차가 적용되는 범위', '절차빈도', '리스크와 기회를 특정하는 절차의 내용', '사내에서 그 절차를 취급하는 부서 내지는 사람', '절차의 책임을 지는 사람', '투자자와 위원회 등 절차의 공개대상'을 공시정보의 기준으로 하고 있다. 이렇게 많은 공시사항을 간결하게 보여주는 것은 어려운 일이지만, 파나소닉은 먼저 전체상을 그려놓고 이후에 차차 구체적인 사례를 드는 방법으로 이를 해결하고 있다.

다음으로 '규제리스크/기회', '물리적 리스크/기회', '기타리스크/기회'에 대한 각각의 기재사례를 보자. 이러한 예로부터 각 기업이 어떠한 사항을 '리스크/기회'로 받아들이고 있는지를 알 수 있다.

【규제리스크】

제품효율규제 · 기준: 제품이 제품효율의 규제 · 기준을 만족하지 못하는 경우 판매허가를 받을 수 없고 정부조달에 선정되지 못할 가능성이 있어 환경문제에 민감한 소비자에게 외면 받을 가능성이 있어서 결과적으로 이익이 감소할 가능성이 있다(소니).

【규제기회】

제품의 라벨링규제 · 기준: 제품에 대한 라벨링은 소비자에게 진정한 에너지절약상품을 알려준다. 이는 고효율 에너지절약제품을 제공하는 기업에게 기회로 작용한다(소니).

【물리적 리스크】

천연자원의 변화를 유발: 계절이 큰 폭으로 변화하게 되면 원료로 사용되는 작물에도 영향을 끼친다(기린).

【물리적 기회】

천연자원의 변화를 유발: 원재료로 사용되는 작물의 증가와 비용의 감소(기린).

【기타 리스크】

평판리스크: 오늘날 환경이니셔티브 등에 관하여 부적절한 정보공시가 기업이미지를 깎아내릴 수 있다는 리스크가 있다(파나소닉).

【기타 기회】

새로운 에너지제품 · 서비스: 에너지 시스템 사업에서 시장의 확대(파나소닉).

이들 리스크/기회는 기업에게 재무적 영향을 줄 가능성도 크다. CDP는 이 점에 대해서도 공시를 요구하고 있다. 여기에서는 막연한 영향이 아니라 정량적인 설명을 요구한다. 그러나 기후변화에 관한 리스크/기회를 구체적인 금액으로 평가하는 것은 어려우며 많은 기업이 공시하는 것을 꺼리게 된다. 한편으로는 파나소닉은 많이 회신에 견적금액을 제시하고 있으며 또한 정량적인 데이터를 제시하고 있다. 또한 견적금액의 산출이 어려운 경우 그 이유를 들고 있다. 이것이 높은 평가를 받는 결과로 이어진 것이라고 생각된다. 다음의 예를 살펴보자

【규제리스크에 대한 재무적 영향】

국내의 Cap & Trade 기반의 배출권거래시스템에 관하여 상한에 관한 구체적인 수치 등이 확실하지 않기 때문에 재무적인 영향을 정량적으로 측정하는 것은 어렵다. 파나소닉의 2010년도 제품제조에 의한 국내 CO_2 배출량은 2008년부터 서서히 감소하고 있으며 2010년도에는 173만 톤까지 감소되었다. 만약 상한이 173만 톤 이하로 되면 그 목표에 도달하는 것은

매우 어려우며 비용에 영향을 주는 배출권 구입이 필요하게 될 것이다. 에너지에 대해서 부과될 세금은 에너지 가격을 상승시킬 것이다. 제조업으로서 파나소닉은 다른 산업에 속하는 기업보다 많은 에너지를 생산활동을 위해서 필요로 한다. 에너지 가격의 상승은 우리의 생산비용에 커다란 영향을 줄 것이다. 만약 에너지 가격이 1% 상승하는 경우 연간 비용이 약 6억 엔 이상 상승할 것이라는 예측도 나오고 있다. 제품에 대한 에너지절약규제와 라벨링에 영향을 받는 제품의 대부분은 디지털 AVC 네트워크와 가전분야에 집중되어 있다. 2010년도에는 이 두개 분야만으로 전체 매출의 52%를 차지하였다. 현재 우리 제품 중에서 이에 관련된 법적 규제로 인하여 판매중지된 것은 없으며 환경라벨링이 소비자의 구매의사결정에 영향을 끼치는 유일한 요인은 아니기 때문에 이 리스크의 재무적 영향을 산출하는 것은 어렵다. 그러나 이러한 사태가 일어난다면 파나소닉의 매출 중에서 52%를 차지하는 두 개의 주된 사업이 영향을 받게 될 것이다(파나소닉).

CDP에서는 이 외에도 '가치사슬(value chain)이 받는 영향', 또한 '리스크 대책 및 기회활용을 위한 계획' 등의 질문을 하고 있다. 여기에서는 구체적인 회신의 예시는 없지만, 어느 것이나 회신기업에 특화된 회신, 정량적인 기재를 요구하고 있다. 특히 '리스크 대책 및 기회활용을 위한 계획'에 대해서는 대책비용이나 기회를 살리기 위한 투자금액의 기술이 요구되며 탄소에 관한 정보를 얼마나 정량화하여 공시하는지가 향후 기업의 중요한 과제가 될 것이다.

(3) 전 략

기업의 기후변화문제에 대한 전략으로 배출량감축목표와 그 활동에 대한 공시가 요구되고 있다. 그 중에서도 '특화된 리스크/기회의 취급에 관한 사업전략'에 대해서는 온실가스 배출량목표나 감축달성상황뿐만 아니라 정책과 협동, 외부와의 커뮤니케이션 등에 대한 기술을 구하여야 하며, 기후변화에 대한 기업전체의 자세・전략상 중요한 정보공시라고 여겨진다. 파나소닉은 이하와 같이 회신하고 있다(일부발췌).

> … 사장인 오츠보(大坪)는 명확하게 2010년 경영방침에서, 파나소닉은 창립 100주년을 축하하는 2018년까지 전기산업계 넘버원 녹색혁신기업을 목표로 한다는 매우 중요한 메시지를 우리의 새로운 비전으로 삼는다고 하였다. 또한 100주년을 향한 비전을 실현하기 위해서 '그린 인덱스'가 중요한 경영지표로서 도입되었다. 우리는 모든 사업활동에서 CO_2 감축에 공헌하기 위해서 생산활동에 의한 CO_2 배출량감축목표를 변경하였다. 후자는 우리 제품을 보다 에너지효율이 좋은 것으로 발전시켜, 결과적으로 소비자가 사용할 때 배출량도 감축할 수 있도록 한다. 우리는 CO_2 배출량감축에 보다 많은 공헌을 하여 2019년까지 CO_2 배출량 증가에 종지부를 찍을 예정이다. … 또한 환경에 대한 공헌과 사업의 성장을 일체화하여 2019년에 우리는 에너지창출(태양전지/연료전지), 에너지저장(충전식 배터리), 에너지관리시스템(전력망/관리시스템), 에코카에 부수되는 부품을 포함한 에너지시스템사업에서 3조 엔 이상의 매출달성을 목표하고 있다. 우리는 또한 업계 넘버원 환경성능을 지닌 제품의 매출비율을 30% 이상으로 하는 목표를 가지고 있다. … 우리는 공공정책과 기후변화대응에 관한 가장 우수한 방법을 책정하고 실시하기 위해서 일본정부와 대화를 계속해 나갈 것이다(파나소닉).

파나소닉의 기재사항은 기후변화대책이라는 과제를 눈앞에 두고 사업활동이라는 관점에서 서술하고 있으며, 그 내용도 감축목표에서 정부와의 대화에 이르기까지 기업활동전반을 포괄하고 있다. 여기에서 기후변화에 대한 기업의 자세를 엿볼 수 있는 것이다. 또한 전단의 질문사항에서 CDP의 요구사항인 특정한 리스크/기회에 관한 사업전략에 대해서 제품례를 드는 등 구체적으로 기재하여 실현가능성이 높다는 것을 보여주고 있다.

도요타의 회신은 '도요타지구환경헌장'을 제정하여 2006년부터 2010년 동안 도요타는 환경기술을 추진하여 지구재생의 리더 · 원동력으로서 기업이미지를 만들어가는 것을 목표로 이하의 정책에 대해서 밝히고 있다.

① 도요타의 세계적 사업전개를 통해서 CO_2 배출량을 감축한다.
② 각국 · 지역에서 최고수준의 연비효율을 달성하기 위한 기술개발추진
③ 효과적인 (시장)도입과 시장에서의 인지도를 확고히 하고 청정에너지 자동차의 개발을 추진한다.
④ 에너지와 연료자원 다양화에 대응하는 기술개발
⑤ 여러 가지 네트워크 기술을 이용하여 교통유량개선 이니셔티브를 추진한다.
⑥ 각국 · 지역의 생산 및 물류활동에서 CO_2 배출량을 감축한다.

이들 6개의 정책에서는 각각의 활동목표를 설명하고 있으며 이러한 정보를 능숙하게 사용하여 기업전략과 구체적인 방향성을 보여주고 있다. 이들은 물론 '특정된 리스크/기회'와 관련된 CDP의 공시요구에 대응하고 있다.

이와 같이 전략은 단순한 기업의 기후변화에 대한 대응의 방향성이나 방침을 나타내는 것뿐만 아니라 어떻게 (리스크/기회로서) 사업에 반영시킬 것인가를 구체적으로 보여주는 것이 전략을 공시할 때 중요한 점이며 과제이기도 하다.

(4) 온실가스 배출량 산정 및 보고, 에너지, 연료사용, 거래

온실가스 배출량감축에 관한 활동의 공시로서 기본적으로는 수집된 데이터를 질문내용에 맞추어 공시하는 방식이다.

여기에서 문제가 되는 것은 보고대상범위라고 생각된다. 파나소닉은 '연결재무제표감사에 기초한 재무관리를 실시하고 있는 기업'이다.

한편 소니도 마찬가지로 '연결재무제표감사에 기초한 재무관리를 실시하고 있는 기업'이라고 회신하였는데 50% 이상의 주식을 가지고 있는 기업 또는 100인 이상의 종업원을 고용한 제조거점, 비제조거점(100인 이하라도 전략적으로 중요한 곳은 포함)으로 하고 있다.

CDP에서는 재무관리 또는 업무관리를 실시하고 있는 기업(기린은 '업무관리'에 해당)의 CO_2 배출량을 보고하고 있다. 그러나 보고대상 범위를 파악하는 것은 매우 어려우며 연결재무제표감사에 기초한 관리 가운데서도 기업수에 포함되는 비율이 몇 %라고 하더라도 그 기업그룹전체의 CO_2 배출량의 90% 이상을 배출하는 경우도 있다. 현 단계에서는 최상의 회신이라는 것을 단정할 수 없지만, 공급체인 프로젝트와 같이 공시범위의 확대가 요구되고 있으며 대상범위를 착실하게 확대해 나가는 것이 바람직한 기업의 나아갈 방향이라고 생각된다.

(5) 기후변화정보의 공시

지금까지는 주로 환경보고서나 CSR 보고서 등에 공시되어 온 기후변화정보의 공시였지만, 다양한 기업보고서를 통한 공시가 주목받기 시작하였다. 파나소닉은 'CSR 보고서 · 환경보고서'라고 하는데 기린은 '지속가능성보고서'에 더하여 '연례보고서'에서도 CO_2 배출량을 공시하고 있다. 다른 항목에서 미국증권거래위원회(SEC)의 공시요구에 대해서 언급하였는데, SEC에 등록된 소니, 도요타는 SEC에 제출하는 보고서(일본기업은 Form 20-F)를 들고 있다. 어느 것이나 자사의 온실가스 배출량이 다른 여러 가지 측면에서도 요구되게 되는 것은 불가피한 일이라고 생각된다. [이 항에서 사용한 모든 회신은 CDP의 홈페이지에서 취득함. https://www.cdpproject.net/en-US/Results/Pages/overview.aspx(영어사이트: 등록요함]

8. 정리와 고찰

(1) 에너지절약투자에 의한 온난화대책과 비용감축

기후변화정보의 제도적 공시는 착착 진행되고 있는 것처럼 생각된다. 이를 위한 준비라고도 볼 수 있는 CDP 정보공개요청서에 대한 기업의 자발적인 회신은 매년 늘어나고 있다. 또한 정보공개요청서에 대한 회신은 기업 자신이 기후변화와 관련된 여러 가지 문제를 검토하는 기회가 되는 부분도 있다고 생각된다.

한편 기후변화 특히 지구온난화가 인위적인 온실가스의 배출에 기인하는 것인가 하는 점을 두고 2009년 12월에 코펜하겐에서 COP15(기후변화협약 제15차 당사국총회) 직전인 11월 17일, 주로 IPCC 관련자들의 메일 1073통과 3485건의 파일이 인터넷에 유출되었다. 이른바 기후게이트(Climate Gate) 사건으로 지구온난화에 대한 '과학적'인 논의가 IPCC의 중심에 있는 사람들이 자의적, 정치적인 의도로 진행하고 있는 것은 아닌지에 대한 의문으로 번지는 사태가 되었다. 지구온난화에 대한 IPCC 보고서와 견해를 무조건적으로 신용하는 사람들의 비율은 기후게이트(Climate Gate) 사건 후의 조사에서는 낮아졌다.

IPCC 보고서에서의 지구온난화에 대해서, 도시화에 의한 열섬현상의 배제(온도보정)는 적절한지, 만약 지구온난화가 사실이라고 해도 그 주요한 원인이 인위적인 온실가스 배출에 의한 것인지, 나아가 시뮬레이션에 의한 장래 기온예측이라는 측면에서 과학적이면 과학적일수록 불확실성이 남는 것이 현실이라고 생각된다. 이 불확실성에 대해서는 사전주의원칙에 기초하여 지구온난화대책이 필요하다고 하는 경우가 많다.

그러나 기업에게 사전주의원칙을 통한 대응은 과학적으로 불확실한 것이나 법적강제를 수반하지 않는 경우이며, 그 때문에 막대한 지출을 해야 하는 대응은 대가성이나 경제합리성이 없다는 이유로 상장기업들의 경우 주주대표소송 등으로 경영자가 소송에 휘말릴 가능성도 있다.

CDP의 정보공개요청서에 회신을 담당한 기업도, 경우에 따라서는 경영자도, 개인적으로는 다양한 사고방식의 사람일 수 있지만 많은 기업에서는 사전주의원칙이라는 겉치레가 아니라 화석연료의 매장량이 유한하며 소비가 진행될수록 일반적으로 가격은 상승한다는 관점에서 화석연료의 효율적인 이용을 통해 비용감축과 온난화대책을 고려하고 있다. 효율적 이용이란 필요 없는 사용을 하지 않는다는 점과 에너지변환효율이 높은 장치로 교체한다는 면이 있다. 조명기구를 예로 들자면 전자는 사람이 없는 곳의 필요 없는 조명은 끄는 것, 후자는 조명기구의 에너지변환비율이 높은 것으로 교체한다. 구체적인 예로서 전구와 형광등 그리고 LED조명으로 교체해 나가면 변환효율이 올라간다. 이는 똑같은 밝기라면 소비전력이 저하되는 것이며 소비전력의 저하는 당연히 비용감축과 CO_2 감축이 된다.

화석연료인 석탄, 석유, 천연가스는 모든 탄소와 수소 등의 원소로 구성되며 연료에 따라 CO_2가 배출된다. CO_2는 교토의정서에서 규정한 6개의 가스(CO_2, N_2O, CH_4, HFCs, PFCs, SF_6) 중에서 세계에서 가장 배출량이 많은 온실가스이다. 화석연료의 효율적인 이용이란 효율적 이용을 하지 않은 상태(BAU: Business as Usual)의 화석연료의 상정사용량보다 효율적 이용을 한 경우에 실제로 화석연료의 사용량이 적고 그 감소량이 비용감축에 공헌함과 동시에 CO_2 배출량의 감축으로도 이어진다. 따라서 일반적으로 화석연료의 효율적 이용인 에너지절약 투자를 하는 것은 경제적 이익으로서 비용절감과 대외적으로 온난화대책을 홍보할 수 있는 CO_2 배출량의 감축을 동시에 실현할 수 있게 한다. 이것이 기업에게 있어서는 가장 매력적인 온난화대책이다.

(2) 한계감축비용과 실태

에너지절약투자는 비용감축도 되지만 이는 운영비용에 의한 비교결과이다. 구체적으로는 생산량 등이 변화하지 않는 상태에서 에너지절약투자 이전의 에너지비용보다 에너지절약투자 후의 에너지비용이 적어지는 것이 통상적이다. 그러나 현실적으로는 에너지절약투자의 투자금액이 초기비용으로 소요된다. 이 에너지절약투자액인 초기비용을 연간 CO_2 배출감축량으로 나눈 것이 일반적으로 한계감축비용(엔/t-CO_2)이라고 불린다. 다시 말해 CO_2를 1톤 줄이는 것에 들어가는 비용을 말한다. 이 한계감축비용이 이미 에너지절약 노력이 진전된 일본이 구미에 비해서 높다고 한다.

그러나 현실적으로는 에너지절약투자는 착실하게 진행되고 있다. 그 이유는 기업은 에너지절약투자로 에너지절약액이 발생한다. 연간 에너지절약액의 몇 년분이면 에너지절약투자액을 회수할 수 있을까를 생각하고 있다. 이른바 투자의사결정에서의 투자회수연수법 사고방식이다. 여기에서는 투자회수연수=에너지절약투자액÷연간에너지절약액으로 계산되며, 투자회수연수가 3년 이내라면 투자를 실행하는 기업이 많다. 한편 투자회수연수가 5년을 넘는 경우 투자의사결정에 신중해지는 기업이 많아진다. 기업측에서 보자면 한계감축비용은 에너지절약투자액÷연간 CO_2 배출감축량이 아니라, (에너지절약투자액－N×연간에너지절약액)÷(N×연간 CO_2 배출감축량)이 된다. N은 연수나 기간(년)이다. 가령 투자회수연수가 3년인 경우로서 기간(N)을 3년간이라고 한다면, 분자인 (에너지절약투자액－N×연간에너지절약액)은 0이 되어버리고, 한계감축비용은 0엔이 된다. 나아가 같은 3년이라도 투자회수할 수 있는 에너지절약투자로 기간(N)을 4년 이상으로 하면 분자는 마이너스가 되고 한계감축비용은 마이너스, 즉 CO_2를 1톤 줄이기 위해서 돈이 들어가게 된다(실제로는 지출되는 비용이 줄어든다)는 것이다.

따라서 에너지절약투자는 비용감축과 온난화대책을 동시에 추구할 수 있어 기업에게는 매우 매력적인 투자이며 환경선진기업이라고 불리는 곳에서는 적극적으로 투자를 추진하고 있다. 구체적으로는 투자회수연수가 5년을 넘는 투자는 통상적인 규칙상으로는 인정할 수 없지만 에너지절약투자라면 5년을 넘는다고 해도 투자를 실행하는 기업도 나오고 있다.

이렇게 에너지에서 비롯되는 에너지절약대책은 일반적으로 화석연료 절감으로 이어지며 비용감축과 CO_2 배출감축으로 이어진다. 한편 에너지에서 비롯되는 것 이외의 CO_2(프로세스 배출)와 교토의정서의 6개 가스 중에서 CO_2 이외의 나머지 5개 가스(통칭해서 5.5가스라고 한다)에 대해서는 감축을 위해서 투자를 해도 감축에 소요되는 경제적인 이익이 매우 적은 경우가 많다. 이쪽은 투자회수연수가 20년이나 그 이상인 경우도 많으며 투자에 의한 비용절감혜택이 없는 경우가 대부분이어서 한계감축비용의 산정식에서는 온실가스감축투자액(엔) ÷ 연간환산CO_2 배출감축량(t-CO_2 e)이 되며, 일반적인 경제학자가 생각하는 수식과 같아진다. 이런 현실에서는 기업은 비용혜택이 없는 감축노력은 거의 하지 않고 법규제에 따라 시행하게 되거나 업계의 자발적인 조치에 의해서 시행하는 등 매우 한정적이고도 수동적으로 이루어지고 있다. 이러한 상황에서도 5.5가스의 감축투자를 실시하는 기업도 있다. 이 경우에는 매스컴이나 환경관련 신문, 잡지에 게재하는 등 평판에 의한 선전효과, 기업이미지쇄신 등의 효과, 나아가 CSR 보고서에 기재하는 등으로 마찬가지의 효과를 얻게 된다.

(3) 저탄소사회를 향한 대응

지구온난화의 원인이나 기후모델에 의한 온도상승예측은 과학적으로 아직 불확실요소가 많다는 것은 말할 필요가 없다. 그러나 화석연료 그 중에서도 원유의 고갈은 조만간 현실이 될 것이라고 생각된다. 원유 고갈이라고 해도 원유가 지금 당장 산출되지 않는 것은 아니고, 산유량이 서서히 저하됨과 동시에 가격이 높아지면서 지금까지 채산성이 맞지 않았던 원유까지도 채산성이 맞아 들어가게 되어 장기간에 걸쳐 원유가 산출될 것이다. 다만 용도가 단순 연료용이었던 것에서 비용이 높아져도 채산을 맞출 수 있는 고급원료용 사용법이 늘어날 것이라고 생각된다. 그 결과 세계의 연료용 에너지원으로서의 원유는 수요를 충족시킬 수 없게 되어 대규모 대체에너지원으로서는 확인가채매장량으로 볼 때

석탄이 될 것이라고 생각된다. 그러나 현재의 신흥국의 경제발전 성장률로 보면 현재의 가채년수는 약 200년이나 150년이라고 되어 있지만, 기껏해야 100년 정도일 것이다. 원유와 마찬가지로 가격이 높아지는 결과를 가져오겠지만 이 또한 산출량의 정점은 100년보다 빠를 것이라고 생각된다. 그 이후에는 역시 재생가능한 에너지가 되지 않을 수 없을 것이다.

지구온난화는 주로 화석연료의 연소에 따른 CO_2 배출량의 증가에 의한 것으로 보고 있으며 화석연료의 연소 후의 OUT(CO_2)의 제약에 의한 대응책이 필요시되고 있다. 그 결과 화석연료의 소비를 줄이는 저탄소사회가 필요한 것이다. 한편 화석연료의 IN(자원)이라는 측면에서 보아도 석유의 가채연수가 40년이라고 하는 것처럼 양적인 제약이 예상된다. 그 결과 OUT 측면에서도 IN 측면에서도 에너지원을 화석연료에만 의지하는 것은 100년 단위로 보자면 불가능해질 것이라고 보인다. 또한 몇천만 년에서 몇억 년이 걸려 형성된 화석연료를 겨우 200 내지 300년으로 고갈시켜버린다는 것은 도저히 지속가능하다고 할 수는 없을 것이다. CO_2 배출에 의한 지구온난화는 불확실성이 남기는 하지만 이상기상의 증가 등 지역의 기후변화라는 관점에서는 화석연료의 대량소비 및 이를 에너지원으로 하는 자연개혁(산림의 파괴, 토지개혁, 아스팔트 · 빌딩의 난립 등)이 대대적으로 이루어진 결과라고 보여진다. 게릴라호우라고 불리는 지역적인 이상기온도 이러한 대규모 자연훼손이 원인이 된 것이라고 생각된다.

화석연료에 대해서 IN(자원)과 OUT(CO_2) 측면에서의 제약을 상정해 볼 수 있지만 어느 쪽이든 화석연료의 사용을 줄인 저탄소사회의 실현은 필연적인 것이라고 생각된다. 다만 그 실현시기에 대해서는 다른 논의가 있는 것이 사실이다. IPCC 보고서에서는 산업혁명 이후의 기온상승을 2℃ 이내로 억제하지 않으면 안 된다고 경고하고 있으며, 이에 따라 EU를 중심으로 COP(기후변화협약 당사국총회)에서는 2050년에 온실가스 배출량을 반감할 것을 호소하고 있다. 한편 2001년에 승인된

IPCC 제3차 보고서 시나리오 3안에서는 2050년까지 현재 정도로 온실가스의 배출을 유지한다는 모델을 작성하여 공표하였다. 이와 같이 저탄소사회 실현을 위한 시간감각에 차이가 있지만, 저탄소사회 나아가 궁극적인 지속가능한 사회의 실현을 위해서는 화석연료에 의존하지 않는 탈저탄소사회가 필연적이라고 생각된다.

환경선진기업에서는 저탄소사회로 이행하는 것은 필연적인 것이며 이를 위해서 비용이점이 있는 에너지절약투자를 추진하고 나아가 비용이점이 없어도 5.5가스의 감축에 대해서 기업이미지 향상 등의 측면에서 일부기업이 진행하고 있다. 나아가 저탄소사회로 이행하기 위한 각종규제를 상정하여 어떤 대응이 비즈니스 기회가 될 것인지를 심각하게 고려하여 대응전략을 공시한다. 이러한 온실가스 감축태도와 기후변화의 리스크와 기회를 적극적으로 공시하는 것이 투자자에게 높은 평가를 얻게 된다.

다시 말하면 전향적인 온실가스 감축태도 및 비즈니스에서의 리스크와 특히 기회를 적극 공시하는 것이 투자자에게 매력적인 기업으로 비추어질 수 있다는 것을 하루빨리 인식하고 실천하는 기업이 기후변화 정보공시제도의 유무에도 불구하고 역시 결과적으로 좋은 평가를 받게 될 것이다.

| 참고문헌 |

環境省,「環境報告書の制度に関する海外東向報告書」, 2005년.

Carbon Disclosure Project

http://www.cdproject.net/en-US/pages/HomePage.aspx (영문사이트)

CDP 2010 글로벌 500 리포트

http://www.cdproject.net/CDPResults/CDP-2010-G500.pdf (영문사이트: PDF파일)

CDP 2009 글로벌 500 리포트

http://www.cdproject.net/CDPResults/CDP%202009%20Global%20500%20Report.pdf (영문사이트: PDF파일)

CDP 2009 재팬 500 리포트

http://www.cdproject.net/CDPResults/CDP2009_Japan500_JP.pdf (PDF파일)

CDP 2010 기업의 회신

http://www.cdproject.net/en-US/Results/Pages/overview.aspx (영문사이트: 등록을 요함)

竹内敬二,『地球温暖化の政治学』, 朝日選書, 1998년.

気候ネットワ-ク,『よくわかる地球温暖化 改訂版』, 中央法規, 2005년.

スティ-ブン モンシャ-+トマス・フラ-, 渡辺正(訳),『地球温暖化スキャンダル』, 2010년.

제6장

에너지전략이 과제인 일본, 실리를 중시하는 미국

_ 게센 히데오(気仙英郎)

1. 에너지문제의 열쇠를 쥐고 있는 표준화전략

(1) 에너지안전보장

【안전보장과 환경정책은 표리관계】

일본정부는 2010년 6월에 발표한 '2009년도 에너지에 관한 연차보고'(백서)[1]에서 에너지 안전보장에 관한 정량평가를 처음으로 실시하였다. ① 자국산에너지를 얼마나 이용하고 있는가, ② 수입처를 다양화하고 있는가, ③ 자원의 공급지로부터의 운송리스크는 어떠한가 등 7항목을 각각 수치화하여 일본 · 미국 · 중국 등 7개국을 비교하였다.

그 결과 일본은 에너지 효율이 높고 에너지원의 다양화도 진행되고 있지만 자급률은 최저로 수입선의 다양화에도 문제가 있다는 점이 밝혀졌다.

1) 『平成　21年度　エネルギーに関する年次報告』(エネルギー白書), 経済産業省, 2010년 6월.

〈그림 6-1〉 에너지 자급률의 국제비교

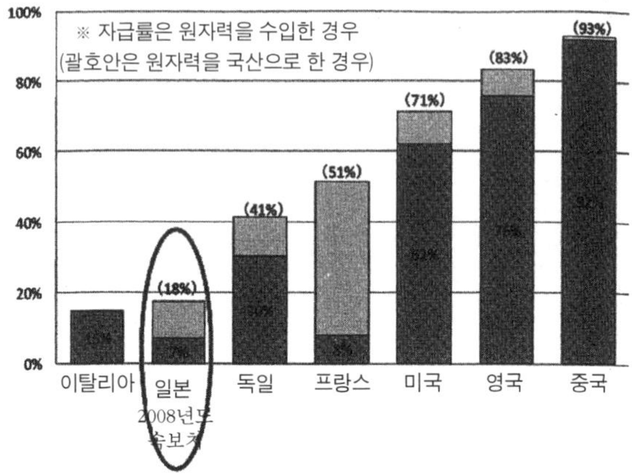

* 출처: 2010년 7월 경제산업성 'エネルギーを取り巻く現状'

에너지확보와 안전보장은 동전의 양면과 같은 관계이다. 가령 원유가격의 상승과 이슬람원리주의자의 확대는 결코 무관하지 않다. 원류수입을 통해서 중동국가에 흘러들어가는 '오일머니'의 일부는 자선사업 등을 통해서 이슬람원리주의자들에게도 흘러들어가고 이라크 등지에서 빈발하는 자폭테러의 자금원이 되기도 하는 것이다. 또한 신흥국의 석유 수요확대는 러시아나 베네수엘라 등 일부의 산유국의 독재를 강화하는 결과가 된다는 지적도 있다. 즉 자원가격이 상승하면 할수록 민주화의 흐름에 역행하는 것이라고 볼 수 있다.

중국과 아프리카 자원국과의 관계는 어떠할까. 아프리카의 인권을 무시하는 독재국가를 지원하여 세계의 안전보장에 불확실성을 더하는 결과를 초래하고 있다.

정부는 이러한 여러 가지 안전보장상의 리스크를 계산한 후에 최적의 에너지원 조합을 모색해야 한다. 즉, 안전보장과 에너지, 경제성장, 지구온난화대책의 최적밸런스를 찾아나가야 하는 것이다.

〈그림 6-2〉 에너지 자급률의 추이

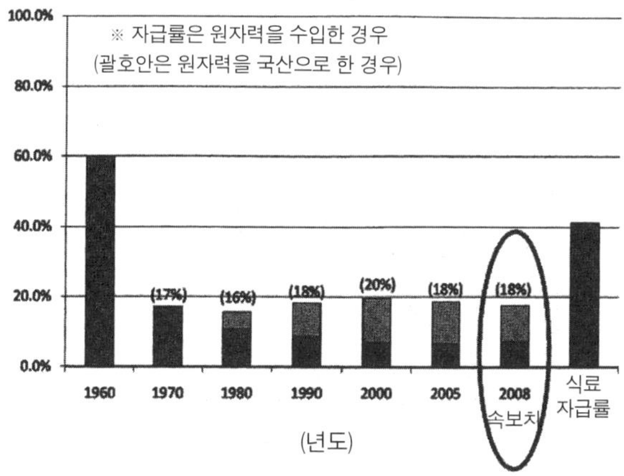

* 출처: 2010년 7월 경제산업성 'エネルギーを取り巻く現状'

본래 에너지원의 조합이 결정되고 그 중에서 석탄, 석유, 천연가스 등의 화석연료의 구성비율이 정해져야만 온실가스 총배출량을 산정할 수 있는 것이다. 배출감축목표는 거기에서 얼마나 줄일 것인지를 계산하는 것으로 결정된다. 이때 경제성장전망이나 기술혁신, 국민부담의 정도 등을 감안해야 한다.

상황이 이러하기에 하토야마 유키오(鳩山由紀夫) 전 수상이 제시한 2020년까지 1990년 대비 25% 감축이라는 온실가스감축목표는 그 설정 절차가 매우 불투명하고, 미리 숫자만을 찍어두었다는 비판을 받은 것은 당연하다.

【뒤뚱거리는 에너지기본계획】

미리부터 온실가스감축목표가 있었기 때문에 2010년 6월 3년 만에 개정된 에너지기본계획[2)]도 상당히 '뒤뚱거리는' 계획이 되어버렸다는 것을 산업계 등에서 지적하고 있다.

〈그림 6-3〉 1차 에너지 공급셰어의 추이

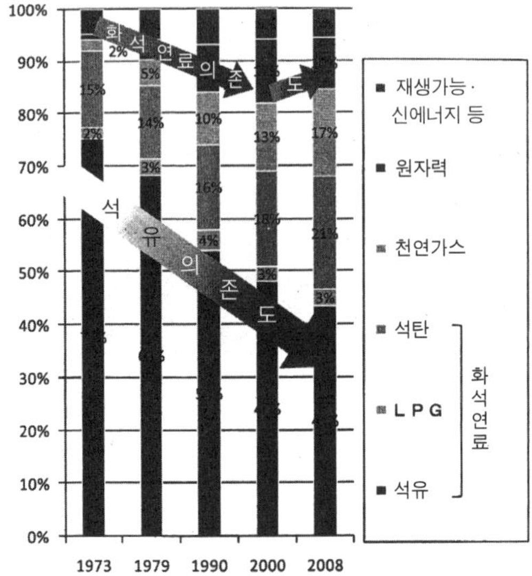

* 출처: 2010년 7월 경제산업성 'エネルギーを取り巻く現状'

에너지기본계획의 목표실현을 위해서 설정한 전기자동차(EV)나 태양광발전시설의 설치대수 등 목표가 상당히 높다. 탄소무배출(Zero Emission) 전원의 비율을 70% 이상으로 올리고 자주개발원유 등의 자주에너지비율도 7할로 높이는 것도 그 일환이다. 그 구체적인 조치로서는 2030년까지 신규로 원자력발전소를 14기 이상 증설하고 설비이용률을 90%까지 높이는 방침을 내놓았다.

일본은 지정학상으로도 에너지안전보장상으로도 탈화석연료가 과제라는 것은 당연한 귀결로서 이해한다. 정부는 자국의 탄소무배출을 추진하는 것과 동시에 신흥국을 중심으로 환경기술을 제공하고, 에너지

2) 에너지기본계획, 경제산업성, 2010년.

환경산업을 경제성장의 중추로 한다는 전략을 세웠다. 에너지를 안정적으로 확보하기 위해서는 지속가능한 경제성장을 도모하면서 탈석유를 추진하고, 화석연료에서 원자력, 재생가능에너지로의 흐름을 가속화해야 한다는 판단이다.

지구온난화라는 현실과 자원획득경쟁의 격화, 화석연료의 가격상승, 경제대책과 환경대책을 동시에 추진하는 녹색경제의 흐름 등 세계의 현황을 돌아보면 에너지기본계획이 목표로 하는 방향 자체는 틀리지 않다. 디플레이션에서 탈출하기 위해서도 온난화대책과 관련된 비즈니스를 성장산업의 기둥으로 삼아 자원이 없는 일본이 세계를 선도하는 기회라고 생각해야 한다.

그러나 기본계획의 내용이 '그림의 떡'으로 끝나면 아무것도 이루어질 수 없다. 적혀 있는 것을 정말로 실행하려면 단기적으로는 국민에게 상당한 경제적 부담을 강제할 것이 확실하고 국가재정의 부담도 상당하다.

미래에는 저탄소화의 흐름에 빨리 대응한 기업이 비즈니스 기회를 잡을 것이 명백하지만 경제를 정체시키고 수요를 냉각시키면 이도저도 아니게 된다. 목표설정에 있어서는 성장과 저탄소사회로의 이행이라는 양쪽 모두를 달성할 수 있는 치밀한 전략이 필수적이다.

(2) 디플레이션 탈출과 저탄소사회

저탄소사회 실현은 디플레이션 탈출과 표리관계라고 생각해야 한다. 공급측의 기후변화비즈니스의 부흥으로 이어질 성장전략을 어떻게 만들고 실행으로 옮길 것인가가 열쇠가 될 것이다. 세계경제는 2009년 9월의 미국발 금융위기로 초래된 세계공황에서 회복되고는 있지만 그 속도는 완만하다. 중국, 인도, 브라질 등 신흥국의 경제성장에 의지하는 바가 크다. 일본경제도 회복기조에 있지만 여전히 디플레이션 경제로부터의 탈출을 힘겨워하고 있다. 경기의 향방은 불투명함을 더해가고 있으며 국민 중에는 뭐라 말할 수 없는 고립감을 품고 있는 사람이 많다.

이 문제는 뿌리가 깊다. 1990년경 버블붕괴로부터 20년이 지났지만 아직도 해결되지 않는 과제이다. 이미 진단은 나왔으나 처방약이 처방되지 않는 채 여기까지 와 버린 것이다. 원인은 전쟁 후 일본을 지탱해 오고 있던 공공사업이나 보조금의 재분배를 중심으로 하는 고도성장형 모델이 기능을 잃었기 때문인데 경제의 세계화에 대응하는 새로운 일본의 성장모델이 발견되지 않는 것이다.

일본의 인구는 약 1억 3000만 명을 정점으로 2005년부터 감소추세에 있다. 이후 저출산 · 고령화의 영향으로 인구가 차차 줄어갈 것이 확실시되고 있다. 한편 세계경제의 글로벌화는 한층 진행될 것으로 예상된다. 중국, 인도, 러시아 등의 신흥국의 경제성장이 눈부셔서 경쟁이 더욱 격화되고 있다. 그 중에서 일본국민의 대부분은 경제성장을 실감하지 못한 채 몸을 사리고 장래에 대한 불안감에 떨고 있다. 이것이 지금 이 나라의 모습인 것이다.

1990년대 미소냉전이 끝나고 베를린장벽이 붕괴되었다. 그리고 러시아나 동구권국가가 자유주의 경제권에 편입되었다. 동시에 인터넷으로 대표되는 IT(정보기술)가 혁신적으로 발전했음에도, 일본은 버블붕괴에서 비롯된 금융위기와 불량채권문제에 대한 대응에 골몰하여 경제성장모델을 바꿀 시기를 놓쳐 버렸다.

경제계의 위기감을 추진력으로 삼은 경제개혁이 본격화된 것은 고이즈미 준이치로(小泉純一郎) 정권이 되어서의 일이었다. 고이즈미 전 수상은 다케나카 헤이조(竹中平蔵)를 경제재정부장관으로 기용하고 공공투자 등의 재정지출에 의존했던 수요대책중시의 정책에서 규제완화 등의 공급면의 개혁중시 정책으로 전환하여 일본경제재생을 노렸다.

그러나 아베 신조(安倍晋三) 정권, 후쿠다 야스오(福田康夫) 정권, 아소 다로(麻生太郎) 정권으로 이어지는 중에 개혁은 멈춰버렸다. 나아가 2009년 여름에 민주당정권이 탄생한 이후 정책결정의 프로세스는 한층 불투명해졌고 경제정책은 혼란의 도를 더해가고 있다.

저출산 · 고령화로 연금이나 의료, 교육, 고용 등의 문제가 쌓여 있다. 국가는 에너지, 환경, 의료, 간병 등을 중심으로 한 신성장전략[3)]을

2010년 6월에 책정하였지만 목표달성까지의 공정표가 나와 있지 않다. 글로벌사회에서의 지반침하를 막기 위해서도 일본경제의 구조개혁은 기다려지는 일이다.

민주당은 고이즈미 개혁의 폐해로 '약자방치', '도농격차', '빈부격차'가 확대되었다고 비판하지만 그러한 비판의 대부분은 핵심을 벗어난 것이다. 미소냉전이 끝나고 세계화가 진행되던 중 격차문제가 세계적으로 현저해진 것이라고 이해하는 편이 올바른 해석이다.

도리어 규제완화 등의 개혁이 중단되었다는 것에 문제가 있다. 고용이나 사회보장에 대한 안전망은 물론 필요하지만, 그러한 사회정책과 경제정책은 나누어 논의할 필요가 있다. 행정개혁이나 지방분권이 이루어지지 않고, 권한과 재정의 지방이전이 철저하지 못해 격차에 대한 처방전에는 손을 내밀 수 없었다는 측면도 있다.

이러한 상황에서 일본은 거액의 재정적자를 안게 되었고 금융정책면에서도 실질금리가 거의 0% 상태라서 운신의 폭이 없었다. 수출이 경제성장을 주도한다는 한 가지 패턴에서 벗어나지 못하고 기득권을 포기할 수 없었던 정계 · 관료 · 재계(政官業)가 각각의 구조개혁에 저항했기 때문이라는 것이 실상이다.

정책의 임시방편적 대증요법만으로 일본경제를 변화시키는 것은 이미 무리였다. 전체 틀을 근본적으로 바꿀 필요가 있다. 이를 위해서는 중앙집권적인 관료제도를 크게 바꾸는 도주제(道州制)나 지방분권개혁의 논의가 급선무일 것이다. 국가의 역할을 외교나 방위, 통화, 사회보장으로 좁히고 기타의 내정은 도주(道州)와 시정촌(市町村)을 통합한 기본자치체에 맡긴다. 나아가 권한과 인사, 예산을 크게 지방으로 넘긴다는 등의 대담한 안건에 대해서도 검토되고 있다.[4)]

디플레이션의 원인은 수요부족, 즉 공급과잉이다. 이는 '개개의 업

---

3) 신성장전략, 수상관저, 2010년 6월(http://www.kantei.go.jp/jp/sinseichousenryaku/) (2010년 8월 19일 접속).

4) 도주제 비전간담회, 내각관방, http://www.cas.go.jp/jp/seisaku/doushuu/.

종에서 기업의 업종전환이나 퇴출이 원활해진다면 공급이 줄어 디플레이션 압력을 완화하는 것으로 이어진다'는 생각이 올바르다. 그러한 시각으로 일본의 버블붕괴후의 20년을 돌이켜보면, 디플레이션의 근본원인은 기업의 신진대사가 제대로 이루어지지 못하고 이를 조장해 온 정책에 있다고 볼 수 있을 것이다.

세계화에 수반되는 국제경쟁의 격화에는 제품의 질과 가격의 어딘가에서 대응할 필요가 있는데, 일본기업이 취해야 할 방법은 압도적인 질적 우월함이다. 그런데 신흥국에 따라잡혀 종래와 같이 가격만으로 승부하려고 하기 때문에 인건비가 저렴한 외국으로 공장을 이전하고 국내의 자금을 억제할 수밖에 없는 것이다. 그 결과 소비의 억제에서 디플레이션이 심해진다는 딜레마에서 벗어날 수 없게 되는 것이다.

잔혹한 말일 수도 있지만, 본래 퇴출되어야 할 기업이 공적신용보증을 받아 살아남아 '좀비기업'이 되어도 일본의 성장에 도움이 되지 않는다. 미국영화 '좀비'는 죽은 자가 다시 살아나 좀비가 되어 인간을 차례로 덮친다는 이야기다. 습격당한 인간도 좀비가 되어 점차 증식해 나간다.

커다란 외적경제 쇼크에 이루어지는 공적긴급융자를 부정하는 것은 아니지만 그러한 대증요법을 장기간 지속하면 구조적으로 공급과잉의 쇠퇴산업이 연명하게 되고, 좀비기업이 살아남는 것을 돕는 결과가 된다. 미국의 캘리포니아대학의 호시 다케오(星岳雄) 교수[5]는 일찍이 버블붕괴 후의 일본경제를 분석하여 "좀비기업이 건전한 기업과 경쟁하기 때문에 건전한 기업활동이나 신규진입을 저해하고 있다. 그 결과 경제가 정체되고 있는 것이 일본의 현실이다"고 설명하였다. 유감스럽게도 그러한 상태가 지금도 계속되고 있다는 것은 디플레이션이 심화되고 있다는 것이 증명하고 있다.

지금까지 디플레이션에 대한 일본의 저출산·고령화에 의한 수요

---

5) Caballero, Hoshi, and Kashyap, "Zombie Lending and Depressed Restructuring in Japan" at (http://www.nber.org/papers/w12129) (last accessed at 22nd August 2010).

부족, 세계경쟁격화에 따른 물가와 임금의 하락압력 등 여러 가지 분석이 이루어졌고, 수요를 환기하는 재정정책과 금융완화가 이루어져 왔다.

그러나 결국 일시적인 수요를 창출하였다고 해도 정부의 부채만 늘어나는 결과로 끝나버린 것처럼 보인다. 금융완화로 돈을 아무리 공급해도 장래에 대한 불안을 가지고 있는 기업이나 개인의 자금수요는 한정되어 있으며, 마법의 지팡이가 되어줄리 없다.

적극적으로 디플레이션을 자립적으로 극복하려면 어떻게 해야 할 것인가. 그 처방전은 분명하다. 고이즈미 정권에서 중간에 하다만 규제완화를 중심으로 한 구조개혁을 추진하는 것이다.

농업분야에서는 기업의 농지소유를 가능하게 하여 신규진입을 확대한다. 의료분야에서는 혼합진료의 실시와 해외에서의 치료를 유연하게 인정하는 등 규제완화의 여지가 크다. 그러한 방식으로 공급과잉산업에서 기업이 퇴출될 수 있도록 촉진하고 공급이 적은 업종이나 성장산업으로 업종을 전환하여 새로운 창업을 지원하는 것이 중요하다.

이때 기업의 퇴출에 수반되는 실업대책과 직업훈련을 통해서 다른 산업으로 취업을 장려하는 등의 안전망을 정비하여야 한다. 창업에 눈뜬 젊은이들도 서서히 늘어나고 있다. 그러한 싹을 돌보기 위해서라도 벤처펀딩의 정비와 과도한 개인채무보증을 요구하는 금융관행의 시정도 필요할 것이다.

일본이 디플레이션에서 탈출하기 위해서는 기업의 신진대사가 자율적으로 일어나는 경제 및 사회시스템으로 변화시키고, 세계경제에 유연하게 대응할 수 있는 기업을 키우는 것이 유효할 것이다. 이것이 잃어버린 20년에서 배울 수 있는 교훈이며 저탄소사회실현을 향한 첫 번째 조건의 정비이다.

【정부의 역할이 크다】

저탄소사회로의 이행은 그러한 국가 전체의 시스템을 바꾸는 가운데 진행되어야 할 필요가 있다. 경제학자인 레스터 C. 써로우(Lester C.

Thurow)는 그의 저작 「자본주의의 미래(The Future of Capitalism)」[6]에서 "일본에 필요한 변혁은 버블경기와 그 붕괴시에 요구된 것보다도 훨씬 크다. 공산주의의 붕괴, 천연자원에 기반한 산업에서 인간중심의 두뇌산업으로 전환, 인구의 증가, 이동, 고령화, 세계경계의 발전, 세계무역의 규칙을 결정하는 패권국이 없는 상황이라는 요인이 겹쳐 경제는 크게 변화하려고 한다. 게임이 바뀌면 규칙도 바뀐다. 새로운 게임에서 이기기 위해서는 지금까지와는 다른 전략이 필요하게 된다"고 하고 있다.

교토의정서에 이어 새로운 의정서가 채택될지 여부는 예상하기 쉽지 않다. 기후변화협약 당사국총회(COP)의 논의에서 선진국과 개도국의 대립이 계속되고 있다. COP15에서는 각국이 2020년까지 온실가스 감축목표를 자진신고한 '코펜하겐합의'에 대해서도 '아무런 법적구속력이 없는 것'이라는 인식이 대세이다.

그러나 국제적 합의의 가능성이 낮다고는 해도 에너지효율향상을 목표로 하는 세계적인 경쟁이 멈추는 것은 아니다. 경제성장을 바라는 신흥국의 에너지수요는 늘어나고 이대로는 자원가격상승도 불을 보듯 뻔한 일이다.

2008년 9월의 미국발 금융위기와 그 이후의 세계적인 동시불황에서 탈출하려는 선진각국은 거액의 재정출자를 단행하였다. 그 대상으로 에너지 · 환경분야에 중점을 두고 있다. 일본, 미국이 제정하려는 지구온난화대책법은 국내의 스마트그리드 구축에 맞추어 중국 등으로의 기술이전을 핵심으로 한 새로운 비즈니스 모델을 노리고 있다. 개도국 대표라고 스스로 인정하고 있는 중국도 자국산업의 효율향상이라는 목표아래 온난화대책의 독자적인 규칙을 만들려는 움직임을 강화하고 있다.

온난화대책의 일환으로서 정부와 민간이 하나가 되어 해외 인프라를 수주하는 PPP(Public Private Partnership)도 주목받고 있다. 10년 넘게 이익을 창출할 장기 비즈니스를 유치하게 되기 때문이다. 일본은 최신

6) レスタ・C・サロー(山岡洋一, 仁平和夫 訳),『資本主義の未来』, 阪急コミュニケーションズ, 1996년, 3-4면.

고속전철기술인 리니어모터카(Linear Motorcar)와 신간선을 미국에 판매하려고 민관이 하나 되어 노력하고 있다. 하지만 원자력발전소나 철도 등 외국의 인프라 수주경쟁에서 일본기업이 패하는 사례가 눈에 띈다. 가장 중요한 것은 기업의 기술력이지만, 신흥국은 기술, 인간, 자금, 때로는 무기제공까지 포함한 패키지로 된 정부 간 협상을 중시한다. 이 때문에 기업의 자구노력에는 한계가 있다는 것이 사실이다.

일본은 2009년 말, 베트남의 원전 제1기 계획에서 러시아에, UAE의 원전발주에서는 한국에 졌다. 각각 대통령부터 톱세일즈에 나서 강력하게 수주를 지원하였다. 위기감을 느낀 일본정부도 이제서야 '인프라수출'을 성장전략으로 삼고 민간지원을 시작하였다.[7)]

세계의 인프라수요는 2030년까지 41조 달러에 달할 것이라고 추정되고 있다. 민관이 하나 되어 추진하지 않으면 기술력이 우수해도 수주하기가 쉽지 않다. 이것이 국제입찰의 어려운 현실인 것이다. 해외수요를 파악하고 일본의 성장에 어떻게 보탬이 될 수 있을지 민관이 하나 되는 체제강화가 필수적이다.

그러나 문제는 그 이후이다. 민관일체라는 것은 말처럼 쉽지 않다. 인프라사업은 장기적으로 이루어지는 것이다. 수출금융이나 무역보험, 개도국을 대상으로 한다면 공적 개발원조(ODA)에 의한 자금지원도 빼놓을 수 없다. 자유무역협정(FTA)의 가속화도 중요하다. 그러한 지원을 종합적으로 합치는 전략을 입안할 필요가 있다.

일본정부가 말하는 성장전략[8)]에는 "환경기술방면에서 일본이 강점을 갖는 인프라정비를 패키지로 아시아지역에 확대 · 침투시킴과 동시에 아시아 국가들의 경제성장에 수반되는 지구환경에의 부담을 경감

7) 經済産業省, 'インフラ関連産業の海外展開のための綜合戦略' (http://www.meti.go.jp/committee/materials2/downloadfiles/g100805a04j.pdf) (2010년 9월 20일 접속).

8) 經済産業省, 'パッケージ型インフラ海外展開推進実務担当者会議 中間とりまとめ' (http://www.npu.go.jp/policy/policy04/pdf/09/03/20100618_infra_chuukan_torimatome.pdf) (2010년 9월 20일 접속).

하고, 일본의 기술 및 경험을 아시아의 지속가능한 성장엔진으로서 활용한다. 구체적으로는 신간선 · 도시교통, 물, 에너지 등의 인프라정비 지원이나 환경공생형 도시개발지원에 민관일체로 돌입한다"고 되어 있으며 "이들 조치는 아시아를 기점으로 널리 세계로까지 확대해 나간다"는 목표를 밝히고 있다. 국가적인 전략프로젝트 분야로 삼고 있는 것이 고속철도 · 도시철도, 원자력발전, 고효율석탄화력발전, 재생가능에너지, 송배전, 스마트그리드 · 스마트커뮤니티, 도시개발, 물관리 사업, 정보통신사업 등이다.

문제는 각 부서에서 제각각 난립한 성장전략을 어느 부서가 사령탑이 되어 통일감 있게 추진해 나갈 것인가 하는 점이다.

민간에도 과제는 있다. 지금까지의 수출은 단일품목이나 개별적인 기술에 그쳐, 일본은 '부품가게'라는 비아냥거림을 듣는 경우가 많았다. 제품에서 사업운영까지 전체적으로 '패키지'로 판매하는 발상과 기업제휴가 필요할 것이다.

원전수주에서 정부가 전력회사 외에 민간기업과 공동출자회사를 설립하고 올재팬(All Japan)으로 추진하기로 하였다. 이것이 기업재편의 계기가 될 수 있다면 쓸모없는 일은 아닐 것이다. 일본의 잠재성장력을 높이기 위해서라도 기업제휴의 폭을 넓혀나가는 것이 중요하다.

다만, 베트남에서의 러시아 원전수주나 UAE에서의 한국 수주에 군사적인 협력이 패키지로 포함되었다는 것에 주목하여야 한다. 한국은 UAE와 군사교류협력협정을 체결하였고 러시아는 잠수함매각을 세트로 판매하였다.

과거 중상주의는 군사력과 표리일체였다. 지금의 국가가 전면에 내세우는 상담(商談)을 '신중상주의'로 보는 견해가 있으나 그런 시각에서 보면 자위대의 해외파병이나 무기수출이라는 면에서 제한이 있는 일본은 압도적으로 불리하다.

민관일체는 자칫 군사력으로 지탱되는 중상주의경쟁으로 치닫게 될 수 있는 우려가 있다. 그러면 일본에 유리한 자유무역이 도리어 저해되고 만다. 과도하게 민관일체에 집중하는 것보다 국가가 기업의 상담(商談)에 직접 관여하는 경우의 규칙만들기에 대하여 일본은 경제협력개발기구(OECD) 등의 장(場)을 통해서 제안해 나가는 것이 급선무일 수도 있다.

【성장전략과 일체로 추진】

정부의 성장전력의 커다란 기둥의 하나가 환경분야이다. 녹색혁신을 추진하고 새로운 수요와 고용의 창출이 기대된다.

일본은 디플레이션 탈출과 성장전략, 에너지 · 환경정책을 일체화하는 가운데 추진해야 할 필요성이 있다. 정부의 인센티브의 역할은 크다. 정부가 기후변화비즈니스로의 민간투자를 유도해야 하는 것은 말할 필요도 없다. 다만 너무 높은 온실가스배출감축목표를 국제공약으로 하는 것은 실현되지 않는 경우에 공약위반으로 불이익을 받을 리스크를 높이는 결과가 되므로 문제가 많다. 온난화대책과 경제성장은 단기적으로는 상반된다는 점에서 국민부담과 규제의 균형을 충분히 도모하는 것이 중요하다.

정부는 목적달성까지의 여정과 그에 필요한 정책을 제시하여야 한다. 기업이나 국민은 그 과정을 납득할 때 더욱 의욕적으로 움직인다. 저탄소사회로 이행하는 것을 비즈니스기회로 받아들이는 기업은 수없이 많다.

구체적으로는 에너지절약생활을 실현하는 기술이 비즈니스가 될 수 있다. 이른바 '녹색기술'이라고 불리는 환경비즈니스를 말한다. 그 중에는 재생가능에너지에 의한 발전, 스마트그리드(차세대송전망), 주택이나 빌딩관리시스템, 신교통시스템, 폐기물처리 등이 포함되며 이를 총체적으로 담당하는 시스템구축을 둘러싸고 세계의 기업들이 경쟁을 벌이고 있다.

그러한 정세를 고려한 일본정부의 신성장전략의 기둥은 2020년까지 해외로 철도와 원전 등 플랜트수출을 포함해서 19.7조 엔의 사회기반정비 시장창출을 목표로 하는 것 등이다. 환경 · 에너지 분야에서는 2020년까지 50조 엔이 넘는 신규시장을 개척하고 140만 명의 새로운 고용을 창출한다고 한다.

이를 위해 2013년까지는 「환경미래도시정비촉진법」(가칭)을 제정한다. 그리고 환경관련투자를 촉진하기 위해서 일본국내에서 복수의 도시를 선정하여 규제개혁 등의 정부지원을 실시할 것이라고 한다.

스마트그리드는 미국의 오바마 대통령이 2008년의 미국발 금융위기와 이에 수반한 세계동시불황에서 벗어나기 위한 돌파구로서 내세우고 있는 것이며, 세계적으로 참가경쟁이 일어나고 있다.

스마트그리드란 말 그대로 '현명한(스마트) 송전망(그리드)'를 말한다. 지금까지의 전기는 발전소에서 가정이나 사무실 · 공장 등으로 단방향으로 흐르기만 했지만, 이후로는 가정이나 공장에서 만든 전기를 송전망에 흘린다는 쌍방향의 전기 송수신을 상정하고 있다. 가정에서 축전지나 EV가 보급되면 전기를 모아두었다가 가격이 비쌀 때에 전기를 판매하는 것도 가능해진다.

이에 가정이나 사무실 등에 고성능전력계량기 '스마트미터'를 설치하여 전기를 '시각화'할 필요가 생긴다. 전력수요와 공급을 컴퓨터로 제어하고 전력회사에서 효율적인 송전을 실현하는 것이 목적이다. 특히 가정이나 사무실에 설치되는 태양광발전이나 해상에 설치되는 풍력발전 등의 재생가능에너지는 발전량이 일정하지 않아 정보기술(IT)이나 축전지를 활용해서 전력망에 흘려 넣는 양을 일정하게 해야 한다.

일본정부도 2010년 4월 미국 뉴멕시코주에서의 미일공동실험을 개시함과 동시에 오키나와현(沖縄縣)과 하와이주에서 실험할 것에 합의하고 도서형 스마트그리드구축을 목표하고 있다.

일본국내에서는 2010년도부터 요코하마시(横浜市), 아이치현(愛知県) 도요타시(豊田市), 교토부(京都府)(케이한나 학연도시), 키타규슈시(北九州市)의 4개 지역에서 실증실험을 시작하였다. 여기에는 합계 5000세대가 참가할 예정이며, 전기자동차와 조합된 차세대 교통시스템과 도시정비의 실험데이터를 수집한다.

스마트그리드에는 부가가치를 낳는 여러 가지 기술의 조합이 기대되고 있는데, 우선 중요한 것이 스마트미터이다. 스마트미터에서는 파나소닉, 히타치, 도시바 등이 기술혁신에 박차를 가하고 있다. 미국에서는 구글이나 마이크로소프트 등의 IT기업도 참가하고 있다.

이에 더하여 에너지관리시스템(Energy Management System, EMS) 분야에서도 경쟁이 격화될 것이 예상된다. 파나소닉은 'Green Transformation 2012(GT12)'라고 명명한 2010~2012년도 그룹의 새로운 중기계획을 발표하고 EMS를 수익의 기둥 중 하나로 키울 방침이다.

EMS란 IT를 사용해서 가정이나 사무실, 공장 등의 에너지관리를 포괄적으로 다루는 시스템으로, 가전이나 조명, 에어컨 등의 사용상황이나 EV의 배터리잔량 등을 분석하여 전력회사의 전기와 태양광 등의 자가발전된 전기 중에서 무엇을 사용할지를 판단하는 시스템이다.

또한 송전시의 전기손실을 거의 없애는 '초전도송전선'의 개발도 중요하며, 미국과 일본을 중심으로 민관일체로 치열한 개발경쟁이 전개되고 있다. 태양광발전소나 태양열발전소 등에서 전력의 소비지까지 옮기기 위해서는 송전손실을 얼마나 적게 할 수 있는가가 관건이 되고 있다.[9)]

재생가능에너지 중에서 가장 주목되고 있는 것이 태양광발전이다. 빌딩이나 주택의 지붕에 부착한 태양전지판을 스마트그리드로 연결하여 일정한 범위의 지역을 묶으면 상당한 전력을 만들 수 있다. 참가기업이 많아 세계적으로도 가격과 질의 경쟁이 격화되고 있다.

스마트그리드 구상의 성공열쇠가 되는 것이 전지이다. 태양전지의 세계 수요는 2020년에 2008년의 5배인 10조 엔에 이를 것이라는 추정도 있다. 태양광과 풍력 등 재생가능에너지는 공급전력이 불안정하기 때문

---

9) 経済産業省,『主要産業・戦略分野(製造業関係)~勝てる製造業の創生に向けて~』(http://www.meti.go.jp/committee/materials2/downloadlingfiles/g100423a05j.pdf) (2010년 9월 19일 접속).

에 축전(蓄電)이 필수적이다. EV에 더하여 가정과 사무실에 설치된 축전지가 필요하게 된다. 축전지도 향후 20년간 일본, 미국, 유럽을 합하여 70조 엔의 시장으로 성장할 것으로 생각된다.

축전지는 리튬이온전지나 나트륨황산(NAS) 전지, 수소전지 등이 유망시되고 있다. 도쿄가스나 오사카가스 등이 전기발전사와 공동개발하고 있는 것이 연료전지 열병합발전(Co-generation) 시스템이다. 이른바 '에네팜(Ene-Farm)'이다. 주택개발자 등도 제휴하여 제공하고 있다. 연료전지 Co-generation이란 등유나 가스를 이용해서 발생시킨 수소로 전력을 일으킨 후 그 수소발생시의 열을 활용하여 80%의 열효율을 실현하고 있다.

기타 성장전략 중에서 주목되는 것이 이산화탄소포집 및 저장(Carbon Capture & Storage, CCS)이다. CCS는 화석연료 등의 연소가스나 각종 플랜트의 배기가스에서 CO_2를 분리·회수하고 땅 밑에 저장하는 기술이다. 화석연료의 이용과 CO_2 감축을 동시에 달성하는 방법으로 유력시되고 있다. 2008년에 정부의 저탄소사회만들기 행동계획이 결정되어 2020년을 목표로 CCS의 실용화를 위한 실증실험이 시작되고 있다. 이를 위한 조직이 전력이나 석유, 제철, 화학 등 민간기업 29개사가 출자하여 설립한 'CCS 조사'라는 기업이다.

【열쇠를 쥐고 있는 차세대 자동차】

2008년 가을의 미국발 금융위기는 세계 자동차산업의 경쟁환경을 크게 바꾸었다.[10] 일본, 미국, 유럽의 자동차 제조사의 세계 점유율이 하락하는 가운데, 신흥국 제조사의 점유율이 무섭게 늘어나고 있다. 그러한 상징이 미국의 GM, 크라이슬러의 경영파탄이었다.

향후의 자동차산업은 에너지절약이나 지구온난화 문제에 대응하는 환경기술획득경쟁의 격화와 함께 다양한 합종연횡의 시대를 맞이하게

10) '次世代自動車戦略2010', 経済産業省, 2010년 4월.

되었다. 이는 미국의 총액 24억 달러에 이르는 그린뉴딜정책으로 대표되는 바와 같이, 각국정부가 자동차산업지원에 박차를 가하는 상황이다. 핵심이 되는 자동차는 전기와 가솔린을 병용하는 하이브리드카(HV), 전기자동차(EV), 가정용전원으로 충전할 수 있게 하는 플러그인 하이브리드카(PEV)이다.

일본의 운송부분에서의 CO_2 배출량은 전체의 2할, 특히 자동차에서 배출되는 양이 9할을 차지하고 있다. 이후 신흥국, 개도국에서의 모터라이제이션(motorization: 자동차의 대중화)의 진전에 수반되는 배출량의 증대는 확실한 흐름이고 그러한 관점에서 보아도 자동차의 연비향상과 석유의존도 저하가 중요한 과제이다.

나아가 EV를 보급하기 위해서는 리튬이온전지 등을 탑재하는 전지의 안전성과 자원제약 속에서 어떻게 경제성을 확보해나갈 것인가 하는 점, 충전소 등의 에너지공급인프라 확충 등도 필요해질 것이다.

특히 자원제약이라는 면에서는 희귀금속(rare metal)의 확보를 들 수 있다. 리튬의 재활용에 대해서는 스미토모상사 등이 자동차전지의 재활용을 고려하고 있다. 아파트나 가정의 비상용전지로 재이용하는 것이다.

희토류(rare earth)는 세계 생산량의 9할을 차지하는 중국의 수출규제 동향이 열쇠가 된다. 중국은 가격지배력과 국내환경보전을 목적으로 수출수량을 규제하고 있다. 가령 디스프로슘(dysprosium)은 산 전체에 유산마그네슘을 흘려보내 추출하는 방식을 취하고 있다. 비용절감을 위한 것이라지만 이러한 방법은 환경파괴로 이어지기 때문에 중국당국도 규제에 나서고 있다.

향후에는 환경제약이 커지게 되므로 그러한 방식으로는 생산할 수 없게 될 것이어서 비용상승이 예상된다. 리튬 등도 중국남부에서는 지나치게 저렴하다. 이후 가격이 올라가면 다른 나라에서 생산하는 것도 비용적으로 채산성이 있기 때문에 공급량면에서는 그다지 걱정하지 않아도 된다는 지적이 있다. 하지만 충분한 양을 확보하기 위해서는 자주개발광산 등 해외에서의 투자를 게을리할 수 없다.

〈그림 6-4〉

* 출처: 2010년 6월 경제산업성 'スマ-トコミュニティフォーラムにおける論点と提案'

EV나 PHV의 충전인프라에 대해서는 2010년 3월에 도쿄전력이나 자동차제조사가 '급속충전기인프라추진협의회'(CHAdeMO협의회)를 설립하고 급속충전기의 보급과 국제표준만들기에 매진하고 있다.

차세대 자동차의 보급촉진에는 정부에 의한 적극적인 구입인센티브도 중요하다. EV나 PHV자동차의 보급에 대비하여 전국의 충전인프라에 대해서도 전국각지에서 모델사업을 추진하고, 2020년까지 보통충전기 200만기, 급속충전기 5000기의 설치를 목표로 하고 있다. 비용을 최소화하고 간편하고 고성능인 충전소를 얼마다 공급해 나갈 것인가가 관건이다.

이후의 자동차산업은 크게 변화할 가능성이 있다. 종래에는 도요타, 혼다, GM 등의 제조사가 피라미드의 정점에 위치하고 부품이나 소프트웨어 등의 제조사를 지배하고 있었지만, EV에서는 덴소(Denso)나 아이신(Aisin)전기, 히타치오토모티브시스템(Hitachi Automotive Systems), 보쉬(Bosch), 콘티넨털(Continental), 이튼(Eaton) 등의 전동시스템관련 제조사의 대두가 예상된다. 또한 리튬이온이나 니켈수소 등의 배터리를 공급하는 파나소닉 EV에너지(Panasonic EV Energy), 산요전기(三洋電機), 리튬에너지재팬(Lithium Energy Japan), 오토모티브에너지서플라이(Automotive Energy Supply Corporation), 존슨컨트롤(Johnson Controls), BYD 등의 제조사도 지배력을 획득해 나가고 있다.[11)]

이를 일본은 어떻게 받아들여야 할까? 도리어 일본기업에 있어서는 기회일지도 모른다. 일본에서만 제조할 수 있는 중간재일수록 일본의 높은 기술력을 유지하고 기술의 유출을 방지하는 것도 가능해진다. 넘버원이 아니라 온리원을 목표로 해야 한다.

자동차와 로봇의 융합가능성도 넓어진다. 야마나카 슌지(山中俊治) 게이오대 교수는 “전기로는 보다 ‘섬세한’ 자유를 실현할 수 있다”고 강조한다.[12)] 로봇은 각각의 관절에 모터가 있어, 살아있는 생물의 근육과 같이 각각의 전원장치(power unit)가 분산되어 있어 전체적으로 조화로운 다양한 움직임을 실현하려 하고 있다. 이것이 자동차에서도 가능하게 되면 흥미로울 것이다. 가령 자동차를 이동수단으로 할 뿐만 아니라 자동차에 탄 채로 사무실에 들어가 일을 하고, 거실에서 느긋한 시간을 보낼 수도 있는 것이다. 그때마다 자동차가 의자로 변하거나 소파가 되는 것도 꿈은 아닐 것이다.

일본에는 ‘현장도면’이라는 전통이 있다. 현장에서 도면이 변경되어 이것이 설계자에게 피드백된다. 품질과 현장의 협조작업이 일본 제조업을 지탱해 왔다. 금형생산 등이 좋은 예이다.

---

11) 志村雄一郎, 『次世代自動車は日本の産業の救世主になりうるか』, 三蓋総研での講演, 2010년 7월 27일.

12) 三蓋総合研究所「『クルマ社会』を考える」丸善プラネット, 2009년, 60-67면.

그러나 기술의 모듈화가 진행되므로 엔진이나 트랜스미션, 샤시 등의 조정(스리아와세)이 불필요해진다. 표준화에 따른 자동차의 컴퓨터화가 진행될 것이다. 이는 해외 공급처의 등장을 초래한다. EV자동차 전지의 기준이나 사양은 어떻게 될 것인가. 전문가는 *de jure*(법률상의 절차)로 결정된다고 한다. 즉 공적인 표준화기관에 의한 협의로 규격이 결정될 예정이다.

전지팩은 국제표준화기구(ISO)에서 유럽 · 미국 자동차제조사나 공급처가 참가해서 표준화를 둘러싼 논의가 벌어지고 있다. 전지셀(배터리 내부의 전지유닛)은 국제전기표준회의(IEC)에서 논의되고 있다. 일본의 자동차제조사나 전지제조사가 참가하고 있다. 여기서는 안전성을 전기팩으로 보는 것인지 전지셀로 보는 것인지에 대한 논쟁이 반복되고 있다. 안전성을 나타내는 절차 자체가 이익이 될 수 있기 때문이다. 다만 표준화를 정하는 회의에서의 역학관계를 들자면 유럽과 미국의 의도에 따라 국제표준이 결정되는 흐름이 강해지고 있다.

향후에는 스마트그리드라는 시스템이 구축되는 가운데 자동차를 판매하게 될 공산이 크다. 중국제조사 등 신흥국의 등장도 위협적이다. 스마트그리드에서는 EV나 히트펌프(heat pump)를 이용한 부가제어에 대한 기대가 있다. 단품이 아니라 시스템으로 판매할 필요가 있을 것이다.

시스템의 중추는 Vehicle to Grid(V2G)이며 EV를 전력망의 충전지에 활용하는 구상이다. 지역 내에 있는 많은 전기자동차를 축전지로 활용하고 풍력이나 태양광으로 얻은 전력을 비축하거나 주야의 전력이용을 평준화하는 역할이 기대되고 있다. 혼다는 EV와 가정용전원으로 충전할 수 있는 PHV에 대해서 구글과 공동으로 실증실험을 진행하고 있다.

또한 인도 구자라트(Gujarat)주에서는 도쿄전력과 히타치나 교세라 등이 전지와 스마트그리드구축, 나아가 물처리플랜트 등을 일체로 수주하여 인프라 정비에 나설 계획이다.

〈그림 6-5〉 차세대자동차의 6대 전략

	전체전략	전지전략	자원전략
목표	일본을 차세대자동차 개발 · 생산거점으로	세계최첨단의 전지개발 · 기술확보	희귀금속확보+ 순환시스템구축
액션플랜	· 보급목표의 설정 - 차세대자동차 → 2020년 최대 50% - 차세대차+순환성능이 우수한 기존차 → 2020년 최대 80% · 연료다양화 · 부품 고부가가치화 · 국내입지지원책도입	· 리튬이온전지의 성능향상 · 포스트-리튬이온전지 개발 · 전기자동차보급에 의한 양산효과창출 · 세계선구적 전지잔존성능평가 방법개발	(상류) · 전략적 자원확보 (중류) · 희귀금속프리전지 · 모터 개발 (하류) · 전지 리사이클시스템 구축

	인프라정비전략	시스템전략	국제표준화전략
목표	보통충전기 200만기 급속충전기 5000기	자동차를 시스템 (스마트 그리드 등)에서 수출	일본주도에 의한 전략적 국제표준화
액션플랜	· 계획적 · 집중적인 인프라정비(EV · PHV타운) · 인프라정비로드맵에 근거한 본격보급을 위한 코스구축	· EV · PHV타운에서의 실증을 통한 새로운 비즈니스모델의 창출 · '차세대에너지사회시스템실증사업'을 통한 시스템검증	· 블랙박스화 -전지소재 · 매니지먼트 시스템 · 오픈화 -성능/안전성/잔존성평가방법 -차량과 축전지의 인터페이스 -표준화인재육성 -민관에 의한 표준화검토체제강화

* 출처 : 2010년 4월 23일 경제산업성 '成長戦略における重點分野'

국가에서도 종합적으로 자동차산업지원에 나서고 있다. 차세대 자동차의 보급률을 2020년까지 50%로 하는 것을 목표로 전체전략, 전지전략, 자원전략, 인프라정비전략, 시스템전략, 국제표준화전략의 '6대 전략'을 세우고 보조금 등으로 정책유도를 시도할 방침이다.

【가능성이 큰 3R】

자동차나 휴대전화 등의 제품에 빠지지 않는 희귀금속의 가격이 상승하여 조달이 어려워지고 있다.

중국이나 인도 등의 신흥공업국의 경제성장에 수반되는 수요증가에 더하여 희귀금속을 산출하는 중국 등이 수출규제를 강화하고 있기 때문이다. 희귀금속은 매장량이 적거나 그 하나만을 추출해 내기가 물리적으로 어려운 플래티넘이나 니켈, 망간, 희토류 등의 금속을 총칭하는 것이다. 이들 금속은 약간의 양으로 엔진이나 반도체의 성능을 높이기 때문에 지금까지는 자동차나 휴대전화, 액정디스플레이 등의 최첨단 제품에는 빼 놓을 수 없는 존재가 되고 있다.

희귀금속은 세계에 편재되어 있으며 대체 조달처를 찾기가 어렵다. 일본정부는 권익확보를 향한 자원외교를 전개하고 있지만 이대로는 일본이 자랑으로 하는 첨단산업분야에서의 생존이 어려워지게 된다.

곤란한 점은 이 희소가치가 산지편재나 자원민족주의와 결합하는 경우이다. 중국의 수출규제는 그 전형적인 예이다. 2006년 11월부터 수출량 그 자체를 줄이고 있다.

중국은 하이브리드 자동차의 모터에 필요한 희토류와 초경공구(超硬工具)에 빼놓을 수 없는 텅스텐의 산지로 세계 9할 이상의 점유율을 차지하고 있다. 수출규제에는 희귀금속을 국내수요에 돌리고 최첨단제품의 수출을 전략적으로 확대한다는 노림수가 있다. 또한 수출규제에 의해 중국으로 공장진출을 촉진시켜 최첨단 기술의 취득을 노리고 있다는 지적도 있다.

그러나 중국의 수출규제에 대한 일본의 대책은 미온적이다. 채굴권 등의 확보를 향한 아프리카 국가들과의 외교공세를 강화하고 있지만 이렇다 할 성과를 올리지 못하고 있다. 수급완화에 도움이 될 수 있는 재활용에 대해서도 개개의 기업이나 지자체에 맡길 뿐 전략이 없다. 상황이 이러하다 보니 쓰레기로 버려진 컴퓨터나 휴대전화가 언제부터인가 일본에서 중국으로 수출되고 있다.

여기에서 주목되고 있는 것이 '도시광산(urban mining)'의 효과적 이용이다. 땅 속의 천연광산에 비해서 컴퓨터, TV, 휴대전화에 사용되어 지상의 공업제품에 숨겨진 금이나 백금 등의 금속자원을 지칭하는 말인데, 다른 국가들이 일본산업의 명줄을 틀어쥐도록 내버려두지 않기 위해서라도 이러한 도시광산에서 희귀금속을 채취하는 재활용을 강력하게 추진할 필요가 있다.

독립행정법인 '물질 · 재료연구기구'에 의하면 일본의 도시광산에는 세계 매장량의 22%에 상당하는 은, 16%에 상당하는 금이 쌓여 있다. 이 외에 TV의 액정화면의 전극에 사용되는 인듐이 15%에 달하는 등 중요한 자원의 축적량도 많다.[13)]

일본은 '폐기물은 자원'이라는 생각을 철저하여 하여 재활용에 전력을 다해야 한다. 가전재활용법의 강화 등 동원할 수 있는 수단은 많다. 도시광산을 개발할 수 있다면 해외의 지하광산에 매달리지 않아도 일본은 세계유수의 자원국으로 변할 수 있는 가능성이 있다.

가전재활용법으로 TV나 냉장고 등의 회수가 이루어지고 있지만 휴대전화의 재활용도 통신사업자와 판매회사, 제조사가 '모바일 리사이클 네트워크'를 만들어 2001년도부터 시작되었다.

본격적인 자원회수는 지금부터이다. 우선 국내의 자원회수 루트의 정비가 과제이다. 폐기물을 저렴하게 모을 수 있는 루트를 정비하여 회

---

13) 『わが国の都市鉱山は世界有数の資源に匹敵』, 独立行政法人「物質・材料研究機構」
http://www.nims.go.jp/news/press/2008/01/p200801110.html (2010년 9월 7일 접속).

수비용이 내려가면 회수율향상을 기대할 수 있다. 최종제품에서의 회수만을 생각해서는 비용만 늘어나기 쉽다. 광석에서 최종제품에 이르기까지의 주산물의 정련 흐름을 분석하여 부산물인 희소금속을 어떻게 추출하는 것이 효율적인지를 연구하는 것도 중요하다 이후로도 자원가격은 상승할 것이 예상된다. 민관일체로 회수기술의 개발과 회수루트의 구축이 급선무이다. 쓰레기처리, 재활용은 신흥국에서의 필요도 크다. 3R (Reduce, Reuse, Recycle)을 비즈니스 모델로서 세계표준으로 하려는 접근도 중요하다.

【슬로우 라이프의 실현】

국내로 눈을 돌리면 성숙한 사회의 가치관 전환을 배경으로 슬로우 라이프를 향한 관심이 높다. 도시인에게 '시골생활'을 제공한다든지 도시에서의 '스마트 커뮤니티'의 실현이 비즈니스 기회로 이어질 것이다.

그러한 사업전개를 패키지로 생각하면 교통인프라혁명 · 철도복권(復權), 물류인프라정비 · 지산지소(地産地消), 컴팩트시티(환경도시, 에도사회와 같은 완전한 재활용형) 등이 키워드가 된다.

에너지 공급도 가능한 한 지산지소의 방향이 힘을 얻을 것이 확실하다. 도쿄가스의 마에다 타다아키(前田忠昭) 부회장[14]은 에너지원에 대해서는 '재생가능에너지를 우선적으로 이용한다', '에너지는 지역특성에 따라 되도록 가까이에서 만든다', '지역의 재생가능에너지를 계통전력이나 도시가스로 지원한다', '에너지는 상호보완하고 융통성 있게 사용'할 것을 제안하고 있다.

14) 前田忠昭, 「燃料電池を中心とした低炭素ェネルギー戦略について」, 自由企業研究 第427号, 2010년 2월 4일.

(3) 표준화전략이 열쇠로

【유럽의 독무대였던 표준화】

유도나 스케이트 등 스포츠세계에서는 개개의 선수들의 실력도 중요하지만 채점방식에도 크게 좌우된다고 한다. 즉 경기 그 자체뿐만 아니라 어떤 규칙이 채택되는지에 따라 승패의 커다란 갈림길이 생긴다는 것이다.

비즈니스의 세계도 마찬가지이다. '좋은 기술이 있으면 이길수 있다'든지 '기술력이 있으면 세계가 인정한다'는 등은 망상이며 일본의 휴대전화 등 높은 기술이 있어도 세계가 채택하지 않는 예는 셀 수 없이 많다. 기술력은 말할 것도 없이 세계의 현실은 규칙을 제패하는 것이 우선 중요하며 무엇을 표준으로 하는지가 경쟁결과를 크게 좌우한다. 세계화의 흐름 속에서 거래비용이나 정보획득비용을 낮추는 것은 기업의 사활이 걸린 문제라는 점에서 제도나 법령을 포함한 규칙을 통일하는 표준화의 흐름은 가속되고 있다.

그러나 지금까지 국제표준화 책정작업에 참가하지 않았기 때문에 많은 비즈니스 기회를 잃었다. 일본은 반도체나 액정패널, DVD 플레이어 등에서 한때 높은 국제적 점유율을 가지고 있었지만 연구개발비를 회수할 겨를도 없이 겨우 몇 년 만에 신흥국에 점유율을 빼앗겨 왔다.

일본은 '기술에서 이기고 사업에서 졌다'고 한다. 도쿄대 특임교수인 세노오 켄이치로(妹尾堅一郎) 교수[15]는 그 이유에 대해서 "유럽과 미국의 '이기는'기업과 신흥국 간의 '혁신전쟁'에 의한 것으로 일본은 그 사이에서 튕겨져 나가버린 형상"이라고 분석하고 있다. 구체적인 예로서 인텔의 반도체를 들고 있다. 부품납품 제조사였던 인텔은 완성품의 하청업자로 끝나지 않기 위해서 스스로의 제품을 완성품의 급소로 만든다는 전략을 채택하였다.

---

15) 妹尾堅一郎, 『振興国と共闘するビジネスモデル』, 総合研究開発機構(NIRA)政策レビュー, No.47, 2010년 7월.

인텔은 하드웨어의 MPU칩 안에 컴퓨터의 요소기능을 봉인하여 블랙박스화하는 한편, 외부부품과 연동하기 위한 인터페이스의 프로토콜을 국제표준으로서 타사에 공개하였다. 이는 소프트웨어에서 OS를 핵심부품으로 만든 마이크로소프트의 전략과 동일한 것으로 "내부의 독자기술로 블랙박스화하는 한편, 외부를 표준기술로서 개방하는 전략"이었다. 이에 따라 컴퓨터는 그때까지의 개개의 부품을 각각의 제조사가 사내에서 조합해서 만드는 인테그럴(integral) 방식에서 부품을 조합해서 만드는 모듈러(modular) 방식으로 변하게 되었다. 따라서 핵심부품을 제패한 인텔과 마이크로소프트는 각기 다른 부품제조사를 거느린 컴퓨터 업계의 지배적 지위에 서게 되었다.

또한 인텔은 MPU를 탑재한 마더보드라는 중간부품을 개발하여 그 제조 노하우를 타이완의 제조사에 제공하였다. 이로서 컴퓨터는 마더보드를 넣기 위한 상자에 불과하게 되었고 컴퓨터 조립사가 세계 여기저기에서 탄생하게 되었다. 세노오 교수는 "급소를 쥐고 부품제조를 신흥국 기업에 맡기는 것으로 시장은 자동적 · 가속적으로 형성되어 갔다"고 분석하고 있다.

세노오 교수에 의하면 "혁신만으로 이기는 시대는 지나갔다"고 한다. 기술력에 더하여 신흥국과 긴밀하게 보조를 맞추어 싸워나가는 비즈니스모델, 이를 가능하게 하는 제품 아키텍처, 국제표준화를 포함한 지적재산권 관리의 3가지가 매우 중요하게 되었다고 한다. 즉 기업연합을 형성하는 단계에서 유력기업을 많이 포섭하면 기술개발부터 제품화로 이어지는 단계에서 사실상의 국제표준(*de facto* Standard)을 획득할 수 있다.

이에 대하여 세계경제의 발전에 따라 국제표준화기구(ISO) 등 공적기관에서 국제표준을 정하는 일도 늘어나고 있다. 이를 공적표준(*de jure* Standard)이라고 하는데 스마트그리드와 관련된 전지 등의 기술은 모두 공적표준이 될 것이라고 예상된다.

그렇게 되면 지금까지 여러 가지 세계의 표준화를 이루어 온 미국이나 유럽이 유리해진다. 국제표준을 결정하는 회의에서의 면면은 유럽이나 미국의 경우 수십 년간 거의 변하지 않는다고 한다. 그러나 일본의 경우 업계 최고기업은 표준화의 중요성에 대한 인식이 거의 없으며, 기업내 이동이 빈번하여 사람이 바뀌게 되므로 표준화회의에서 다른 나라의 회원들과 친해질 수 없다. 표준화회의는 이너서클적인 요소가 짙어서 오래된 회원일수록 발언력이 강하고 그러한 '장로' 회원들에 의한 사전공작도 이루어지고 있다고 한다.

EU의 협상력은 무시할 수 없다. EU는 역내의 국가표준이나 제도를 통일시키는 것이 시장형성에 필수적이므로 지금까지 표준화를 논의해온 오랜 경험이 있다. 여기에 다른 나라에 대해서도 표준화를 위한 인적지원이나 기술정보를 제공하여 EU 기준채택을 촉진하는 전략을 펴고 있다. 가령 EU는 동남아시아국가연합(ASEAN)의 표준화위원회에 물심양면으로 협력하고 있다.

포스트 교토의정서를 둘러싼 국제협상도 온난화 비즈니스로 이어지는 국제규격 만들기에 각국이 박차를 가하고 있다. 세계적으로는 오바마 미국대통령이 그린뉴딜정책을 주창하고 노후 된 인프라의 재구축을 추진하고 있다. 신흥국, 개도국에서도 인프라의 정비가 진행되고 있다. 중국도 독자적인 뉴딜정책을 들고 나왔다. 일본계 기업도 포스트 교토의논의를 자국기업에 유리하게 살릴 수 있는 표준화전략이 중요하다. 일본은 그 기반정비로서 일본국제협력기구(JICA)나 민간은행, 컨설팅회사 등이 시장조사나 사업을 중개하고, 일본국제협력은행(JBIC)이나 민간은행, 펀드가 자금지원을 하는 체제구축이 급선무다.

우선 환경비즈니스에서 표준화를 이끌어야 한다. 표준화를 장악하는 자가 시장을 장악한다. ISO에서 표준화를 이끎과 동시에 시장경쟁에서 살아남아, 사실상의 '*de facto* Standard'를 목표로 하는 것도 필요하다. 여기에는 보다 많은 국가나 기업을 아군으로 두고 찬성을 이끌어내기 위한 연합전선이 중요해진다. 일본의 성장은 아시아의 거대한 시장을 빼고는 생각할 수 없다. 아시아 각국과 연대하여 국제표준을 획득하기 위해서 노력하는 등 전략적인 움직임이 필요하다.

【통상조약과 제휴를 목표로 하라】

세계무역기구(WTO)에서도 정부조달에 저탄소제품을 의무화하는 등의 논의가 이루어지고 있다. 경제협력개발기구(OECD)의 개발원조위원회(DAC)에서는 탄소세가 없는 나라에서 수입되는 물품에 대해서 탄소세에 상당하는 관세를 물리는 등의 규칙을 구축하기 위해서 협의하고 있다. 제조부터 판매까지 온실가스를 얼마나 배출하였는지를 이산화탄소의 양으로 환산해서 탄소발자국(carbon footprint)으로 표시한다. 에너지절약효율이 낮은 제품에 높은 관세가 부과되면 필연적으로 에너지효율이 높은 제품이 살아남게 되는 구조다.

즉 국제적인 규칙으로서 에너지 효율이 좋지 않은 제품일수록 시장에서 도태되어 가도록 해야 한다. 국내조치로서 환경세나 배출권거래제도를 도입하였다고 하더라도 그러한 공급측의 노력이 최종소비자에게 탄소집약적 제품일수록 가격이 높아지는 형태로 전달되는 제도설계가 중요하다.

이러한 제도설계에 대해서 21세기정책연구소의 사와 아키히로(澤昭裕) 연구간사는 "일본의 고용과 소득을 지키기 위해서도 유럽과 미국 각국이 심각하게 검토하고 있는 국경조정조치의 검토를 법안에 반영해야 한다. 온난화대책에 따른 탄소누출문제나 국제경쟁력에 대한 악영향을 피하기 위해서도 해외각국의 법안이나 제도에서는 반드시 국경조정조치의 검토가 포함되어 있다. 환경세나 배출권거래제도에 이러한 조치가 정비되지 않는 한, 일본의 기업은 해외로 생산거점을 옮기지 않을 수 없으며 완전히 허점투성이의 법이 되고 말 것이다"고 지적하고 있다.[16)]

---

16) 沢昭裕, 『地球温対基本法案は根本から見直せ』, ECOマネジメント (http://premium.nikkeibp.co.jp/em/report/234/index.shtml) (2010년 9월 2일 접속).

【다양한 외교적 접근이 필수적】

지구온난화문제는 UN을 중심으로 외교적 협상이 이루어져 왔지만 이후로는 다각적이고 독자적인 양자간 접근이 중요시될 것이다. 가령 개도국으로의 기술이전과 배출권(크레딧)을 교환하거나 또는 높은 에너지절약제품은 해외로 수출함으로써 크레딧을 얻는다는 방법이다.

이는 개도국의 온실가스 감축에 기술협력을 하고, 그 줄어든 배출량을 자금을 지출해서 구입하는 종래의 CDM과는 다르다. 기술제공과 교환하는 조건으로 무상으로 배출량을 획득하는 점이 포인트이다.

경제산업성이 2010년 8월 10일에 발표한 '양자간 오프셋(상쇄) 메커니즘'이 그것이다.[17] 베트남, 인도네시아, 필리핀, 인도의 4개국과 협의하여 이 제도개발을 위해서 기업에 공모한 15개의 조사사업을 채택하였다. 이후 이 4개국 외에 타이, 라오스, 미얀마, 중국, 페루의 5개국도 대상국으로서 사업화를 도모할 예정이라고 한다.

인도네시아에서는 미츠비시상사 등이 지열발전시설, J파워가 고효율석탄화력발전소를 각각 건설한다. 베트남에서는 마루베니와 도쿄전력이 고효율 석탄화력발전소건설을 예정하고 있다. 일본은 일본국제협력은행의 융자나 공적 개발원조(ODA), 무역보험 등을 활용하고 민간의 사업화를 지원한다.

WTO의 다자간 무역협상이 10년이 넘도록 체결되지 않고 있다. 이해관계국의 수가 많으면 많을수록 합의점을 도출하기 힘든 것은 확실하다. COP에서의 협상도 난항이 예상된다. 그렇다면 우선은 자유무역협정(FTA)나 경제제휴협정(EPA)과 같이 환경기술협력에 관한 양자간협정을 체결하는 형태로 독자적으로 배출권을 획득하는 것이 차선책으로서 유효하다.

---

17) 経済産業省,『平成22年度「地球温暖化対策技術普及等推進事業」第1回公募に係る交付先の採択結果について』
(http://www.meti.go.jp/information/data/c100810aj.html) (2010년 9월 2일 접속).

일본은 온실가스의 한계감축비용이 세계에서 가장 높다. 중요한 것은 세계전체의 온실가스가 실질적으로 줄어드는 에너지공급의 나아갈 방향을 세계에 제안하는 것이다. 같은 비용으로 일본국내보다 많은 감축을 개도국이나 신흥국에서는 실현할 수 있다면, 그러한 국가의 온실가스가 줄어 일본의 목표달성으로 이어질 수 있는 대책을 생각하는 것이 개도국과 함께 이익을 얻는 관계를 구축할 수 있을 뿐 아니라 국익에도 합치한다.

일본은 지금까지와 같이 국제규칙이 만들어지는 것을 기다리는 자세를 버려야 한다. 도리어 적극적으로 나서야 할 필요가 있다. 아시아나 아프리카 등과 양자 간 협정을 맺어 일본의 기술지원을 위한 독자적인 방법을 개발하고 국제표준으로 제안하는 것이 좋다. EPA 협상에 탄소오프셋을 더해서 논의하는 것도 가능할 것이다.

【연합이 키워드】

스마트그리드를 둘러싸고는 이미 경제산업성이 지원을 하는 등 기술이전에 관한 기업연합이 만들어지고 있다. 2010년 4월, 독립행정법인 신에너지 · 산업기술종합개발기구(NEDO)를 사무국으로 290개사가 참가하여 스마트그리드 표준화를 목표하는[18] 'Smart Community Alliance'가 만들어졌다. 이는 일찍부터 미국의 GridWise Alliance(122개사)와 제휴하였다. 일본과 미국이 협력하여 아시아 등에 스마트그리드의 수출을 노리는 것이다.

또한 신흥국에서의 인프라비즈니스가 주목받고 있다. 원자력발전소, 고속철도, 상하수도시설, 통신네트워크에 이르기까지 다방면에 걸쳐 있다. 여기에는 단순한 플랜트 건설이라는 물건을 만드는 발상만으로는 안 될 것이다. 신흥국이나 개도국은 선진국에 발주를 경쟁시키고,

---

18) 「スマートコミュニティアライアンスの設立について」(http://app3.infoc.nedo.go.jp/informations/koubo/press/AT1/nedopress.2010-02-12.3152072896/)(2010년 8월 6일).

장기적으로 시스템 관리를 받기를 원하고 있다. 건설 후의 관리나 인재 양성까지 포함한 종합적인 시스템지원을 하겠다는 각오가 필요하다.

태양열발전분야에서도 기업제휴가 싹트고 있다.[19] NEDO나 미츠이(三井)조선, 닛키(日揮), 요카와(横河)전기, 코스모석유, 코니카미놀타 옵트, 미츠비시종합연구소, 도쿄공업대학, 도쿄농공대학 등 약 20개사 및 기관이 참가한다. 태양열을 사용하는 발전기술의 연구개발을 목적으로 각사가 기술을 가지고 모여 2020년에도 중동에서의 상용플랜드 건설을 목표하고 있다.

태양열발전은 태양열로 만들어진 증기・고온가스로 터빈을 돌려 발전한다. 이후 일사량이 많은 중동이나 아프리카 등지에서의 수요가 예상된다. 태양광을 거울로 모아 증기를 가열하거나 야간발전용으로 열을 모으는 기술의 확립을 목표하고 있다.

일본에서는 최첨단기술뿐만 아니라 다양한 환경기술을 보유한 약 800개의 중소기업이 있다고 한다. 이들 기업의 기술을 수출하는 것도 중소기업의 생존에는 도움이 된다. 4월에 발표된[20] '2009년도 중소기업의 동향에 관한 연차보고'(2010년판 중소기업백서)는 '녹색혁신'의 추진을 강조하고 에너지 절약에 관한 기술 및 노하우의 해외이전을 성장전략의 과제로 하고 있다.

일본의 중소기업은 틈새시장(miche)의 활로를 찾아내어 창의적으로 고민하며, 기술력을 갈고 닦아 세계의 온리원 기업이 된 곳이 상당히 많지만 "마케팅에서 고전을 면치 못하고 있다"는 지적을 받고 있다. 즉 시장을 분석하는 힘이 약하기 때문에 가격협상에서 고전하고 있으며 우수한 상품인데도 거래처가 도매급으로 넘겨버리는 경우가 많다.

흔히 말하는 마케팅 정의는 4개의 P로 이루어져 있다. P는 각기 제품・상품・서비스(Product), 가격(Price), 촉진(Promotion), 유통(Place)을

---

19) 日本経済新聞朝刊, 10면, 2010년 7월 23일자.

20) 『平成21年度中小企業の動向に関する年次報告』(中小企業白書2010), 2010년 4월.

말한다. 마케팅의 목표는 4개의 P가 최적화되는 전략을 짜는 일이다.

이에 더하여 세계경제에서 살아남기 위해서는 또 하나의 중요한 점이 있다. 이는 좋은 상품을 비싸게 팔기 위한 언어기술력이다. 협상력이라고 바꾸어 말할 수도 있다. 중소기업은 지금까지 대기업의 하청을 받아 좋은 상품을 싸게 제공하기 위해서 노력해 왔다. 이것이 일본이 세계 제2의 경제대국이 된 원동력이 되었다.

지금부터는 발상을 바꾸어 협상력을 발휘하여 세계를 상대로 일본의 기술을 더욱 비싸게 팔아야 한다. 그것이 숙련기술자집단인 장인들의 자존감을 되살리고 일본이 높은 기술력을 유지하는 것으로 이어지는 길이다.

일본의 기업은 약 430만 개가 있는데 중소기업이 99%를 차지하고 있다. 중소기업이 활기를 찾기 못하면 일본경제의 내일은 없다. 일본이 '제조업 대국'으로서 당차게 살아남기 위해서는 기술력뿐만 아니라 세계에 통용되는 협상력을 갈고 닦아야 할 필요가 있을 것이다. 중소기업이 수출로 성장할 수 있는 환경비즈니스는 많다. 연합을 키워드로 국내외를 막론하고 제휴를 추진하여야 할 것이다.

【이타주의의 시대로】

에도시대에 이시다 바이간(石田梅岩)이라는 사상가가 있었다. 상인철학이라고도 할 수 있는 세키몬신가쿠(石門心学)의 원조이다. 연구자인 이시카와 켄(石川謙)은 "이시다 바이간과 '도비문답(都鄙問答)'"[21] 속에서 "세키몬신가쿠(石門心学)는 이 세상을 후회없이, 미련없이 살아남기 위한 학문이며 수업이다. 이를 수행한 뒤에는 다시 한 번 세상으로 돌아가 세상과 함께 즐겁게 살 수 있도록 하는 것이 목표"라고 그 사상을 해설하고 있다.

이를 세상에서 실천하면 "가업을 열심히 잇고, 검약하고, 보시를 한

---

21) 石川謙, 『石田梅岩と都鄙問答』, 岩波新書, 1968년.

다는 마음가짐으로 살아 나간다"는 것이 된다. 에도시대에는 이러한 사상이 상인뿐 아니라 많은 서민들의 삶의 지침으로 받아들여진 것으로 보인다.

지구온난화방지는 한 국가만으로는 힘들고 국가와 기업과 사람들이 하나가 되어 온실가스 감축을 해야 할 필요가 있다. 그 정신은 이기적인 것이 아니라 이타적인 것이어야 한다. 기후비즈니스의 기본에는 이 이시다의 사상이 말하는 윤리관이 필요할 것이다. 즉 '진정한 상인은 상생을 생각한다'는 것이다.

게임이론에는 '죄수의 딜레마'가 있다. 두 사람의 공범자가 '자백해서 동료를 팔아넘기고 감형을 받는가' 아니면 계속해서 '침묵'하는가라는 선택을 해야 한다. 사실은 두 사람 모두 침묵하는 것이 가장 이득이 되며 모두 합해서 수형기간이 가장 짧게 끝난다. 그렇지만 각기 심문을 받고 있고 서로 연락을 할 수 없는 상태이기 때문에 자신이 침묵해도 동료가 이를 배신하고 자백해버리면 그 동료는 석방되지만 자신은 최고형을 받게 된다. 따라서 이기적으로 생각하면 가장 안정적인 선택지는 쌍방이 '동료를 팔아넘기는 것'이 된다.

한편 세 명의 참가자가 손에 쥔 자금의 일부를 갹출하여 다른 두 사람에게 나누어 주는 '공공재게임'이라는 것도 있다. 이 게임을 반복하면 각기 갹출하는 액수를 늘려가는 경향을 볼 수 있다고 한다. 개인이 이기적으로 움직이는 것보다는 이타적으로 움직이는 편이 최종적으로 이익이 많아진다는 것이다.

'이타적'과 '이기적'의 어느 쪽이 이득이 될까? 적어도 경제학에서 말하는 합리적 주체로서의 인간의 행동은 항상 '이기적'이라고는 단정할 수 없는 듯하다. 자본주의 경제의 아버지라고 하는 애덤 스미스는 「국부론」에서 자유방임(laissez-faire)을 주창하였고, 개인이 자기이익을 추구하면 그것이 결과적으로 사회전체의 이익이 된다는 '보이지 않는 손'의 이론을 설파하였지만 시장경제가 만능이라고 생각했던 것은 아니다. 스미스를 시장원리주의의 교조처럼 보는 것은 신화에 불과하다.

국부론을 쓰기 전에 스미스가 집필한 「도덕감정론(The Theory of Moral Sentiments)」에는 전통이나 사회규범, 관습이 가지는 역할의 중요성에 대해서 말하고, 그러한 사회질서를 유지해 나가는 규율이 있다면 법으로 규제하는 것보다도 사회전체의 이익에서는 도움이 된다고 주장하고 있다.

인간은 관습 등으로 지나친 행동을 '자기규제'한다. 그러한 움직임이 사회에는 필요하며 불필요한 법규제는 도리어 사회전체에 도움이 되지 않는다고 생각하였던 것이다.

그러나 미소냉전종결후의 세계경제에서는 자국의 관습을 넘어 기업활동이 세계로 확장되었기 때문에 자유방임만이 강조되어 애덤 스미스가 주장한 또 하나의 개인과 기업의 자기규제의 필요성은 잊혀진 것 같다. 2008년 가을의 리먼쇼크는 미국의 투자은행이 중심적인 역할을 담당하였던 미국발 금융위기이며 그러한 윤리를 무시한 기업활동의 전형적인 사례이다. 증권화상품을 이용해서 탐욕스럽게 이윤의 최대화를 노리고 세계경제를 대혼란으로 빠뜨려버렸다.

노벨경제학상을 수상했던 콜롬비아대학교의 로버트 먼델(Robert A. Mundell) 교수는 1968년의 저서 「인간과 경제학(Man and Economics)」[22] 에서, 미국이 보다 많은 규제를 필요로 하는 것은 일본 등과 같이 고도의 관습이 발달되어 있지 않기 때문이라고 지적하고, 규제라는 것은 사람들에게 자기규제를 하려는 마음을 빼앗는 폐단이 있다고 하였다. 이러한 지적과 같이 금융맨들이 법률의 불비를 파고 들어 행동한 결과가 이번의 금융위기이다.

전통적인 사회규범의 재생은 가능한 것일까. 아니면 세계가 공유하는 관습 등이란 존재하지 않으므로 세계경제에서 기업의 자기규제가 완화되는 것은 어쩔 수 없는 것으로서 법률에 의한 규제에 무게를 둘 것인가?

---

22) ロバート・A・マンデル (竹村健一 訳)『マンデルの経済学入門』, ダイヤモンド社, 2000년, 293-294면.

온난화방지대책을 둘러싼 COP 논의의 근본문제는 바로 여기에 있다. 포스트 교토의정서를 둘러싼 국제적인 규제에 어느 정도까지 강제력을 부여할 것인가? 기후비즈니스의 향방도 이기적이거나 이타적인 근본사상의 조류에 좌우될 것이다.

2. 안전보장과 산업진흥 우선인 미국

(1) 안전보장과 산업진흥이 기준

【실리로 움직이는 미국】

미국의 에너지 환경정책은 2대정당인 민주당과 공화당 간의 마찰과 타협 속에서 결정된다. 미국의 역대정권은 에너지확보와 안전보장을 양축으로 하여 1973년의 오일쇼크 이후, 지정학적으로 불안정한 중동석유에서 수입을 줄이는 방향으로 움직여 왔다.

이것이 늦어지면 늦어질수록 자원쟁탈에 의한 혼란이 발생할 위험이 강해진다는 생각에 기초한 것이다. 버락 오바마(Barack Obama) 정권은 자동차의 연비향상, 에너지절약, 재생가능에너지의 활용으로 에너지안전보장정책을 한층 강화하는 한편, 역대정권과 마찬가지로 외교와 에너지·환경정책을 일체로서 받아들이는 정책방침에 변화는 없다.

지금까지 정권의 에너지정책을 개관하면 다음과 같다. 제1차 석유위기때 아랍에서 석유를 수입할 수 없었던 미국은 1973년 11월에 당시의 리처드 닉슨(Richard Nixon) 대통령이 10년 이내에 에너지자립을 목표로 한다고 선언하고 '에너지자급계획(Project Independence)'을 발표하였다. 대체에너지 개발 목표에 대한 내용이었다. 또한 자동차의 연비기준을 엄격하게 해서 소비제한을 도모하였다. 그러나 이후의 원유가격하락과 자동차업계의 로비활동이 먹혀들어 연비기준은 강화되지 못하였다.

1981년에는 이란혁명의 시발점이 되었던 제2차 석유위기 후에 지미 카터(Jimmy Carter) 대통령이 에너지 소비억제를 호소하였다. 그러나 주목을 받았던 석탄의 가스화사업 등도 1980년대 이후 원유가격 하락이 이어지면서 불씨가 꺼져버리고 말았다.

이후 조지 H. W. 부시(George H. W. Bush) 대통령은 포괄적 에너지 정책으로 1992년에 에너지정책법안을 발효하고 원유수입억제방침을 내놓았다. 걸프전 때문에 석유가격이 올랐기 때문이다. 그러나 이후에 원유가격이 내려가자 실효성이 없어졌다.

1990년대의 빌 클린턴(Bill Clinton) 정권 때에는 캘리포니아주의 대기오염문제가 주목받았다. 이를 해결하기 위해서 배기가스규제를 서둘렀지만 이후의 원유가격의 하락으로 또다시 기술혁신이나 비용절감노력이 소용없게 되었다.

2001년의 조지 W. 부시(George W. Bush) 대통령이 내놓은 새로운 에너지정책에서는 새로운 에너지원 개발에 역점을 두었다. 특히 알라스카에서의 원전개발이나 신기술개발을 목표로 하였다. 또한 2003년의 연두교서에서 연료전지나 에탄올 등의 대체에너지 개발에 대해서 언급하였다. 또한 카터정권 이후 30년 만에 신규원전건설을 승인하였고 정부는 최대 80%의 채무보증이나 발전세공제 등의 지원책을 내놓았다. 이러한 정책의 구체화를 위한 에너지법이 2005년에 만들어졌다.

부시 전 대통령의 2006년 1월 연두교서는 '석유중독에서 벗어남'을 정책목표로 들어 유명해졌다. 소련 붕괴 후 신흥국을 필두로 세계화가 진전되어 러시아나 이란, 베네수엘라 등의 에너지공급국가가 자원을 외교압력으로 사용하는 경향이 강해졌다. 대통령은 원유수입이 안전보장에 관한 외교를 취약하게 만들고 있다는 점을 강조하고, "2025년까지 정치적으로 불안정한 중동지역에서 석유수입량을 5% 줄인다. 이를 보충하기 위한 대체안으로 에탄올의 개발을 추진한다"는 방침을 내 놓았다.

부시정권은 전체적으로 배출권거래제도라는 총량규제를 전제로 한 비즈니스 모델이 EU에 추월당하였기 때문에, 시선을 돌려 신흥국이나 개도국에 기술이전을 하는 것을 통한 배출감축모델을 모색하였다. 신기술개발을 중시하는 '청정개발과 기후에 관한 아시아태평양파트너십

(Asia-Pacific Partnership for Clean Development and Climate, APP)'과 '주요 배출국회의(Major Economies Meeting on Energy Security and Climate Change, MEM)'를 활용하여 배출권거래제도로 앞서나가는 유럽연합(EU)을 견제한다는 속셈이었다.

이에 반해 오바마 정권은 미국발 금융위기의 원인이 된 2008년 9월의 '리먼 쇼크'에서 경기를 회복시키는 것을 최대과제로 삼았고, 2009년 1월 탈석유방침이나 기술개발에 관한 다자간협의를 승계하기는 하였지만, 주요한 정책접근으로서 배출권거래제도와 '스마트그리드(차세대송전망)' 구축 등을 기둥으로 삼은 '그린뉴딜(Green New Deal)'을 제시하였다.[23] 이와 함께 '5년간 수출을 두 배로 늘리고 200만 명의 고용을 창출한다'고 하여 2010년 2월에 국무부와 상무부, 중소기업청, 미국수출입은행, 농무부의 장관들이 '수출촉진내각(Export Promotion Cabinet)'을 설치하여 구체화시켜 나가고 있다.

스마트그리드의 발상 자체는 부시대통령 시대인 2007년 말에 만들어진 신에너지법(에너지자급 · 안전보장법)에 이미 반영되어 있었다. 미국의 전력인프라는 전력자유화로 회사 간 경쟁이 격화되어 인프라 정비에 자금을 돌릴 여유가 없는 회사가 많아 송전망 등의 노후화가 지적되고 있었다.

오바마 정권은 그러한 사정을 감안하여 중장기 경기대책 중에 전력망 인프라정비를 도입하여 '청정에너지경제'라는 이름으로 새로이 단장하여 '저탄소사회실현과 성장에 의한 고용확보'의 양립을 전면에 내세우려 하였다. 예산액은 10년간 총액 1500억 달러로 부시정권 5년간 총액 100억 달러에 비하면 투자규모는 급격히 커지게 되었다. 그 중에는 전환교통(modal shift)이라는 관점에서, 13개의 고속철도정비계획에 미국재생 · 재투자법(ARRA)에 기초한 80억 달러의 보조금이 교부되게 되었

23) White House "Energy & Environment" at (http://www.whitehouse.gov/issues/energy-and-environment) (last accessed at 20 September 2010).

다.[24] 나아가 2010년 1월의 예산교서에서 2015년까지 5년간 50억 달러의 재정지출을 발표하였다.

이외의 뉴딜정책으로는 차세대 바이오연료개발, 플러그인 하이브리드 자동차(PHV)의 상업화, 태양광이나 풍력 등의 재생가능에너지의 촉진, 석탄화력발전의 효율화를 목표로 하는 청정석탄기술지원 등을 들 수 있다. 또한 재생가능에너지에 관련된 생산세 공제를 5년간 연장하여 2025년까지 재생에너지공급의무제도(Renewable Portfolio Standards, RPS)의 목표를 25% 향상시킨다고 한다. RPS는 재생가능에너지를 일정량 도입할 것을 전력회사에 강제하는 정책이다.

그러나 원자력발전에 관한 새로운 정책은 없어, 사용폐기된 핵연료의 최종처분장 후보에 오른 네바다 주의 유카마운틴(Yucca Mountain)의 처분장 계획도 지역민의 반대 등으로 재검토의 필요성이 제기되었기 때문에 사실상 정지되었다. 다만 신규원전의 건설계획에 대해서는 정부에 의한 채무보증을 승계하는 등 부시 전 정권의 정책을 답습하고 있다.

APP에 대해서 오바마 정권은 2010년 7월, 미국의 워싱턴에서 열린 청정에너지장관회의에서 APP를 '에너지 효율향상에 관한 국제파트너십(Global Superior Efficiency Performance Partnership, GSEP)'에 맞추도록 일본과 공동제안하여 조정이 진행되고 있다. GSEP에서는 '양자간 오프셋'의 취득을 목적으로 공통의 규칙만들기 등의 협의가 이루어질 것이라고 보여진다. 양자간 오프셋은 양자간 협정에 기초하여 미국이 환경기술을 개도국이나 신흥국에 제공하고 대신 배출량을 얻는 방법으로, 청정개발체제(CDM) 등의 UN의 체제 내에서 이루어져 온 지금까지의 배출권취득을 양자 간의 합의만으로 가능하게 하려는 시도이다.

스마트그리드에 관한 기술이나 시스템에 대해서는 미국표준기술국(NIST)이 중심이 되어 미국주도로 표준화에 매진하고 있다. 미국은 '지

---

24) White House "High-Speed Rail, Jobs, and the Recovery Act" at (http://www.whitehouse.gov/high-speed-rail) (last accessed at 20 September 2010).

구의 이익'이라는 정서적인 목적으로는 움직이지 않는다. 어디까지나 안전보장과 산업진흥이라는 실리에 의해서 정책이 결정된다고 이해해야 할 것이다. 특히 국방이라는 키워드에서 살펴보면 군사전략의 재검토에서 무기의 신소재, 바이오연료의 활용까지 군수산업에 이익이 되는 기회가 늘어가고 있다. 최신환경기술을 둘러싼 국가간 경쟁에 지고 싶지 않는 미국이 예상외의 온난화대책을 내놓을 가능성도 배제할 수 없다.

한편 미국의 온난화대책에 관한 입장은 교토의정서에 참여하지 않았던 부시정권때부터 변함이 없다. '국내규칙이 최우선이고 국제규칙에 속박되는 일은 없다'는 자세를 견지하고 있다. 포스트교토의정서의 국제규칙을 만드는 자리에서도 마찬가지의 입장을 취하고 있으며 '국내규제가 우선이고 여기에 합치되지 않는 의무적인 제약을 국제규칙으로 둘 수는 없다'는 '상향식 접근방식(bottom-up approach)'을 유지하고 있다.

그러한 의미에서 COP15의 코펜하겐합의는 각국이 자주적으로 온실가스 배출감축목표를 신고한다는 점에서 미국의 의향에 따른 것이라고 볼 수도 있다. 당시 오바마 대통령은 국내의 기후변화법안 만들기에 매우 의욕적이었고 회의를 성공시키기 위해서 열심이었다. 그러나 그 후 상원에서 논의가 진전되지 못하였고 법안성립이 곤란해졌다. 2010년 가을 미국의 중간선거에서 공화당이 우세해지자 온난화대책의 행방을 점치는 것은 어려워지게 되었다.

전력중앙연구소의 우에노 다카히로(上野貴弘) 주임연구원에 의하면 미국은 중국 등의 신흥국과의 경제전략 대화의 장에서 청정에너지개발 등 양자 간 협정을 체결하였지만 내용은 형식적이며 열의가 그리 크지 않다. 다만 의회에서 심의되어 온 기후변화법안에서도 총 배출량 60~70억 톤 중 12~13억 톤을 해외에서 배출권으로 구입하여 메꾼다는 방침을 법안에 반영하였고 이러한 경위를 감안하면, '미국은 이후 양자 간 오프셋 방식으로 일본과 제휴할 가능성이 있다'고 지적되고 있다.

〈그림 6-6〉 미국의 에너지소비예측 1980-2035

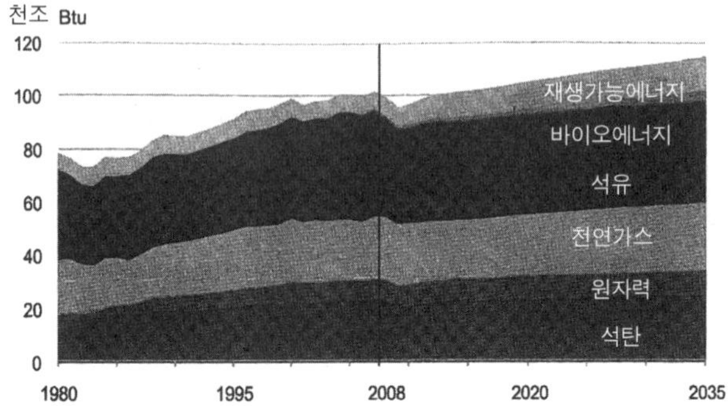

* 출처: 미국에너지정보국

〈그림 6-7〉 미국의 에너지기원 이산화탄소배출량의 내역(단위:백만 톤)

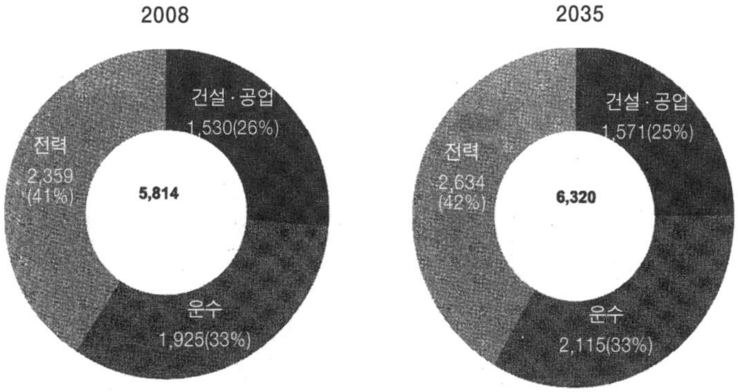

* 출처: 미국에너지정보국

【주(州)의 독자적인 온난화대책】

뉴저지주에서는 2007년 7월에 2050년까지 80% 감축하는 주법을 통과시켰다.

뉴멕시코주에서도 2005년 6월에 2012년까지 2000년 수준의 배출량으로, 2020년까지 2000년 대비 10% 감축, 2050년에는 2000년 대비 75% 감축하는 방침을 발표하였다.

북동부 7개주(메인, 뉴햄프셔, 버몬트, 뉴욕, 코네티컷, 뉴저지, 델라웨어)는 2005년 12월, 발전소에서 배출되는 이산화탄소 등의 온실가스 배출량을 제한하는 '지역온실가스이니셔티브(RGGI)'(Regional Greenhouse Gas Initiative) 각서에 조인하였다.

미국의 여러 주가 하나가 되어 배출량감축에 돌입하는 최초의 조치로서 메릴랜드주도 2006년 3월에 참가하였다. 지역내의 25메가와트 이상의 발전소를 대상으로 2009년부터 2014년까지는 1990년 수준, 2015년부터 2019년까지는 1990년 대비 10% 감축한다는 내용이다.

이에 더하여 매사추세츠, 로드아일랜드도 참가하여 2009년부터 10개주에서 전력회사를 대상으로 한 배출권거래제도를 시작하였다. 배출권(크레딧)을 다른 시설에 매각할 수 있을 뿐만 아니라 산림재생 등의 프로젝트로 배출권을 얻는 것도 인정하고 있다.

또한 캘리포니아주는 2012년부터 주 내의 다양한 업종의 주요기업에게 온실가스배출량을 할당하는 배출권거래제도를 시작하는 방침을 내놓았다. 2020년까지 온실가스배출량을 25% 감축하고, 1990년 수준으로 돌리는 것을 목표로 들고 있다.

또한 캘리포니아, 오레곤, 워싱턴의 3개주도 이산화탄소배출감축을 위해서 지역협정인 West Coast Governor's Global Warming Initiative를 시작하였고 그 외에도 애리조나주와 뉴멕시코주에서도 2006년 2월에 배출감축에 관한 Southwest Climate Change Initiative에 합의하였다. 18개주로 구성된 서부주지사회(WGA)는 'Clean and Diversified Energy Initiative'로서 발전시스템의 효율성 향상과 재생에너지 이용촉진을 추진하고 있다.

또한 WGA와 캘리포니아주는 재생가능에너지의 이용확대를 위해서 서부재생가능에너지 발전정보시스템(Western Renewable Energy Generation Information System, WERGIS)을 추진하고 있다. 전력회사에게 재생가능에너지를 일정량 도입할 것을 의무지우고 있는 RPS 제도에 대해서도 워싱턴DC를 포함한 29개주가 이미 도입하고 있다.

【앞당겨진 자동차연비규제】

미국은 2012년부터 미국 내에서 판매되는 승용차와 소형트럭(SUV/미니밴/픽업트럭)에 새로운 연비기준을 적용한다. 2016년까지 한 대당 평균연비를 현행 25마일/갤런(약 10.6km/리터)에서 35.5마일/갤런(약 15.1km/리터)로 42% 끌어올리는 것이 주된 내용이다. 차종별로는 승용차에 대해서는 현행 27.5마일/갤런(약 11.7km/리터)에서 39마일/갤런(약 16.6km/리터)로, 소형트럭은 현행의 24마일/갤런(약 10.2km/리터)에서 30마일/갤런(약 12.7km/리터)으로 상향한다.

새로운 기준은 2012년부터 적용되며 2016년까지 5년간 매년 5%씩 규제가 강화된다. 또한 2016년까지 1대당 이산화탄소 배출량을 155g/km 이하로 한다는 규제치도 설정하였다.

연비기준에 대해서는 부시 전 정권때 신에너지법으로 2020년까지 자동차의 연비를 약 40% 개선하고 35마일/갤런(약 14.9km/리터)으로 한다는 목표가 설정되어 있었지만, 오바마 대통령은 2009년 5월에 이를 4년간 앞당기기로 하였다. 미국정부의 새로운 기준은 2016년까지의 5년간 18억 배럴(연간 5800만대 자동차 감소에 상당)의 석유를 절약할 수 있을 것이라고 추산되고 있다.

미국에서는 배기가스 규제분야에서는 가장 엄격한 캘리포니아주 규제나 연방규제의 어느 쪽인가를 각 주가 선택할 수 있도록 하고 있다. 다만 CO_2의 배출규제는 유황산화물(SOX) 등과는 달리 연비규제와 거의 동등한 관계에 있으므로 캘리포니아주가 연방과 다른, 별개의 CO_2 배출규제를 결정하게 되는 일은 없을 것이다.

【캘리포니아주의 무공해자동차 규제】

캘리포니아주는 자동차제조사가 판매하는 차량 중 일정비율을 ZEV(Zero Emission Vehicle),[25] 즉 '무공해자동차'로 해야 한다는 규제를 하고 있다. 이 비율은 2009~2011년에는 11%, 2012~2014년에는 12%, 2015~2017년에는 14%, 2018년 이후에는 16%로 해야 한다.

이 규제로 배출가스가 없는 전기자동차(EV)나 연료전지차(FCV) 등을 'Pure-ZEV', 플러그인 하이브리드자동차를 'Enhanced AT-PZEV', 하이브리드자동차나 천연가스차를 'AT-ZEV'라고 분류하고 있다. 그리고 항속거리가 길수록 유리한 크레딧을 획득할 수 있게 하였다.

(2) 현실을 직시하는 기후변화방지법안

【강하게 반발하는 의회의 현실】

오바마 정권은 정권발족 후 배출권거래제도를 환경정책의 기둥으로 삼는 기후변화방지법안을 만들려고 시도하였다. 온난화대책을 위한 재원은 경매방식으로 기업에 배출량을 매각하여 확보하려 하였다. 온실가스배출감축목표에 대해서도 2020년에 2005년 대비 17%, 2030년까지 42%, 2050년까지 83%를 각각 감축할 방침을 세웠다.

정책입안의 기초가 된 것은 민주당의 싱크탱크인 미국진보센터(Center for American Progress)가 2007년에 정리한 '에너지기회를 잡아라:

---

25) California Environmental Protection Agency
AIR RESOURCES BOARD "CALIFORNIA EXHAUST EMISSION STANDARDS AND TEST PROCEDURES FOR 2009 AND SUBSEQUENT MODEL ZERO- EMISSION VEHICLES AND HYBRID ELECTRIC VEHICLES, IN THE PASSENGER CAR, LIGHT-DUTY TRUCK AND MEDIUM-DUTY VEHICLE CLASSES" at (http://www.arb.ca.gov/msprog/levprog/cleandoc/clean_2009_my_hev_tps_12-09.pdf) p.10 (last accessed at 20 September 2010).

저탄소경제창조(Capturing the Energy Opportunity: Creating a Low-Carbon Economy)'와 그 후에 업데이트 된 '그린 리커버리(Green Recovery)'[26]라는 보고서로서, 구체적인 내용을 제안한 것은 미국의 기업과 환경의 싱크탱크 등에서 발간하는 '미국기후변화행동파트너십'(USCAP)이라고 한다.

하원 본회의에서는 2009년 6월에 민주당의 헨리 왁스먼(Henry Waxman) 의장과 에드워드 마키(Edward Markey) 의원이 공동제안한 「미국 청정에너지 · 안보법(American Clean Energy and Security, Waxman-Markey 법안)」이라는 이름의 법안이 제출되어 찬성 219표, 반대 212표로 가결되었다.

하원에서는 민주당이 다수를 차지하고 있었지만 그래도 과반수인 218표를 1표정도 밖에 앞서지 못하였다. 2008년 9월의 미국발 금융위기의 방아쇠가 되었던 '리먼쇼크' 후의 세계 동시불황에서 미국경제는 일어서기가 쉽지 않았다. 제조업이나 탄광업이 활발한 러스트 벨트(Rust Belt) 지대의 중서부나 태평양주변의 중부지역, 여기에 남부주들의 영향과 10%대의 실업률이 계속되는 고용정세에 대한 우려에서 민주당 하원의원도 44명이 반대표를 던졌다.

한편 상원에서는 2009년 9월에 '청정에너지일자리와 미국전력법(Clean Energy Jobs and American Power Act)'이라는 이름으로 같은 민주당인 바바라 복서(Barbara Boxer) 의원과 존케리(John Kerry) 의원이 2020년의 단기배출목표를 2005년 대비 20% 감축한다는 내용의 법안을 제출하였다. 그러나 2010년 1월에 매사추세츠주의 상원보결선거에서 공화당후보가 승리하여 민주당의 의석이 의사방해회피에 필요한 60의석을 채우지 못하게 되었다.

이후 하원보다도 높은 감축목표나 배출권거래제도에 대한 공화당의 반대가 끈질기게 이어져 심의가 난항을 겪었다. 공화당뿐 아니라 민

---

26) Center for American Progress, "Green Economy" at (http://www.americanprogress.org/issues/2008/09/pdf/green_recovery.pdf) (last accessed at 22 September 2010).

주당의 중도파도 국민부담 억제나 미국제조업의 고용대책 등을 요구하였다.

이 때문에 본회의에서 본격심의가 곤란한 상황이 이어졌다. 이에 2010년 5월, 이번에는 케리의원과 조세프 리버만(Joseph Lieberman) 의원(민주당계열 무소속), 린제이 그래험(Lindsey Graham) 의원(공화당)이 공동으로 수정법안이라고 할 수 있는 「미국 전력법(American Power Act)」을 제출하였다. 수정안은 Boxer-Kerry 법안과 마찬가지로 온실가스의 배출권거래제도를 반영하면서도 2020년의 온실가스의 감축비율을 하원과 같은 2005년 대비 17%로 하향조정하였다. 또한 원자력발전소의 도입이나 미국 해안의 석유 · 천연가스 채굴의 촉진 등도 반영하였다. 오바마 정권도 이러한 타협에 의해서 공화당의원들의 이해를 얻을 수 있을 것이라 판단하였다.

【BP 사고의 예기치 않은 파문】

그러나 영국의 대형 석유회사인 BP가 2010년 4월 20일, 멕시코만 근해 해저유전에서 원유유출사고를 일으켰고 해안에서의 석유채굴에 대한 비판이 거세졌다. 그래험 의원은 근해에서의 유전채굴을 추진할 것을 주장하였지만, 민주당이 사고를 이유로 근해유전채굴의 규제강화 쪽으로 움직이기 시작하였기 때문에 법안의 공동제안자에서 이탈해버렸다.

이에 따라 법안성립의 가능성은 저 멀리 날아가 버렸고 상원의 해리 리드(Harry Reid) 원내대표는 방침전환을 꾀하였다. 온실가스의 배출감축규제에 관한 조항을 삭제하고 「청정에너지일자리와 정유회사책임법(Clean Energy Jobs and Oil Company Accountability Act)」이라는 근해유전채굴규제강화, 에너지절약추진, 대체에너지이용촉진 등에 한정한 법으로서 일단은 법안타결을 노리기로 하였다.

그러나 2010년 가을에 상하양원의 중간선거가 있기 때문에 상원에서 기후변화방지법안이 성립될 가능성은 극히 희박해졌다. 선거에서 의원의 상당수가 바뀌기 때문에 회기 내에 성립되지 못한 법안은 폐기된다. 하원에서 2009년 6월까지 이미 가결되었던 Waxman-Markey 법안도 2010년 말 제111회기의 2기째가 종료되면서 폐기될 예정이다.

【청정대기법에 의한 CO_2 규제】

오바마 대통령은 임기 중에 기후변화방지법안이 성립되지 않을 경우의 차선책으로서 CO_2를 '오염물질'로 보아 청정대기법에 의해서 규제하려고 생각하고 있다.

2007년 매사추세츠주가 국가의 환경보호청(EPA)을 상대로 한 소송에서, 연방대법원은 CO_2를 오염물질로 인정하고 '환경보호청이 규제할 책임이 있다'는 판결을 내렸다. 부시 전정권은 그 판결에 불복하여 'EPA에 대하여 CO_2 규제권한을 줄 수 없다'고 결정하였지만, 오바마 대통령은 이를 바꿔 환경보호청이 규제방침을 세우도록 지시하였다. 이에 따라 EPA는 2009년 말, CO_2나 메탄 등 6종류의 가스를 '온실가스'로 지정하는 보고서를 발표하였다.

그러나 청정대기법은 원래 황화산화물(SOX) 규제를 목적으로 제정된 법률로 SOX에 대한 배출권거래제도를 인정하고 있지만 이를 CO_2로까지 확대할 수 있을 것인가는 미국의 전문가 사이에서도 의견이 분분하다. 이에 더하여 EPA의 활동에 대해서 전력회사 등이 계속해서 소송을 제기하고 있다는 점도 문제를 복잡하게 하고 있다.

원래 미국의 산업계는 '청정대기법으로 규제될 바에야 배출권거래제도가 낫다'는 의견이 강해서 그러한 배경에서 하원법안에 찬성한 기업이 많았다. EPA가 자의적으로 하는 규제강화는 될 수 있는 한 피하고 싶다는 것이 기업의 속내인 것이다.

청정대기법에 의하면, 자동차분야의 배기가스 규제를 먼저 하고, 이후에 고정배출원인 발전소나 제철소로 규제를 넓히게 된다.

다만, 지금까지의 SOX규제 등은 연간 200톤 이상의 배출을 대상으로 하고 있기 때문에 그 기준을 그대로 이산화탄소에 적용하면 공장이나 빌딩뿐만 아니라 초등학교 등도 규제대상이 되며, 각기 개별적으로 인가절차를 거쳐야 하는 상황이 되고 만다. 그 행정비용은 상당하다. 따라서 EPA는 CO_2 배출상한을 대폭 상향하여 대응하려고 한다.

그러나 기업측의 반발은 끈질기게 이어져 소송은 최종적으로 대법원의 판단을 기다리는 상황에까지 이르게 될 것이다. 또한 상원에서는 EPA의 권한정지 결의안이 제출되는 등 의회와 EPA의 대립도 깊어지고 있다. 그러나 의회는 청정대기법에서 '오염물질은 EPA가 결정할 수 있다'고 규정하고 있기 때문에, 만약 EPA에 의한 CO_2 규제를 본격적으로 반대하려면 법안을 개정하거나 오바마 정권이 납득하고 수용할 수 있는 기후변화법안을 가결해야만 할 것이다. 오바마 정권도 청정대기법을 근거로 배출권거래제도를 강행하는 것은 기업이나 국민의 반발을 얻게 될 것이 뻔한 상황이기 때문이다.

무상배분이건 경매방식에 의한 유상배분이든 배출량할당에는 많은 행정비용이 필요하다. 기후변화방지법안에서는 투기적 자금이 유입될 것을 전제로 상한가격과 하한가격을 설정하고 CO_2의 가격이 상한가격을 넘으면 정부가 미리 보유하고 있는 배출량을 방출하여 과열을 방지한다는 내용도 포함되어 있었다.

배출량할당의 규칙의 공평성을 지키는 것은 매우 어려우며 결과적으로 할당에 불만을 품은 기업이 많다. 행정비용과 공평한 국민부담이라는 정책의 효율성과 효과를 생각한다면 환경세 쪽이 우수하다는 지적도 적지 않지만 미국에서는 세금에는 난색을 표하는 국민이 많아, 환경세를 처음부터 부정하는 분위기가 있다고 한다. 따라서 환경세보다는 배출권거래제도쪽이 낫다는 분위기가 강하다. 그런 의미에서는 탄소가격화(carbon pricing)를 받아들일 여지가 있다고 볼 수 있다.

민주당은 법률을 만들 때 처음부터 환경세보다도 배출권거래제도 도입을 중시하였다. 금융기관이 환경보호단체 등을 통하여 해 왔던 로비활동이 성공한 것이라는 지적도 있다.

법안을 논의하는 중 2008년 9월에 리먼사태가 발생하여 국민들 간에 금융불신이 생겨났다. 이 때문에 오바마 정권과 민주당은 배출권거래제도가 아니라 carbon pricing으로 호칭을 바꾸어 제도의 내용을 변화시켜 나갔다. 즉 가격제한으로 가격대를 두고 거래에 참가할 수 있는 것은 실수요업자와 일부 금융업자에 한정하고 시장규제도 강화하는 방향으로 제도설계를 수정한 것이다. 사실상 환경세를 도입한 경우와 마찬가지 효과를 얻을 수 있는 내용을 자세히 조사하였다. 이것이 기후변화대책법안에서 2010년에 일어난 배출권거래제도에 일어난 변화이다.

이후의 미국의 에너지 · 환경정책에 대해서는 기후변화대책법안이 성립하지 않아 'EPA에 의한 규제가 한층 강화될' 가능성이 높다. 다만 그 경우에도 오바마 정권은 경기대책, 고용대책으로서 스마트그리드 등의 에너지효율화, 청정에너지분야에 대한 투자촉진을 끊임없이 추진해 나가게 될 것이다.

그렇지만 미국 에너지정보국에 의하면 아무리 비화석에너지의 이용촉진을 급속하게 추진한다고 해도 2035년의 총에너지 수요를 차지하는 화석연료의 비율은 전체의 78%에 달할 것이고 풍력이나 태양광에너지 등의 재생가능에너지의 비율은 3%(2008년에는 1~2%)에 그칠 전망이다.

그러한 현실을 감안하면 22%를 차지하고 있는 석탄화력의 효율성 향상과 원자력발전소의 새로운 건설에 집중하여 자본을 투하하는 쪽이 실질적인 온난화방지로 이어질 것이다.

오바마 정권의 종합적인 에너지 · 환경정책은 의회의 동향이 불투명해서 구상이 명확하다고는 할 수 없지만, 포스트 교토의정서를 둘러싼 COP의 논의에서 미국이 법적 구속력 있는 수치목표를 받아들이지는 않을 것이다. 어디까지나 국내법으로 정한 규칙에 따라 2020년 시점의 목표치를 설정하려는 방침이다 한편 에너지절약과 난관돌파로 이어질 수 있는 새로운 기술개발을 위한 의욕은 강하다. 포스트교토를 둘러싼 국제협상의 행방이 어떻게 되든 대외적으로는 미국내와 동등한 MRV(측정 · 보고 · 검증)를 구할 것이라는 방침을 견지할 것으로 보여진다.

【원자력발전소의 신설방침유지】

미국에서는 1979년에 펜실베이니아주의 쓰리마일섬에서 일어난 원전사고의 영향으로 카터 정권때에 건설 중인 것을 제외하고, 1972년 이후에 입안된 새로운 원전계획이 모두 취소되었다. 이를 부시 전정권이 간신히 해제하고 30년 만에 신설계획이 세워지고 있다. 현재 미국 전체에서 30개가 넘는 신설계획이 입안되고 있다.[27)]

미국 내에서 가동되고 있는 원전은 현재 103기이지만, 가장 오래된 원전은 가동개시시부터 40년이 경과되었다. 미국정부나 전력회사가 원전신설을 서두르는 이유는 원전을 신설하지 않으면 기존의 원전이 2030년경에 수명을 다하기 때문에 전력공급에 지장이 발생할 수밖에 없다는 긴박한 사정도 있다.

오바마 정권도 전력의 공급부족이 현실화되는 상황에서 에너지확보와 온난화방지정책의 양립을 추구하기 위해서는 재생가능에너지와 함께 부시 전정권의 원전추진방침을 따를 수밖에 없다는 판단이다.

또한 핵비확산과 원자력의 평화적인 이용이라는 부분에서도 전정권의 방침을 계승하고 있다.

부시 전 정권은 원자력정책을 전환하여 방사성폐기물은 모두 매립하여 처분하는 것이 아니라 사용을 다한 핵연료를 재처리하는 방침을 내렸다. 따라서 일부 선진국만이 핵연료를 공급하고, 사용이 끝난 연료를 재처리하는 '핵연료뱅크' 구상(Global Nuclear Energy Partnership, GNEP)을 발표하고 각국에 협력을 구하였다.

이 GNEP에는 현재 일본, 미국, 프랑스, 영국, 중국, 러시아, 캐나다, 한국 등 총 24개국, 민간으로는 미츠비시중공업, 일본원연(日本原燃), 프랑스의 아레바(Areva) 등이 참가하였다.

사용한 핵연료에서 플루토늄 등을 추출하여 재활용할 때 국제적인 차원에서 참가국을 '원전을 운영하기만 하는 나라'와 '사용 후 핵연료를

27) 前田一郎, 『米国ォバマ政権の原子力・環境政策』, 電気事業連合会, 2009년, 30-45면.

재처리해서 타국에 연료를 공급하는 나라' 두 가지로 나눈다. 그리고 핵비확산과 에너지공급을 양립시키려고 하고 있다. 미국은 유카마운틴(Yucca Mountain)의 핵연료폐기물의 처리장문제가 지연되고 있기 때문에 핵연료폐기물을 재활용하여 총량을 줄일 수 있다는 노림수이기도 하다.

그러나 2006년의 중간선거에서 민주당이 미 의회의 상하양원에서 다수를 점하고 재처리로 플루토늄이 늘어나는 것을 경계하기 위해서 미 의회는 핵연료의 재처리에 대해 신중한 자세로 전환하였다. 이 때문에 예산이 감액되는 등 부시 전정권의 GNEP 조치는 정체를 피할 수 없게 되었다.

여기에 오바마 정권은 부시 전정권과 내용상으로는 거의 같지만 GNEP의 명칭을 '국제원자력에너지협력 프레임워크'(International Framework for Nuclear Energy Cooperation, INEF)로 바꾸고 정부주도가 아닌, 민간사업으로 실현가능한 비즈니스 모델을 목표하는 제안 등을 하고 있다.[28)]

오바마 대통령도 이러한 핵연료뱅크 구상 이외에 핵확산방지와 에너지수요의 양쪽을 충족할 수 있는 결정타가 없기 때문일 것이다. 이란과 북한의 핵개발문제나 신흥국 및 개도국의 원전건설계획이 이어지고 있는 가운데, 핵연료뱅크의 구체화가 세계적인 중요한 과제가 되고 있다.

(3) 세계최대의 '환경시장'

국토가 넓은 미국의 환경시장은 세계의 약 4할 정도를 차지하고 있다고 평가되며, 거대한 환경시장을 세계에 제공할 가능성이 높아지고 있다. 이러한 미국의 오바마 대통령이 2009년 2월에 제시한 '그린뉴딜

---

28) DOE, "Global Nuclear Energy Partnership Steering Group Members Approve Transformation to the International Framework for Nuclear Energy Cooperation" at (http://www.ne.doe.gov/newsroom/2010PRs/nePR062110.html) (last accessed at 26 September 2010).

정책'의 중심이 되는 것이 스마트그리드와 EV이다. 고속철도망의 정비 등 환경중시로 이어지는 인프라정비에 대한 의욕도 강하다.

미국에서는 전력인프라 자체의 노후화가 현저해서 저탄소사회를 향한 방침전환과 때를 같이 하여 전력인프라를 재구축한다는 의도도 있다. 화력발전소나 원자력발전소 등과는 달리 그린뉴딜이 목표로 하는 태양광이나 풍력 등 자연에너지를 활용한 발전은 날씨에 따라 발전량이 좌우된다. 따라서 안정된 전력을 확보하기 위한 정보기술(IT)을 활용한 스마트그리드가 필요하다.

오바마 정권의 스마트그리드 구상은 가정이나 빌딩의 지붕에 태양전지판을 장착하여 발전하고, 이 전기를 모아 필요한 곳에 공급하는 시스템의 구축이 그 기둥이다. 종래의 화력발전소 등에서의 일방통행의 전력공급이 아니라 각지에 분산된 가정이나 빌딩 등이 소규모발전소가 되도록 하였다. 따라서 송전망을 흐르는 전기는 각 가정이나 빌딩과 전력회사 간을 쌍방향으로 오갈 수 있게 되는 것이다. 이러한 복잡한 전기흐름을 제어하고 필요한 곳에 정확하게 전기를 배분하는 것이 스마트그리드이다. 나아가 오바마 정권은 지역단위의 스마트그리드를 미국 전체 규모로 연결하는 대용량송전망 '슈퍼그리드(Super Grid)'를 구축하고, 수요가 많은 대도시로 효율적으로 전기를 보낼 수 있는 구조를 만들려 하고 있다.

스마트그리드 그 자체는 약 45억 달러를 갹출하는 방침으로 10년간 총액 1500억 달러를 미국 전체의 인프라 정비에 투자할 예정이다. 스마트그리드에 관한 기술은 에너지, 통신, 정보기술(IT), 애플리케이션의 4가지로 크게 나눌 수 있다.[29)]

제너럴 일렉트릭(GE) 등 대형가전 회사뿐만 아니라 텐드릴(Tendril), 에너게이트(Energate) 같은 벤처기업이나 구글, 마이크로소프트 등 실리콘밸리의 IT기업도 세계적인 주도권을 잡으려고 활발하게 움직이

29) 山家公雄, 「スマートグリッドで稼ぐ」, エコノミスト, 2009년 11월 17일호, 71면.

고 있다.

한편 미국정부는 이미 통신기능이 있는 전력계 '스마트미터'를 일부 세대에 설치하였고 실증실험을 시작하였다. 2013년에는 2009년 대비 3배 많은 2600만 세대에 도입될 예정이다. 분산형 가전이 전제되는 스마트그리드에서는 전체를 통괄하는 시스템이 필요하다. 이 시스템에 대해서는 시스코시스템, IBM, 오라클, 액센츄어 등이 개발에 나서고 있다.

스마트그리드의 실증실험도 미국 전역에서 시작되고 있다. 가령 콜로라도주의 볼더(Boulder)에서는 시 당국이 전력회사인 엑셀에너지(Xcel Energy)와 함께 시내 5만개소를 스마트그리드로 연결하는 '스마트그리드시티(Smart Grid City)' 프로젝트를 2008년부터 해오고 있다.[30] 특히 도시 내의 전기자동차(EV)를 축전지로 활용하는 Vehicle to Grid(V2G)라는 시스템의 실험이 주목을 받고 있다.

EV에서는 가정용 콘센트에서 충전이 가능한 플러그인 하이브리드 자동차(PHEV)나 EV 등 차세대 환경대응자동차에 이목이 집중되고 있다. 제너럴 모터스(GM), 포드, 클라이슬러 등 빅3뿐만 아니라 여러 업계에서 EV업계로 신규진입할 것이 예상된다. 오바마 정권은 EV와 그 충전설비에 24억 달러의 조성금을 결정하고 스포츠카 사양의 EV인 '로드스터(Roadster)'의 판매로 화제가 된 벤처기업인 테슬러 모터스(Tesla Motors)에 4억 6500만 달러를 저리융자 하는 등 EV 신흥기업을 지원하는 모습을 선명하게 보여주고 있다.

테슬러는 독자적으로 전기자동차용 리튬이온전지를 만드는 것이 아니라, 노트북의 리튬이온전지를 묶어서 사용하는 방법을 생각해냈다. 미츠비시자동차나 닛산자동차 등 앞선 대기업이 하고 있는 전지제조사와 공동개발하는 방법과는 전혀 다른 발상이었다.[31]

---

30) Smart Grid City, Xcel Energy, at (http://smartgridcity.xcelenergy.com/) (last accessed at 22 September 2010).

31) 村沢義久, 『"大企業の常識"を覆す電気自動車のスモールハンドレッド』 (http://eco.nikkeibp.co.jp/article/special/20091116/102644/) (2010년 9월 12일

이에 따라 비용을 크게 낮출 수 있을 것이라고 계산하였다. 테슬러는 직렬 99개×병렬 69개로 구성되며 합계 6831개의 셀을 사용하였다. 자동차 본체중량은 약 800kg이며 배터리의 무게는 450kg이나 되지만, 배터리용량은 53kWh에 달하여 390km라는 경이적인 항속거리를 실현하였다고 한다.

테슬러는 2010년 1월에 파나소닉과 공동으로 차세대전지를 개발한다고 발표하였고, 5월에는 도요타자동차와 EV 공동개발로 업무제휴 하는 등 연합에도 힘을 쏟고 있다.

또한 자동차와 배터리(전지)를 분리한 비즈니스 모델을 제안하고 있는 것이 캘리포니아주의 벤처기업 베터 플레이스(Better Place)이다.[32] 이 회사는 '배터리교환식 EV'를 제안하여, 주유소의 역할을 하는 '배터리교환소'에 충전이 끝난 교환식배터리를 상비하고, 소모된 배터리를 재빨리 교환할 수 있도록 하고 있다. 이에 따라 사용자가 구입하는 차체가격을 대폭으로 낮출 수 있게 될 뿐만 아니라 충전에 시간이 걸리고, 한 번에 장거리 주행을 할 수 없다는 EV의 문제점으로 지적되어 온 과제를 해결할 수 있다. 배터리에 대해서는 회사에서 대여하는 형태가 되며 사용자는 주행거리에 비례한 금액을 지불하게 된다. 이스라엘과 덴마크에서 2011년부터 실용화될 계획으로 닛산 · 르노 연합이 차체를 제공한다고 한다. 일본에서는 택시에 이것을 이용할 것을 제안하여 도쿄에서 실증실험을 하고 있는 중이다.

이와 같이 미국에서는 환경관련 벤처기업에 대한 투자가 급증하고 있다. 젊은 창업가가 전기자동차나 재생가능에너지의 개발에 참여하여 미국의 다이나미즘에는 괄목할 만한 성장이 이루어지고 있다.

접속).

32) ベタープレイス "a New Age for Electric Vehicles Opens with Switchable battery EVs" at (http://www.betterplace-jp.com/img/mm-doc.pdf) (last accessed at 23 September 2010).

연구자들이 유망한 기술을 개발하면 실리콘밸리 등의 투자펀드가 자금을 제공하고, 금융에서 마케팅, 영업, 판매, 회계 등의 전문가가 팀을 만들어 스피디하게 창업할 수 있는 구조가 만들어져 있다. 미국의 강점을 한마디로 표현한다면 '시스템 구축력'일 것이다. 스마트그리드 분야에서의 업종을 넘어선 여러 가지 기업제휴는 말할 필요도 없이, 생산부터 최종소비자에 이르기까지의 유통이나 인프라 등의 시스템 전체를 구축해내는 구상력이 뛰어나다. 또한 그 비즈니스 모델을 세계표준으로 해 버리는 신속함과 협상력도 함께 가지고 있다.

미국은 리먼쇼크로 금융기관이나 가계가 부담한 불량채권이 많아 경기회복의 속도는 완만하지만, 이제 다시 세계의 고급인재가 모여들어 세계의 혁신의 중심에 있다. 정부지원 여하에도 불구하고 자발적으로 기후비즈니스를 추진하는 민간의 움직임은 멈추지 않을 것이다.

〈그림 6-8〉 미국의 연료형태별 차세대형 경량자동차 판매대수 예측

2008년, 2020년, 2035년 비교

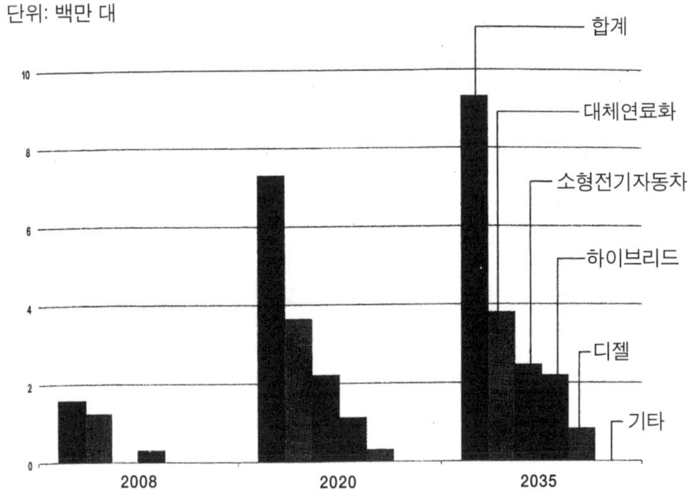

* 출처: 미국에너지정보국

제7장

어떻게 하면 중국이 감축의무를 지게 될까
-중국이 움직이는 방향으로 비즈니스를 조준하라-

_ 오와다 다키요시(大和田滝惠)

1. 문제의 소재

지구온난화방지를 달성하기 위해서는 개도국은 물론이고 중국의 참가가 필수적이며, 중국에 매력적인 국제환경을 조성할 필요성이 있다. 중요한 것은 중국에서 화석연료분야의 에너지절약이 활발히 추진되도록 하는 것이며 여기에는 선진국의 민간기업이 중국에 대규모로 기술이전을 할 수 있도록 해야 한다.

현실은 갈 길이 멀다. UN청정개발체제(CDM)의 집행이사회에 등록된 CDM프로젝트의 온실가스 감축량은 중국이 세계 전체의 절반 이상을 차지하고 있다.[1] 본래대로라면 CDM이 바라는 SD목표로서 중국의

1) UN CDM집행이사회(EB, CDM Executive Board) HP.
http://cdm.unfcc.int/Projects/DB/SGS-UKL1195477297.02/view
World Bank's Carbon Finance Unit(CFU) HP
http://www.worldbank.org/
Carbon Finance Web Site International Emissions Trading Association (IETA) HP
http://www.ieta.org/ioeta/www/pages/index.php.

에너지 낭비구조는 개선되어야 한다. 그러나 중국에서는 온실가스의 인정배출감축량의 실제는 7할이 비CO_2 기원의 HFC23 분해프로젝트에 의한 것이다.[2] 대량의 CER을 획득하여 CDM의 경제적인 장점을 확보하기 위하여 중국은 생산요소를 옮겨 일부러 HCFC22를 증산하여 온난화계수가 높은 HFC23 분해프로젝트를 진행시키고 있다. 에너지절약이나 재생가능에너지에 관한 기술이전이 현행의 CDM 체제에서는 진전되지 않고 있기 때문이다.[3]

한편, 국제사회에서 배출감축의 중기목표를 요구받으면서도 경제성장을 국가의 최우선과제로 삼은 중국은 성장이 제약받지 않는 국내총생산(GDP)당 CO_2 배출량을 2020년까지 2005년 대비하여 40~45% 감축하는 자주목표를 발표하고 있다. 이 목표가 달성된다고 하더라도 2020년의 배출량은 현재의 2배나 될 전망이다.[4] 따라서 중국에는 보다 높은 목표를 설정해야 할 필요가 있지만, 선진국기업에서 에너지절약기술이전은 이루어지지 않고 있으며 이러한 상태에서는 감축목표는 실효성이 없다고 할 수 있다.

사태는 에너지절약기술이전이 진행되면 크게 달라질 것이다. 중국국토에 대한 에너지절약기술의 보급으로 GDP 단위당 에너지절약 노력목표를 달성할 것이 확실시되는 범위에서 CO_2 감축의무화로의 이행에 중국은 동의하게 되지 않을까? 그러나 에너지절약기술이 보급되기 위해서는 어떻게 해야 할 것인가? 여기에는 선진국 민간기업이 기술이전

---

2) 中国清洁発展机制网 HP http://cdm.cchina.gov.cn/web/index.asp.

3) 오존파괴물질을 규제하는 몬트리올의정서에서는 HCFC22를 규제하고 있다. HCFC22는 냉매 및 불소가공원료재료 등으로 사용되는 화학물질인데, 제조과정에서 최대 11700의 매우 높은 지구온난화계수(Global Warming Potential, GWP)를 갖는 HFC23을 부산물로서 발생시킨다. HFC23을 분해하는 프로젝트는 그 높은 지구온난화계수 때문에 비교적 적은 투자비용으로 대량의 CER을 획득할 수 있어 HCFC22의 증산을 상회하는 기업수익을 가져온다. 그 때문에 비용대비효과가 떨어지는 에너지절약의 촉진이나 재생가능에너지의 개발이용 등의 CDM프로젝트의 추진을 방해하는 저해요인이 되고 있다고 한다.

4) IEA, World Energy Outllok. http://www.worldenergyoutlook.org/.

을 하고 채산성을 맞추는 것이다. 선진국측 기업은 이익이 기대됨에 따라 에너지절약기술을 이전하려고 할 것이다.

그러면 중국을 무대로 한 기술이전에서 선진국기업이 이익을 내는 것은 어떠한 상황에서 가능한가? 그것은 중국국내 도처에 현안이 되어 있는 문제로 중국정부가 해결하고 싶어 하지만 자국의 재정지출이 어려운 분야나 국제기구 등 제3자로부터의 자금조달로 기업의 비즈니스 기회가 무진장 있는 사업내용이 있다면 가능하다. 최적의 추가적인 자금조달은 CDM의 경제적 이익을 확대하는 것이지만, CDM을 활용하기에는 에너지절약효과가 있는 사업이어야 한다. 가령 공업폐기물의 재활용문제를 예로 들면, 중국전체에 만연한 현안과 연결될 수 있으므로 무진장의 배출권 발생이 가능할 것이며, 선진국기업이 이익을 내는 기술이전에 의해 에너지절약에서 크게 활약을 할 수 있는 무대를 만들 수 있다.

본래 교토의정서 체제에서 발생하는 배출권은 주로 에너지절약을 달성한 실적이 대하여 부여하는 것이다. 여기에 단순히 생산공정의 에너지절약사업에 한정하는 것이 아니라 공업폐기물에서 재생자원을 얻는 재활용에 대해서도 이것이 처녀자원(virgin resources)의 채굴에서 운반, 정련까지의 절차에서 사용되는 에너지보다 적다면 에너지절약효과를 산정하여 배출권을 부여하는 대상으로서 아무런 부족함이 없다.

현재 폐가전이나 폐PC 등으로부터 90% 이상의 고순도인 희귀금속의 회수가 가능하며, 일본기업에는 많은 우수한 재활용기술이 있다. 중국의 염가노동력이라면 사업의 채산이 맞으며, 절약할 수 있는 에너지는 현격히 크다는 것이 입증되고 있다.

환경성에서도 중국에서 환경오염의 개선과 온난화대책을 양립시킬 수 있는 상승편익(Co-Benefit)의 협력체제를 추진하고 있다. 개도국에게 상당히 필요한 환경개선은 지구온난화방지에도 기여할 잠재성이 크다는 컨센서스가 중일 간에 형성되고 있다. 가까운 미래에 환경개선 중에서도 특히 폐기물대책과 온난화대책이 수렴·융합되어 갈 것으로 보이며 기업도 그러한 방향에 대응할 수 있도록 준비해 둘 필요가 있을 것이다.

2. 온난화대책을 위한 기술이전과 자금조달을 둘러싼 문제점

오늘날 지구상에서 대량으로 배출되고 있는 온실가스에 대해서 조속히 대폭적인 감축이 이루어져야 한다는 것은 국제사회에서 지상명제가 되었다. 그렇다면 온실가스의 대폭감축의 열쇠를 쥐고 있는 선진국으로부터 개도국에 대한 기술이전과 이를 위한 자금의 조달을 가능하게 하는 메커니즘을 어떻게 해서든 신속하게 실현 · 확립하여야 한다. 본절에서는 기술이전과 자금조달의 문제를 각각 나누어 조금 더 자세하게 다뤄보고자 한다.

(1) 선진국기업으로부터의 기술이전은 왜 진전되지 않는 것인가?

중국에서는 아직도 커다란 에너지절약 잠재력이 존재한다는 것에 대해서는 널리 알려져 있다. 종래 선진국 중에서도 특히 일본은 민관이 하나가 되어 다양한 형태로 에너지절약 지원이라는 중국협력 프로젝트를 실시해 왔지만, 시범적인 지원이 시장에 파급되어 환경산업이 활발해진다거나, 점에서 면으로 확산되는 것 같은 에너지절약이 진전되지는 않았다.

지금까지 중국은 경제성장을 가속하기 위해서 석탄 등의 핵심에너지의 가격을 낮게 책정하고 에너지절약의 진전을 방해하는 듯한 에너지정책을 취해 왔다. 또한 중국은 지적재산권의 보호에 관해서도 세계무역기구(WTO)의 규칙과 합치하지 않는 국내제도 및 거래관습을 보존하고 있어 손실을 두려워하는 선진국기업으로부터의 기술이전이 순조롭게 이루어지지 않았다. 중국에서 에너지절약이 제대로 이루어지지 않는 원인의 대부분은 중국정부가 에너지절약을 추진할 사회기반을 정비하는데 신경을 쓰지 않았기 때문이지만, 선진국기업 측에서도 기술이전을 진전시킬 수 있는 창의적인 노력이 요구되는 면도 있다고 할 수 있다.[5)]

일본에서 중국으로 기술이전이 잘 되지 않는 원인은 두 가지 정도인 것 같다. 하나는 이전되는 기술의 내용이 중국의 국내사정에서 보면 받아들여질 만한 것이 아니었다는 문제이며, 다른 하나는 기업비밀인 기술이 부당하게 모방되어 경쟁력에 영향을 줄 수도 있다는 우려이다. 다만 이들 두 개의 원인은 후자와 같이 지적재산의 유출에 대한 우려가 존재하기 때문에 전자와 같이 받아들이기 쉬운 형태로 제공할 수 없게 된다는 사정이 있어 결국은 크게 보아 하나의 원인으로 모아질 수도 있다.[6]

---

5) 나가사키기술과학대학의 이지동 교수는 일본기업의 해외진출태도에 대해서 다음과 같이 중국 측의 시선을 정리하고 있다. "일본의 기술력이 높은 것은 확실한 사실이지만 가격도 높다. 도입 후의 후속조치가 빈약하며 가져온 주요설비와 현지에서 조달한 보조설비의 조합에 대해서도 무관심하며 인재양성이나 현장기술자와의 연대도 약하다. 단발적이고 분산형인 지원이 많으며 현지에 뿌리박을 의욕이 없는 듯하다. 자금 이외의 정부의 지원이 없다. 지속되지 않는 데에는 일본 측에도 원인이 있는 문제가 많다고 중국 측은 지적하고 있다. 李志東「ポスト京都証定書を見据えた中国温暖化防止と低炭素社会に向けた取り組み」『エネルギーと動力』第274号(2010春系号), 96면.

6) 필자가 검토위원으로 참가했던 중일 환경비즈니스 현지조사 프로젝트에서는 무엇이 수용가능한 비즈니스 매칭인가가 문제가 되었다. 수용가능한 방침은 현지사정에 대한 적응책뿐만 아니라 동시에 일본기업에 대한 대응책이 될 수도 있어야 비즈니스 매칭이 성립한다는 관점이 이후로도 점점 더 중요해질 것이라는 결론에 이르렀다.

즉 '수용가능성(acceptable)'이란 정적(static)으로 상황에 맞추기만 하는 것이 아니며, 또한 중국 측에 맞추기만 하는 것도 아니다. 즉 일본기업에 대해서도 수용가능한 동적인 전망 · 방향성 · 과제의 인식 · 문제의 지적이 필요하다는 것이다. 향후 발전가능성을 가진 중국 측에 대한 전략적인 요망 · 요청도 제안해야 하며, 특히 재정면에서의 제도구축의 속도를 높이고, 기술에 대한 보상적 장려조치 등을 중심으로 중국 측의 노력을 촉구해야 할 것이다. 프로젝트 보고서의 관련 부분을 인용하도록 한다.

"지금까지의 일본의 모델플랜트 시스템은 이를테면 가격적으로 현지에서는 받아들이기 힘든 높은 사양의 플랜트를 모델이라는 이름으로 설치하였기 때문에 상업적인 면에서 확산되기가 쉽지 않았던 부분이 있다. 이번의 조사나 銭光人상하이대학 환경화학공정원 부원장 · 교수의 말에 의하더라도, 중국기업이 구입할 수 있는 수준의 모델플랜트를 중국에 설치하고, 그로부터 전 국토에 전개한다는 추진방법이 유효할 것이라고 생각된다. 즉 중일 쌍방의 관계자의 협력 아래 '상하이모 현지에서 받아들이기 어려웠기 때문에 잘 되지 않았던 예가 1990년대에 일본기업이 활발히 판매하려고 하였던 배연탈류(排煙脫硫)장치(SO2 removal equipment from flue gases)이다. 배연탈류기술로 세계최첨단을 달리고 있던 국가는 일본과 독일이지만, 실제로 중국에 보급되어 있는 장치는 현지사정에 정통한 중국기업이 받아들이기 쉬운 형태로 제작한 중국산 배연탈류장치였다. 받아들여지기 위해서 요구되는 첫 번째 요소는 뭐라 해도 환경기술의 가격이며, 이는 바로 본절의 후반에서 언급할 기술이전과 연동되는 자금조달의 문제이다.

중국 측은 자국의 사정에도 불구하고 최첨단의 성능을 갖는 제품이나 기술을 요구하는 경우가 많은데 대부분의 경우 가격이 맞지 않는다.

델'을 만들어 나가고, 이를 쇼윈도로 삼아 중국 전국토로 확장한다면 향후 시장확대가 예상되는 중국각지의 필요에도 부응할 것이 기대되어 파급효과가 클 것이며, 쌍방에게 있어 Win-Win모델이 될 것이라고 생각된다. 다만 이 경우에도 일본측에서 일방적으로 제시하기만 하는 구조여서는 영속적인 협력이 불가능하다. 지적재산권 문제를 포함하여 양국의 기업이 수용가능한 모델을 민관이 연대하여 구축해 나갈 필요가 있다. 과거의 중일간의 기술협력, 기술수출의 역사를 돌아보면, 지금부터는 중일 쌍방의 당사자에게 무엇이 '수용가능한' 비즈니스 매칭인가라는 인식을 이후로도 깊이 있게 해 나갈 필요가 있다. 즉 여기에서 말하는 '수용가능성'이란 현지사정에 대응하는 것뿐만 아니라 일본기업에 대한 대응책이기도 해야 할 필요가 있다. 이 양자에 대한 대응책을 동시에 도출할 수 없다면 영속적인 비즈니스 매칭은 성립될 수 없다는 관점이 이후 점차 중요해지리라고 생각된다."『平成21年度産業技術研究開発委託費アジア大の3Rネットワーク構築プロジェクト一中国上海市における地域間連携を活用した循環型経済の構築支援事業報告書』(経済産業省, 平成22年3月), 159면.

(『2009年度産業技術研究开発委托費: 建設亜洲范囲3R 合作圏項-一通過与中国上海市地区間的合作建設循环経済的支援事業報告書』2010年 3月, 経済産業省, 104면.)

전년도의 조사 프로젝트『平成 20年度資源循環推進調査委託費 国際循環システム対策費一中国上海市における循環型経済の発展に向けた政策・循環型経済実施区モデルの状況調査報告書』(JFE テクノリサーチ株式会社, 平成 21年 3月)도 함께 참조.

또한 온난화방지기술이전의 일반론에 대해서는 電力中央研究所社会経済研究所編,『温暖化防止技術の国際技術移転:中国への技術移転の事例分析を通じて』(電力中央研究所, 2009年)를 참조.

중국에서 기업의 대부분을 차지하는 지방의 저변산업은 자본력이 약하며 외화조달이 규제되고 있어 중국산설비를 채택해야 하는 결과가 되고 있다. 일본제 배연탈류장치는 탈류효율 99% 이상을 자랑하는 첨단기술이지만 가격이 중국 국산품보다 4~5배 비싸기 때문에 중국기업에게는 오르지 못할 나무인 것이다. 중국제는 탈류효율이 90% 미만이지만 도입하는 기업은 대폭적인 비용절감이 가능하여 중국산기술이 점유율을 확대해 왔다.

비싼 설비를 판매할 수 없기 때문에 미국과 유럽의 기업들은 중국기업과 라이선스 계약을 체결하고 그 사용료로 사업을 전개하여 수익을 얻으려고 하고 있다. 그 경우 기술을 제공하고 제품을 생산 · 판매하는 자격을 부여하는 라이선스 비즈니스의 형태를 취하는 경우가 많으며, 중국기업이 현지에서 받아들여지는 제품을 생산하여 판매가능한 가격을 붙이게 되어 선진국의 첨단설비가 순조롭게 들어올 수 없는 사회환경이 형성되어 갔다.

일본기업은 주로 국내 및 미국과 유럽 등의 선진국의 필요에 맞추어 국내 연구개발부문에서 제작한 제품을 그대로 중국에 이전하려고 하였다. 기술수준이 높고 성능은 확실히 우수하지만 중국시장에는 받아들여지지 않았다. 이제부터의 생존전략이 신흥국 비즈니스를 많이 반영하는 것이라면, 기업으로서는 현지에 연구개발거점을 두고 반드시 기술수준에만 집착하지 않는 받아들여질 수 있는 제품만들기로 방침을 바꾸어야 한다. 그 편이 제품보급률 향상을 기대할 수 있고 비용경쟁력이 생겨 기업의 생존에는 유리할 것이다.

그러나 이상과 같이 미국과 유럽의 기업이 라이선스 비즈니스를 전개하는 것과 최첨단 성능을 추구하지 않는 받아들여질 수 있는 제품만들기를 목표하게 되면, 중국기업이 모방생산능력을 충분히 갖게 된 경우 선진국기업에게는 지적재산권유출의 우려가 높아진다는 점에서 보다 고성능의 환경기술설비를 중국에 이전하기가 어려워진다.[7] 그렇다고 해서 개도국인 신흥국이 당장 필요로 하는, 성능은 떨어지더라도 저렴한 낮은 수준의 환경기술은 특허 등 지적소유권으로 성립되기 힘든 경우가 많아 선진국기업은 비즈니스를 하기가 힘들어진다.

한편 온실가스의 감축에 관해서는 현재는 아직 기존의 설비도 많이 남아 있어 낮은 수준의 환경기술이라도 보급률을 높이는 것이 중국전체에서 에너지절약이 진전된다는 등의 이점이 있는 단계지만, 언제까지나 그렇게 갈 수는 없다. 결국은 높아지는 온실가스 추가감축의 필요성을 충족시키기 위해서 그 해결에 일익을 담당할 선진국기업이 자신의 첫 번째 또는 두 번째 첨단기술을 꺼내도 채산성을 맞출 수 있는 비즈니스 전개방법을 생각해 내야 할 것이다.

다만 결국은 자금문제 때문에, 이전된 기술에서 순식간에 유사제품이 나도는 상황이 되면 어떤 방법을 취해야 할 것인가? 선진국기업은 자사기술을 지킬 뿐만 아니라 개방하면서 이익을 내는 비즈니스를 모색해야 한다는 견해가 많은 학자들로부터 언급되고 있지만 결국 그럴 것인가. 여기서는 의견이 나뉘는 것이 중요하므로 학자들의 견해를 인용해서 고찰해보고자 한다.

나가사키기술과학대학의 이지동(李志東) 교수는 "기술협력의 본질은 중국시장과 일본기술력과의 교환"이라고 표현하고 있다. 미국과 유럽에서 민관이 하나가 되어 중국시장에 진출하려고 하는 지금, 주저하고 있는 사이에 일본의 설 자리는 없어질 수밖에 없다고 한다. 지금이야말로 일본이 협력해서 기술의 우위성을 최대한으로 살릴 최대의 기회이며, 일본의 기술력을 받아들일 수 있는 시장을 창출하는 것이므로 일본의 산업진흥과 기술우위성 유지에도 도움이 된다고 주장한다. 일본기업이 우려하는 지적소유권의 보호는 중국 측의 문제이며, 해결체제의 정비가 필요하므로 "개도국의 지적소유권 보호시스템이 단기간에 정비될 수는 없다는 현실에 입각한 새로운 비즈니스모델의 개발도 필요"하다고 하고 있다.[8)]

---

7) 중국의 산업화기술향상목표에 대해서는 国家発展改革委員会等,『当前优先発展的高技術産業化重点領域指南』(2007年版)의 첨단기술 중시영역 목록을 참조.

규슈대학의 호리이 노부히로(堀井伸浩) 교수는 "지금의 중국은 세계의 기업들이 다양한 기술을 가지고 쇄도하고 있는 상태에 있다는 것을 명심할 필요가 있다. 일본이 지적소유권문제의 해결을 기다리면서 손을 놓고 있는 사이에 미국과 유럽, 특히 환경기술에 대해서는 유럽기업이 질풍노도와 같이 밀려들고 있다. 일본은 에너지절약 · 환경기술선진국이라고 우쭐대고 있을 상황이 아니라는 것이 현실인 것이다. 도리어 지적소유권이 완전히 보호될 수 없다는 것을 전제로, 그 가운데 일본의 기술을 중국시장에 판매하여 만족할 수 있는 이익을 확보한다는 새로운 비즈니스모델의 구축을 생각해야 한다"고 주장한다.[9)]

중일환경협력지원센터의 오오노기 쇼우지(大野木昇司)는 "세계화가 진행되고 있는 가운데 일본만이 중국과 거래를 하고 있는 것이 아니라는 현상인식도 중요하다고 생각된다. 즉 일본기업이 기술이전을 거부하면, 받아들이는 중국기업은 다른 국가로부터 기술을 이전받을 뿐이다",[10)] "처음부터 기술이 복제될 것을 염두에 두고 비즈니스 모델을 구축해야 한다. 하나의 기술만으로 길게 비즈니스 하는 것이 아니라 계속해서 새로운 기술을 개발하여 시장에 투입하는 방식이 좋다"고 하면서 "이후의 중국환경비즈니스에서는 단순히 일본의 기술을 보급시킨다는 종래의 방식에서 공동개발 · 투자협력 · 중국기술의 일본보급 · 자사기술을 아시아표준으로 확립한다는 등의 새로운 비즈니스 모델을 생각해야 한다"는 주장을 전개하고 있다.[11)]

그 외에도 "자사기술누출에 따른 경쟁력저하를 피하기 위해서 그 기술의 핵심은 알려주지 않는다는 좁은 시각으로부터 자사가 가진 지적

---

8) 李志東, 「ポスト京都議定書を見据えた中国の温暖化防止戦略と低炭素社会に向けた取り組み」, 『エネルギーと動力』第274号 (2010春季号), 96-97면.

9) 中国環境問題研究会 編, 『中国環境ハンドブック 2009~2010 年版』, 蒼蒼社, 106-107면.

10) 同前, 106-107면.

11) 중일 환경협력지원센터, '대중 환경 비즈니스 매뉴얼'. http://www.jcesc.com/pamphjp20091020.pdf.

소유권을 가능한 한 빨리, 사업이익의 극대화에 활용함과 동시에 사회에 대한 이익 또한 최대화한다는 시점으로 패러다임전환이 지금의 일본기업에 필요하다"는 의견도 있다.[12)]

이상과 같은 견해는 십중팔구 기업이 피해를 받을 것이 뻔한 현상황에서 지나치게 낙관적인 것이라고 필자는 생각한다. 시장과의 교환으로 받아들여 지적소유권이 지켜지지 않는 것이 현실인데 일본기업이 기술의 우위성을 지킬 수 있을 것인가? 기술이 복제될 것을 전제로 일본의 기술을 중국시장에 팔아넘겨 만족할 만한 이익을 확보하는 것이 얼마나 오래 지속될 수 있을 것인가? 중국기업과 연구개발기관이 기술수준을 따라잡고 있는 가운데, 차례로 경쟁우위를 갖는 기술을 반복적으로 내놓는다는 것이 과연 현실적인 것인가? 모조품이 꼬리를 물고 나타나고 적당주의 비즈니스를 강제하는 사회환경에서 자사기술의 아시아표준확립이라는 새로운 비즈니스 모델이 정착될 수 있을 것인가?

중국에는 외국기업에 의한 기술지도를 발판으로 외국의 기술을 답습해서 국산기술로 만들어나가는 국외문물수용 풍토가 있어 무엇이든 국산화하려 하기 때문에, 공존공영의 자세라는 것은 애초에 존재하지 않는다. 이 때문에 처음에는 외국기업에게 비즈니스를 왕성하게 허락하더라도 조만간 그 존재는 쓸모없는 것이 되어 사업의 지속적인 전개가 어려워지고, 이윽고 사라질 수밖에 없게 된다. 그러한 경향은 기술의 국산화가 현지사정에 맞춘 중국기업의 가격경쟁력이나 영업력에 의해서 보강되므로 더욱 심해진다.

애초에 받아들인 것을 자기 것으로 하는 풍토에서 개혁개방정책을 시작하였고, 국외로 치고 나오는 전략을 구축할 당시에 WTO 규범과는 합치되지 않는 국내제도가 만들어져, 이것이 WTO 가입 후에 거래관습으로서 지켜져 왔다는 경위가 있다.[13)] 풍토와 제도·관습은 일체적이고

---

12) 中国環境問題硏究会 編, 전게서, 131면.

13) 大和田滝恵,「中華ナショナリズムと内発的外向型発展」(木村直司・今井圭子編『民族問題の現在』彩流社, 1996年), 費孝通学術指導, 周爾塵・張雨林主編『城

구조적인 것으로 변경하는 것이 쉽지 않다. 지적소유권 보호시스템 등을 중국자신의 국내개혁에 맡길 뿐만 아니라 외부에서 내부구조의 움직임을 무효화하는 국제적으로 초국경적인 체제를 재구축하는 수밖에 없다.

중국은 개혁개방정책의 개시 이후, 외국기업과 사업을 할 때 중국 측의 주도권을 확보하기 위해서 계속해서 관련법규를 제정해 왔다. 1979년의 중외합자경영(합병)기업법(中外合資經營企業法)에서는 합병기업의 형태를 장려하면서 계약기간만료에 따른 계약불갱신의 법적자유를 보증하여 합병기업의 중국국적화를 용이하게 하였다. 1983년의 실시세칙에서는 기술이전의 체약기간 종료 후에도 기술을 도입한 기업은 계속해서 해당기술을 사용할 권리를 가진다고 규정하였다. 1985년의 기술도입계약관리조례에서는 기술라이선스 계약의 체결에 대해서도 계약기간 만료 후에 도입기술을 라이선시(licensee)가 무상으로 사용할 수 있다고 하여 외국기업으로부터의 기술취득을 촉진하였다. 중국의 WTO 가입 직후인 2002년에 시행된 현행 기술수출입관리조례에서는 상기 이전법규에도 있었던 도입기술의 무상사용이 유상이용으로 변경되었지만, 기술수입계약의 유효기간 내라면 외국에서 온 기술이라도 개량한 기술은 개량한 쪽에 귀속한다고 하여 국산화를 용이하게 하였다.[14)]

이러한 제도규정이 가져오는 중국 측의 성과는 다음과 같은 사례로도 이어졌다.

이지동 교수는 국산화로 결국은 외국기업의 설자리가 없어진 새로운 비즈니스모델의 사례를 보여준다. 당초 도입한 기술설비를 국외로 판매할 수 없는 계약이 간단한 변경만으로 구렁이 담 넘어가듯 타국의 기술설비를 수출해버리는 사례이다. 직접인용에 의한 소개로 뉘앙스를

郷協調発展研究』(江蘇人民出版社, 1991年), 宋林飛「費孝通小城鎮研究方 法与理論」(『南京大学学報』 哲学社会科学版, 2000年第5期), 陳伝興「出口導向型発展模式的戦略性調整」(『国際貿易』 由商務部主管, 中国商務出版社主辦, 2007 年第9期)을 참조.

14) 同前.

전달하고자 한다

"새로운 비즈니스 모델이라고 생각하지만 중국에서 원자력개발은 급속하게 진전되고 있습니다." "결과적으로 미국과 중국이 계약을 한 것이죠." "미국으로부터 적어도 4기, 1기당 125만 킬로와트인 것은 4기, 중국은 미국에서 직접 수입해서 도입한다. 4기 이상 사용하고 싶은 경우에는 국내에서는 자유로이 사용해도 좋다는 계약이었어요. 다만 해외에는 판매해서는 안 된다는 식입니다. 그럼 언제가 되면 중국 국내에서 생산하고 수출할 수 있게 되느냐 하면, 여기서 하나의 제한이 생기는 셈이지요. 중국 자신이 미국의 기술을 바탕으로 미국은 125만 킬로와트였는데, 중국은 독자적으로 135만 킬로와트 이상의 것을 스스로 설계해서 생산까지 해내면 자유로이 사용해도 좋다는 것입니다. 이런 새로운 비즈니스 모델의 개발도 일본에게도 필요한 것은 아닐까 저는 생각합니다. 이는 결코 지적소유권의 보호가 중요하지 않다는 이야기는 아니고, 보다 현실적으로 개도국의 실정도 파악해서 새로운 비즈니스 모델을 개발하는 편이 일본에게도 또는 개도국인 중국에 대해서도 쌍방에 이익이 되는 이야기가 아닌가 하는 생각이 듭니다."[15]

또 하나 들고 싶은 사례는 고속철도의 수출비즈니스를 모색하는 선진국기업으로부터 차량을 수입한 중국이 단기간에 국산차량을 제작해서 갑자기 수출하는 입장으로 전환한 경우이다. 중국은 처음부터 개발 주도권을 쥐려고 여러 선진국기업을 경쟁시키고 블랙박스를 두지 않는 기술의 공개와 수출 측 기업의 개발자와 중국 측 기사와의 협력을 구입 조건으로 요구하고, 고액거래를 성립시키려는 일본 · 프랑스 · 캐나다 제조사로부터 양보를 받아냈다. 중국이 기술제공의 대가를 치룬 이상,

---

15) 参議院事務局『第174回国会 参議院国際・地球温暖化問題に関する調査会会議録第1一一号』22年 2月 10日, 14頁. 또한 李志東「新たなビジネスモデルを確立, 第3世代原子炉国産化を目指す」『日経エコロジー』 2010年 8月号, 129頁. Li Zhidong; "The Prospects for Nuclear Energy in the East Asian Region: Focusing on China," the International Journal of Global Energy Issues, Vol.30, Nos.1/2/3/4,2008, pp.264-288을 참조.

개조를 하는 등 부가가치를 붙여 판매하는 것은 막을 수 없는 일이지만, 시장원리를 관철하여 과다경쟁에 허를 찔려 스스로의 목을 죄는 형식이 되어 지적재산의 고갈이라는 비참한 상황에 놓이는 것이 염려된다. 염가 모방기술이 시장을 지배하게 되고, 선진국기업이 새로운 지적재산 개발을 향한 여유와 의욕을 버리게 되는 것이 문제이다.[16)]

이상의 사례는 시사점이 많다. 국제적 기술이전은 민간기업에만 맡겨둘 수 없다는 것은 물론 일국의 정부가 자국의 제도를 제정하는 것으로 대응할 수 있는 것도 아니다. 또한 기술이전의 대상국과 정부간협정 등 양자간 제도를 구축하더라도 성공할 수 없는 경우가 있다. 경우에 따라서는 국제기구가 당해 국가의 외부에서 내부구조의 움직임을 무효화하는 초국경적인 체제를 신설해야 한다. 일본에서 중국으로 기술이전을 하는 것이 바로 이러한 경우에 해당하며, 신속한 지구온난화 제어가 필수적이라면 중국의 에너지절약이 진전되어 추가감축이 실시될 수 있도록 일본기업이 비즈니스를 할 수 있는 국제사회의 체제를 구상해 내야만 한다.

바로 지금 하드웨어적인 기술설비에 힘쓰고 있는 일본기업보다 먼저 미국과 유럽 기업이 시스템 구축이나 인재양성 등 주로 소프트웨어적인 노하우에 의한 에너지절약 촉진비즈니스를 전개하고 있으나, 중국에서는 실제로 에너지절약은 그다지 진전되고 있지 않다. 중국정부는 에너지효율이 높아지고 에너지 소비원단위가 대폭적으로 개선되었다고 발표하고 있지만, 실상은 비효율적인 국영공장이나 화력발전소를 폐쇄함에 따른 명목상의 개선에 지나지 않는다고 한다.[17)]

이지동 교수는 국회의 지구온난화문제조사회에서 참고인으로서 다음과 같이 보고하였다. "지금 단계에서 감축하라고 해도 가능할 것인지? 현재의 기술 및 자금력상황에서는 2020년까지는 거의 감축할 수 없

---

16) 사실관계에 대해서는『毎日新聞』2008年 7月 23日자 및『人民日報・海外版』2009年 6月 12日자를 참조.

17) 中国環境問題研究会 編, 전게서, 97, 115, 117면.

는 것이 아닌가 하는 생각이 듭니다."[18] "일본은 25% 감축이라는 매우 의욕적인 목표를 세웠습니다. 이것은 매우 환영할 만한 일입니다. 그러면 다음 문제는 무엇인가 하면 얼마나 적은 비용으로 달성할 수 있을 것인가이다. 이때는 아마 중국과 일본의 제휴가 매우 중요해질 것이라고 생각됩니다. 이러한 중국과 일본의 제휴에 빨리 손을 써야 한다고 저는 생각합니다."[19]

(2) 개도국의 자금조달은 어느 방향으로 흐를 것인가?

마찬가지로 국회의 지구온난화문제조사회에서 국제기독교대학의 모리 카츠히코(毛利勝彦) 교수는 기술이전으로 기후변화 완화를 실현하기 위해서는 자금문제가 중요한 요소가 되어 가고 있다는 취지의 참고인보고를 하였다.[20] 일본은 하토야마 이니셔티브에서 기후변화대책자금으로 세계최대의 단기자금인 150억 달러의 갹출을 표명하였다. 국제적인 대책자금의 현황을 보면, 규모가 큰 것으로는 선진국이 임의로 갹

---

18) 参議院事務局, 전게서, p.15, 또한 "이미 약속된 자금 · 기술협력의 이행도 충분하지 않다"는 것이 확인되고 있다. 明日香寿川 · 李志東 · 盧向春,「中国の意味ある参加とは? 中国政府が掲げる温暖化対策の目標と『低炭素発展』の シナリオを読み解く」『世界』 2010年 1月, 101면. 또한 기술 및 자금면에서 공히 제기능을 발휘하지 못하고 있다는 점은 2006년 이래 계속되고 있는 경향이다. '자금조달체제와 기술개발도입체제가 제기능을 발휘할 수 있도록 경제적 수단을 중심으로 하는 환경대책 시스템을 재구축할 것'. 李志東「環境問題と環境協力」『東アジア共同体を設計する』日本経済評論社, 2006年, 78면.
중국정부의 인식은 관료급의 세전화(解振華) 국가발전개혁위원회 부주임이 40~45% 감축발표 직후에 선진국의 지원이 있다면 이 목표를 매끄럽게 달성할 수 있을 것이라는 뜻에서 선진국의 지원의 필요성에 대해서 언급하고 있다. 李志東,「中国ウオッチング:COP15を受けての中国の基本戦略」日本エネルギー経済研究所 LETTER No.77,2010年 2月号. 이외에도 中国网『中方称中国减排行動无任何談判余地』2009-12-08.
http://news.163.com/09/1208/14/5Q12JB6Q0001124J.html에는 보다 자세한 세전화(解振華) 부주임의 동일한 취지의 발언이 있다.

19) 参議院事務局, 전게서. p.9.

20) 同前, 5면.

출하는 지구환경기금(GEF)이라는 국제기금이 있는데, 갹출국의 영향력이 강하여 개도국이 접근할 수 있는 기금의 분류가 달라 활용하기 어렵다는 비판이 있다. 이외에도 다자조약이나 양자조약 등에 기초한 대책자금이나 또한 최근 코펜하겐 녹색기금의 창설도 있지만 이들 전부의 국제자금을 합해도 2050년까지 세계의 온실가스 총배출량을 반감해서 기온상승을 2°C로 안정화시킬 수 있는 길을 만들기 위한 자금규모로는 적어서, 향후 어떻게 추가자금을 조달하고 어떻게 배분하여 검증할 것인가 하는 자금메커니즘의 설계도가 그려져 있지 않다고 모리 카츠히코 교수는 증언하고 있다.

민간자금과 시장을 활용하여 최대의 대책자금으로 성장할 교토의정서의 청정개발체제(CDM)도 개도국의 에너지절약 촉진 필요를 충족시킬 자금규모에는 이르지 못하고 있다. 어느 정도 부족하냐하면 중국과 인도에 집중된 CDM의 투자액은 GEF를 필두로 하는 개도국기금총액보다도 많기는 하지만, 미래에 개도국에서 필요하게 될 추가자금이 평균 1100억 달러 수준에 달할 것이라는 협약사무국의 추정액과 중국이나 개도국 그룹 자신이 추정하고 있는 2100~4020억 달러 규모의 추정액에는 매우 못 미친다는 것을 모리 카츠히코 교수의 증언에서도 알 수 있다. 코펜하겐합의에 의한 장기자금의 조달목표는 그러한 개도국 자신의 추정액의 절반에서 1/4에 지나지 않는다는 것이다.[21]

리먼쇼크 이후, 거액의 재정적자를 안은 선진국은 탄소시장이나 CDM 등 민간자금과 시장을 활용하려는 경향이 있어, 가능성은 있지만 현재 한계상황에 있는 교토메커니즘을 개혁하고, 특히 개도국으로 확산되기를 기다리고 있는 CDM을 위해서 혁신적인 자금메커니즘을 창설해 나가는 것이 중요하다고 모리 카츠히코 교수는 답변하고 있다.[22] 개도국입장에서 보면 에너지절약을 대폭 촉진할 정도의 금액이라면 공적 개발원조(ODA)와 같은 양자간 자금원조라도 좋을 텐데, 시장에서 거래가

21) 同前, 6면.
22) 同前.

능한 탄소 크레딧의 유사통화와 연동하여 수급에 의한 가격변동률(volatility)은 높지만 개도국에서 효율적으로 취득할 수 있는 CDM 배출감축크레딧(CER) 쪽이 높은 부가가치를 창출할 가능성이 있다. 따라서 CER의 발생에 공을 들이는 것이 사태의 비약적인 발전을 바랄 수 있게 한다.

2005년에 교토의정서가 발효한 이래, 그때까지 제안되어 왔던 수많은 CDM 프로젝트의 후보, 즉 화력발전소의 열효율향상, 수력전환과 풍력전환에 의한 발전, 폐가스 · 폐열이용과 열병합발전, 바이오매스의 이용 등이 CDM 프로젝트로서 인정되어 왔지만, CDM의 제도설계는 아직 설계 도중에 있다고 해도 좋다. 최근 국제사회에서 활발히 전개되고 있는 포스트교토 체제협상에서는 현 제도의 CDM을 남기고, 그 가운데에서 새로이 원전신설과 CO_2의 지하저장사업에 대해서 CER을 인정하자는 논의가 있다.[23] 여기에서 판명된 것은 CDM의 대상은 단순히 재생가능에너지의 개발이용이나 생산공정에 한정된 연료에너지의 효율화뿐만 아니라 온난화방지체제는 확대여지가 있다는 것이다. 그렇다면 에너지절약에 의한 열에너지 절감은 이미 CDM 프로젝트로서 인정되고 있기 때문에 자원재생에 의한 에너지절약체제를 도입할 여지가 있으며, 또한 논의되고 있는 두 가지 가능성을 비교해도 우선순위가 높은 것은 아닌가 생각된다.

기업전략으로서는 이들 가능성을 예측하고 CER은 소급인정이 가능하기 때문에 장래 CDM 프로젝트로서 인정될 것 같은 사업을 가려내고 효과적인 선행투자 포트폴리오를 구성하는 것이 관건이 될 것인가?[24] CDM은 경제적인 인센티브로서 개도국으로 투자를 부르는 구조이기 때문에, 투자자인 선진국기업은 필연적으로 비용효율적인 수익극

23) United Nations Framework Convention on Climate Change (UNFCCC) HP의 소개기사를 참조. http://unfcc.int/index.html.

24) 環境省報告書, 『ア ジア主要国の環境ビジネスの潜在市場規模推計に関する調査』, 2004年을 참조.

대화를 위해서 CDM 프로젝트를 선별하고 중국에서는 지금까지 온실가스 중에서 최대의 온난화계수(GWP)를 가지는 HFC23을 감축하는 프로젝트에 집중적으로 투자해왔다.[25] 그 결과 2010년 6월 24일까지의 최신 데이터에 의하면, HFC23 분해사업은 CO_2 환산 프로젝트 규모가 CDM 전체의 정부비준안건으로 73%, UN등록안건으로 65%를 차지하고 있다(표를 참조).

중일 최초의 CDM 프로젝트는 2005년부터 닛키(日揮) 및 마루베니(丸紅)와 화학공업계의 쥐화주식회사(巨化股份公司)가 설립한 합병기업에 의한 HFC23 분해사업이었다. 2007년부터 HFC23 분해사업을 시작한 산아이푸공사(三愛富公司) 등 리먼쇼크의 해인 2008년까지 중국기업과의 합병으로 동 사업에 참가한 일본기업이 속출하였다. UN CDM 집행이사회의 데이터로는 2008년까지 3년간 중국이 CDM 프로젝트로 얻은 수익은 6.5억 달러이며, 그 약 7할이 HFC23 분해사업에 의한 것이라고 한다.[26]

중국은 최대의 CER 공급국가이며 이미 2007년에 세계 점유율의 73%까지 달하였다. 2008년에는 CO_2 환산거래량 기준으로 세계 점유율의 84%를 차지하는 최대의 CDM 프로젝트 실시국이 되었다. 국제에너지기구(International Energy Agency, IEA)의 예측으로는 중국은 2030년까지 에너지소비가 연간 3.2%의 속도로 증가하며, 이는 세계 평균예측인 1.8%의 2배에 가까운 수치이다.[27] 따라서 중국이 CDM 프로젝트에서

25) HFC23을 분해하는 첨단기술은 선진국기업이 가지고 있으나 HFC23 등 비CO_2기원의 CDM 프로젝트는 WTO 부속서 중 하나인 무역관련지적재산권협정 'TRIPs협정'(Trade Related Intellectual Property Rights)에 의해서 20년이라는 장기간의 지적소유권의 보호기간이 규정되어 있기에 에너지절약촉진이나 재생가능에너지의 개발이용 등의 분야를 포함한 CDM 프로젝트에 관한 지적소유권의 규칙을 재구축할 필요가 있다.

26) 天津外企信息資源系統有限公司 HP http://www.cers.com.cn/cdm/을 참조.

27) The World Bank State and Trends of the Carbon Market 2007. http://web.worldbank.org/WBSITE/EXTERNAL/NEWS/0,contentMDK:21319781~pagePK:64257043~piPK:437376~theSitePK:4607,00.html.

산출되는 경제효과는 연간 수십억 달러에 달하는 상황이 당분간 계속될 것으로 보인다. 중국정부는 이에 맞는 배출권거래시장의 정비를 착착 진행시키고 있으며, 베이징, 상하이, 텐진 등의 주요도시에 대표적인 CER 거래소가 2008년에 설립되어, 2010년 5월 12일까지는 국가발전개혁위원회가 비준한 CDM 프로젝트는 2537건이며 가속화되고 있다[28] (그래프 참조).

프로젝트 실시주체인 중국기업에 귀속되는 CER을 선진국 파트너에게 양도한 수익에는 과징금이 부과되고, 부과율은 에너지절약 촉진이나 재생가능에너지의 개발이용 등 국가발전계획의 중점분야에 따른 CDM 프로젝트에는 2%로 낮게, 그렇지 않은 HFC, PFC, N_2O 등의 프로젝트에는 30~65%로 높이 설정되어 있다. 이는 2005년에 실시한「CDM 사업운행관리변법(CDM 事業運行管理弁法)」에 의한 것인데 중국정부는 선진국기업으로부터 에너지절약기술의 이전이 이루어지지 않는 우려에 대한 선제적 대응으로서 저율부과로 그 촉진을 도모하는 한편, 비CO_2기원의 CDM 프로젝트에서 비롯된 CER에는 고율부과로 세수증대를 노린 것이다.[29]

또한 프로젝트 실시기업의 소득세에는 감면조치를 하고 있으며 CER 양도수익 중에서 국가가 징수하는 부과분에는 소득세가 면제되고, 비CO_2기원의 CDM 프로젝트에서는 CER 양도수익에서 국가가 징수하

중국의 에너지계획에 관하여는, Li Zhidong, "Quantiative Analysis of Sustainable Energy Strategies in China," Energy Policy, 38(5)(2010/3), pp.2149-2160. 李志東,「石炭火力発電の熱効率向上, 日中の技術格差が急速に縮小」,『日経エコロジー』2010年 5月号, p.117. 李志東,「CO_2 排出原単位「40~45%減 へ, 次期5カ年計画作成に着手」『日経エコロジー』2010年 4月号, p.161.

28) 中国清洁発展机制网 HP http://cdm.cchina.gov.cn/web/index.asp 저탄소사회를 향한 중장기 계획에 대해서는 中国国家発展改革委員会能源研究所『中国2050年低碳発展之路一能源需求暨碳排放情景分析』科学出版社, 2009年을 참조. 電力中央研究所社会経済研究所 編,『温暖化制約下の世界エネルギ-需給シナリオプランニング: 中国は「省エネ大国」になるか』電力中央研究所, 2007年도 함께 참조.

29) 中国清洁発展机制网 HP http://cdm.cchina.gov.cn/web/index.asp.

는 부과금 및 실시비용들을 공제한 순수익에는 1~3년째까지는 소득세 면제, 4~6년째에는 소득세의 반액면제가 적용된다.[30] 일본국내에서 배출되는 온실가스를 감축해서 얻어지는 배출량에 대해서도 기업이 구입해서 전매하지 않고 자사의 배출감축에 충당한 경우에는 과세되지 않는 손금처리가 된다. 이와 같이 중일 쌍방에서 온실가스 감축에 대해서 실질적인 법인세감세 제도가 정비되어 가고 있어 기업이 나아갈 방향을 시사하고 있다.

시장원리의 효과가 기대되는 CDM의 성립배경의 관점에서 보면 투자기업이 바라는 사업의 첫 번째 목표는 CER 취득이며, 에너지절약기술이전이 아니다. 그러나 이후 중국에서는 에너지절약촉진 등 중점분야 진흥의 성공으로 에너지절약기술을 갖춘 기업이 많은 CDM 프로젝트에 참가할 것이 틀림없다. 그 흐름을 보다 촉진하는 국제제도를 구축해야 한다. 핵심은 현실적인 국제자금지원이 지연되고 있기 때문에 CDM 체제변경으로 자금을 무진장 끌어낼 수 있도록 하는 것이다.

〈표 7-1〉 중국의 사업별 CDM프로젝트 규모(톤)

2010.6.24 현재	정부비준안건	UN등록안건
	CO_2 환산 (1000t)	CO_2 환산 (1000t)
에너지절약사업	162	271
재생가능에너지	125	120
연료대체	552	961
메탄회수	293	380
N_2O 분해	922	984
HFC23 분해	6,073	6,073
폐기물발전	224	290
식림녹화	24	23
기타	161	282

* 출처 http://cdm.cchina.gov.cn에 의해 작성

30) 同前.

〈그림 7-1〉 중국의 CO_2 환산거래량 share(2008년)

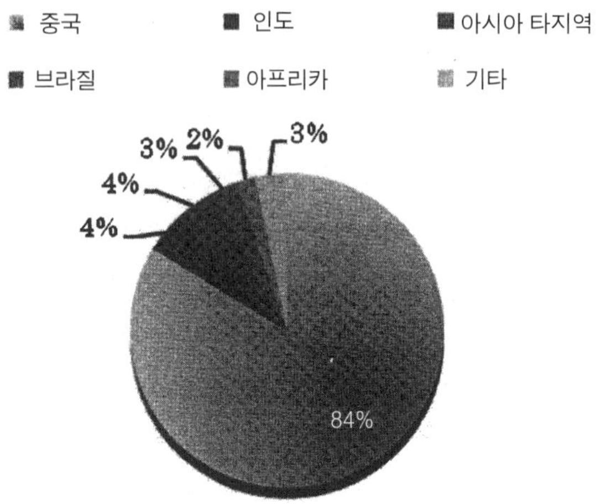

* 출처 World Bank, "State and Trends of the Carbon Market 2009"

3. 거시경제의 관점
—국제온난화방지협상에서 생각하다—

2009년 말에 UN기후변화협약 제15차 당사국총회(COP15)에서는 중국의 존재감이 컸다. 이후의 온난화방지협상은 중국에 좌우될 것이라는 것을 세계에 알린 것이다. COP15의 커다란 과제 중 하나가 중국을 설득해서 국제적인 체제로 끌어들이는 것이었다. 그러나 중국은 많은 개도국들을 모아서 경제성장을 제약할 수도 있는 온실가스 배출감축을 국제의무로 하는 것을 거부해왔다. 게다가 현행 교토의정서는 EU와 일본 등 일부 선진국만을 총량감축 의무주체로 하고 있는데, 그 수치목표를 엄격하게 하는 수정유지안을 온난화방지의 차기체제로 해야 한다고도 주장해 왔다.[31]

이미 EU의 주도권하에서 주요배출국에게 감축률을 정해서 국제의무체제로 끌어들이려는 당초의 목표는 한계에 달하였다. 이후는 감축률 할당과는 다른 감축메커니즘을 생각해내는 것이 현명할 것이다. 배출대국이면서 국제의무를 받아들이려고 하지 않는 중국을 비판하는 것은 쉽지만 생산적인 태도가 아니다. COP15와 같이 비난과 변명을 반복하는 것보다 이제는 어떻게든 해서 중국이 보다 온난화방지에 노력을 기울일 수 있도록 해야 할 필요가 있다. 그렇지 않으면 중국이 점점 온실가스배출 괴물로 변해가는 것을 방치하는 것과 같아진다.

중국의 이산화탄소(CO_2) 배출량은 2007년에 미국을 넘어섰고 세계 제1위가 되었다. 단일국가만으로도 세계 총배출량의 사실상 21%를 차지한다.[32] 또한 국제사회가 배출감축의 중기목표를 내야하는 가운데 경제성장을 국가의 최우선과제로 잡은 중국은 성장을 제약하지 않는 GDP당 CO_2 배출량을 2020년까지 2005년 대비 40～45% 감축한다는 목표를 발표하였다는 것은 앞서 언급한 바 있다. 이는 국제기구가 검증할 수 없는 자주규제로서 목표가 달성될지 보증도 없지만, 가령 달성된다고 해도 2020년의 배출량은 현재의 2배가 될 것이라는 전망이다.

그러면 어떻게 중국을 움직일 것인가? 국제온난화방지협상 가운데 어떤 감축메커니즘을 논의해야 할 것인가? 문제는 감축메커니즘이 거시경제에 주는 영향이 유리한지에 대한 것이다. 유리하다면 중국이 품고 있는 의무화에 대한 저항을 완화할 수 있지 않을까?

온난화방지의 차기체제로서 현재대로 감축의무를 지지 않는 교토

---

31) 상세한 사항은 新聞中心中国网, 『発改委: 中国采取自主减排行動无談判余地』 2009-12-08
http://www.china.com.cn/news/txt/2009-012/08/content_19028301.htm을 참조. 이 절에서는 중국의 이러한 자세에 대응하기 위해서 이제는 국제협상이라는 관점에서 고려하자는 논조의 주장인데, 그 전문은 大和田滝恵, 「地球温暖化防止交渉-どうすれば中国は動くか」(『フジサンケイビジネスアイ』 2010年 3月 26日号所収)을 참조.

32) IEA, 전게서.

의정서를 연장하고 싶어 하는 중국의 입장은 당연한 것이다. 교토의정서에는 선진국기업이 개도국에서 에너지절약사업을 실시하면 온실가스 배출권이 발생하는 구조이며, 개도국은 이를 감축의무가 있는 선진국에 매각할 수 있어 경제적인 혜택을 얻을 수 있기 때문이다. 따라서 배출감축의 의무화에 대한 저항을 완화하기 위해서는 차기체제에서 중국이 현재의 구조에서 얻고 있는 경제적 혜택을 넘을 수 있는 거시경제상 유리하게 움직이는 감축메커니즘을 고안할 필요가 있다.

가령 공업폐기물 재활용에서도 배출권이 발생될 수 있도록 차기체제를 확대하면 중국에서는 공업폐기물이 급증하고 있으므로 배출권의 발생안건은 급격히 증가할 것이고, 자금조달이 순조로워진다. 여기에서 중국이 얻을 수 있는 이점은 현재의 경제혜택의 규모를 훨씬 넘어서게 되고 거시경제에도 유리하게 작용한다. 경제성장이 촉진되는 만큼 중국의 배출감축 의무화에 대한 저항감도 약화될 것이다.

4. 폐기물재자원화의 CO_2 배출권환산메커니즘

이전의 절까지 중국의 에너지절약이 진전되기 위해서 선진국기업이 채산성을 맞출 수 있는 기술이전의 정책이 필요하다든지, 국제적인 자금지원이 이루어지지 않으므로 온난화대책자금을 무진장 뽑아 낼 수 있는 체제가 필요하다든지, 또는 거시경제에 유리하게 움직이는 감축메커니즘이 필요하다고 표현하여 하나의 새로운 국제사회체제가 필요하다고 언급하였지만 그 내용에 대해서는 언급하지 않았다. 이는 온난화방지라는 커다란 체제 속에서 CDM의 경제적인 혜택이 확대될 수 있도록 공업폐기물의 자원재생에 의한 에너지절약이라는 체제를 편입하여 새로운 체제를 '폐기물재자원화의 CO_2 배출권환산메커니즘'이라고 명명하고 본절에서는 그 내용을 구체적으로 살펴보도록 한다.

(1) 지구온난화방지 체제에 중국을 효과적으로 끌어들이다

순조로운 자금조달로 에너지절약기술이전이 이루어지고, 자국의 에너지절약노력목표의 달성에 대한 확신이 서면 중국은 감축의무화의 국제적인 체제 내로 편입될 가능성이 생긴다. 중국이 흔쾌히 참가하게 될 순조로운 자금조달이 가능하고 거시경제에도 유리하게 작용할 감축 메커니즘은 어떻게 만들 수 있을 것인가? 그 절차를 생각해보자.

핵심이 되는 중국참가의 요건, 중국의 사정에 대해서 일본국내에서는 관료도, 학계도, 매스컴도 잘 알지 못하는 것 같다. 감축의무화의 국제적인 체제에 중국을 끌어들일 수 있는 여지는 충분히 있으며 그 주도권을 일본이 쥘 수 있고, 쥐어야만 한다. 이는 포스트 교토의정서의 기준설정에서 EU나 미국, 중국 등이 펼치고 있는 세계전략의 경쟁에 일본이 이겨나가는 방법이기도 하다.

필자는 15년 정도 전부터 중국 최대의 경제도시 상하이와 환경산업을 키우는 국제협상을 준비해 왔는데, 수년 전에 중일간 폐기물처리의 문제에 대해서 토론하는 제5차 상하이환경회의에서 일본 측 의장을 지낸 적이 있다. 최근 현지에 가서 환경관계의 전문가와 만날 때마다 감각적으로 느껴지는 것이 있다. 이는 국제사회를 흔들고 있는 지구온난화 문제는 중국에게는 에너지절약문제에 지나지 않는다는 점이다.

최근 중국은 활발하게 공업폐기물에 관한 재활용법을 만들고 있으며 온난화방지와 관련된 법안보다도 압도적으로 많다. 고도경제성장을 유지하기 위해서는 온난화방지보다 공업폐기물을 재자원화하는 것이 도움이 된다고 생각하는 것이다. 필자는 1950년대 후반부터 60년대 전반에 걸쳐 중국에 머물고 있었다. 당시 소련으로부터 한국전쟁 이후의 채권변제에 시달리고 있어 굴욕적인 물납에까지 내몰렸던 중국에서는 '삼폐 종합이용'이라고 해서 폐기 · 폐수 · 폐물을 보물로 바꾸는 운동이 일어났다. 그 흐름은 문화혁명의 공업생산정체기에도 쓰러지지 않았을 만큼 재자원화의 실시에는 끈질긴 전통같은 것이 중국에는 있다.

전술한 상하이환경회의에 출석했던 동료중의 하나가 중국에서 온실가스를 감축한 일본기업이 배출량을 획득하는 교토의정서의 CDM과 동일한 구조를 공업폐기물에 적용하여 중일 간에 폐기물의 배출권거래 제도를 만드는 것은 어떠냐는 제안을 하였다. 그것이 계기가 되어 필자는 상하이에서 환경전문가인 친구를 만날 때마다 중국을 온난화방지의 국제체제에 참가하기 쉽도록 하기 위해서 중국이 들어가기 쉬운 입구로서 공업폐기물의 재자원화를 이용할 수는 없을지를 타진해 보았다.

필자는 과거 중국에서의 경험에서 전통적인 흐름에 따라 뭔가 적극적인 것이 나올 것이라는 느낌이 들었던 것이 의외로 적중하였다. 이 친구는 바로 온난화방지와 공업폐기물 재자원화를 연결시키는 구조를 선진국이 만들어야 한다고 답하였다.

귀국 후 이 친구의 의견에 대하여 다른 중국인 환경전문가는 어떻게 생각하고 있는지에 대해서 흥미가 생긴 필자는 중국 전국에 흩어져 있는 친구들에게 전화를 해 보았다. 결과적으로 물어보는 사람마다 전문가라면 모두 이구동성으로 '이것이 중국을 참가하게 하는 필수조건이다'고 강조하였다. 상하이의 친구 의견이 중국에서는 정론이라는 것은 어느 정도 예상은 할 수 있었지만, 이렇게까지 명확한 확증을 얻게 되리라고는 생각지 못했기에 매우 놀랐다.

그럼 온난화방지와 공업폐기물의 재자원화를 연결시키는 구조는 어떻게 만들 수 있을지를 말해보자.[33)]

폐가전이나 폐PC 등에서 유용자원·희귀금속을 회수하는 것은 가능하며 일본기업에게는 수많은 우수한 회수기술이 있다. 문제는 회수하는 것에 두 가지 혜택이 있다는 점을 깨닫는 것이다. 회수한 유용자원은 물론 자원으로서 다시 사용할 수 있다는 가치가 있으며 회수된 분만큼

33) 이 정책제언에 대한 요약은 大和田滝恵, 「温暖化防止資源再生にも排出権を」(『朝日新聞』 2008年 7月 24日 朝刊 「私の視点」) 및 Takiyoshi Ohwada, "Grant emission rights for resource recycling", Point of View, *International Herald Tribune*, Tuesday, September 23, 2008을 참조. 이 제언을 정리된 형태로 가장 신속하게 공표한 것으로는 『中国上海・環境ビジネスNEWS』 第1～5号(2008年 2月 14日～4月 10日)를 참조.

처녀자원을 사용하지 않아도 된다는 혜택이 하나이며, 두번째 혜택은 유용자원을 회수해 사용하면 처녀자원을 새로이 조달하기 위한 에너지를 절약할 수 있어 그 에너지를 사용할 때에 배출되는 CO_2 양을 감축할 수 있다.

폐기물의 재자원화에도 에너지는 필요하지만 처녀자원을 발굴하고 운반하는 쪽이 훨씬 많은 에너지가 소비된다. 그 에너지의 차이는 무시할 수 없다. 따라서 폐가전이나 폐PC 등의 재자원화를 온난화방지체제에 편입하여 회수된 유용자원을 에너지·CO_2 양으로 환산하는 시스템을 만들면 처녀자원의 사용이 더욱 줄어들어, 절약할 수 있는 에너지·CO_2 양의 차이가 현격하게 커질 것이 틀림없다.

중국에서는 지금 폐가전이나 폐PC 등의 폐기물이 적정하게 회수처리 되지 않아 자원의 손실과 함께 그 환경오염 때문에 골치를 앓고 있다. 따라서 중국에서 일본기업이 폐기물에서 유용자원을 회수하고 그 환산 CO_2 양을 배출권으로서 획득할 수 있도록 하면 중국시장은 무진장하다.

온난화방지체제를 실효성 있게 하기 위해서는 중국의 참가가 필수적이며, 중국이 중시하는 공업폐기물의 재자원화를 반영하면서 동시에 온난화대책을 실시하는 것으로 일본의 수치목표가 달성될 수 있도록 하는 포스트 교토의정서의 전망이 보인다. 그러한 대중국 공헌책이 좋지 않을까?

(2) 포스트교토를 향한 상승편익의 실효성 있는 구체화

환경성은 중국과 환경오염의 개선과 온난화대책을 양립시킬 수 있는 상승편익(Co-Benefit)이라는 사고방식의 협력체제를 만들려고 중일간의 대화를 진행시키고 있다. 전절에서 언급한 바와 같은 온난화방지와 공업폐기물의 재자원화를 연결시키는 구조는 상승편익이라는 사고방식에도 합치될 뿐만 아니라 찬성을 얻기 쉬운 제안이 아닐까 하고 생각한다.

왜 상승편익이 필요한가? 또한 상승편익을 구체화함에 있어 온난화방지와 공업폐기물의 재자원화를 연결시키는 구조는 현실적이고 설계하기 쉬우며 효과가 좋은 구체적인 방안이라고 생각된다. 본절에서는 이러한 구조의 핵심에 대해서 정리해 보자.

중국은 이제 빈부격차문제 해결을 위해서 경제성장을 통한 저변상향이 필수적이기 때문에 국내의 환경문제는 제어하기가 쉽지 않다. 대기나 수질오염, 폐기물의 처리 등 산적한 긴급사안 중에서, 국제적인 압력이 있다고는 해도 지구규모의 온난화문제는 아무래도 우선순위가 낮다.

향후 중국이 긴급히 해결해야 할 국내환경문제와 지구온난화대책은 결코 상반되는 문제가 아니라는 것에 대한 중국의 인식을 촉구하는 것이 중요하다. 좋은 예로서 생산공정에서의 에너지효율 향상을 언급할 필요도 없이 공업폐기물의 재자원화에 의한 원료조달 저감 등이 화석연료의 감축을 가능하게 하고 CO_2의 배출을 줄인다. 이와 같이 경제성장 및 국내환경오염과 지구규모의 온난화문제 해결은 양립될 수 있다. 또한 장기적으로는 양립시키는 제도를 포함하는 유효한 방법을 지속적으로 개발해 나갈 필요가 있다.

현재는 중국뿐만 아니라 환경오염과 온난화대책을 개개의 영역으로 취급하려는 관점이 뿌리깊기 때문에, 온난화대책은 세계적인 과제이긴 하지만 긴급한 경제 및 오염문제 해결로서는 즉효성이 없다. 온난화대책이 오염문제에 의한 환경부담완화로 직결되는 우수한 제도 등의 방법이 마련된다면, 중국은 지금보다 지구규모의 온난화문제에 적극적인 자세를 취할 것이다.

그래서 자원재생의 문제를 포함해서 온난화방지의 체제를 확대하는 것을 생각하게 된다. 당초의 교토메커니즘에서는 중국에서 온실가스를 감축한 일본기업은 배출권을 얻을 수 있지만, 대상을 에너지절약사업뿐만 아니라 같은 CDM 방식을 사용해서 일본기업이 중국 국내에서 금속자원을 재생한 경우, 그만큼의 환산 CO_2 양을 배출권으로서 획득할 수 있도록 한다.

구체적으로는 폐가전 · 폐PC 등에서 유용자원 · 희귀금속을 회수한 분만큼 처녀자원을 조달했을 경우의 에너지 · CO_2 양으로 환산한다는 제안이 된다. 즉 유용자원을 회수한 분만큼 처녀자원을 사용하지 않아도 된다. 이로서 처녀자원을 새로이 조달하기 위한 에너지를 절약할 수 있게 되고, 그 에너지를 사용한 때에 배출되는 CO_2 양을 감축할 수 있기 때문이다. 재활용에 필요한 에너지를 공제해도 절약할 수 있는 에너지 · CO_2 양은 매우 크다.

공업폐기물의 감축 및 유용자원으로 재생시키는 것이 처녀자원을 조달한 경우의 에너지 · CO_2 양으로 환산될 수 있다면, 폐기물처리나 재활용문제도 온난화방지체제 내로 편입시킬 수 있게 되고 기업이 공업폐기물의 감쭉과 재자원화를 추진하게 하는 인센티브가 더욱 증대될 것이다.

중국의 입장에서 보면, 국제적으로 요청되는 온난화대책이 되고 희소금속의 재활용을 촉진하게 되어 당초의 공업폐기물, 전자폐기물이 적절하게 회수되지 않은 채 자원손실로 이어지고 환경오염을 일으키게 된다는 현상도 개선할 수 있다.

자원재생의 문제도 온난화방지체제 내로 편입하여 주로 생산공정에 한정된 연료에너지 효율화를 계산하는 발상뿐만 아니라, 재생되는 유용자원 그 자체, 즉 현재의 교토의정서에는 규정되지 않은 고형물(solid matter)에 대해서도 에너지 · CO_2 양으로 환산하자는 제안인 것이다. 재생되는 유용자원 · 고형물의 에너지환산은 절감된 처녀자원의 시장가격, 당해 가격으로 구입가능한 석유 등의 에너지양에서 재활용에 필요한 에너지양을 공제한 것에 해당하도록 하는 등 아이디어는 많다. 최근에는 어떤 상품의 원재료 조달, 제조, 유통 · 판매, 사용, 폐기 · 재활용이라는 생애주기 5단계에서 발생되는 온실가스의 각 배출량을 합산해서 표시하는 '탄소발자국(carbon footprint)'제도의 산정방법을 참고할 수 있을 것이다.[34)]

중국이 온난화방지의 국제적인 체제로 들어오기 쉽도록 자원재생을 입구로 하여 폐기물 감축에 의한 환경오염 개선과 온난화대책을 양립시키는 상승편익이라는 사고방식을 구체적으로 실천하는 제안-폐기물재자원화의 CO_2 배출량환산메커니즘을 세상에 소개하고 싶다.

우주는 실제로 태양에서 물질과 에너지가 상호 변환하는 것과 같이 물리학에서는 물질과 에너지는 교환될 수 있는 것이다. 금속을 에너지양으로 환산하려는 시도는 결코 신기한 것이 아니다.

(3) 폐기물재자원화와 온난화방지의 동시추진이 사태를 진전시킨다

앞의 2절에서 연속해서 들고 있는 온난화방지와 공업폐기물의 재자원화를 연결시키는 구조는 산케이신문의 경제면에서 '정책을 묻는다'라고 이름붙인 인터뷰 기사란에 게재되었다.[35] 기자와의 인터뷰에서 필자는 "중국은 종래부터 폐기물을 보물로 바꾸는 재자원화에 열심이었기 때문에 이것을 온난화대책과 연결하면 온난화대책에도 매진하게 될 것이다"라고 했더니 기자는 매우 흥미를 보이며 구체적으로 어떤 것인지를 캐묻기 시작하였다. 그때 번쩍 생각난 것이 있었다. "온난화대책에 도움이 될 만한 자원의 재이용을 촉진하는 구조를 만들어야 한다"고 말할 것을 "자원의 재이용을 촉진하는 구조를 만들어야 한다"고 간결하게 말하면 된다는 것을 깨달은 것이다.

즉 현재의 중국으로서는 공업폐기물의 처리가 지지부진하게 이루어지고 있어 정부에서도 대응하기가 쉽지 않다는 점에서 즉각적인 효과를 볼 수 있는 방법이 필요하다는 것이다. 이는 즉효성을 발현하기 위해서는 온난화대책과 연결시키는 것이 자명한 것이며 자원의 재이용을 촉진하는 구조를 만드는 것만 이야기하면 이는 그대로 온난화대책에도 도움이 되는 것이다.

---

34) 'Carbon footprint' 제도에 대해서는 「温暖化ガス排出量表示, 経産省が指針案を提示 09年度試行へ」『日本経済新聞』 2008年 8月 20日 朝刊을 참조.

35) 大和田滝恵, 「ポスト京都中国との協調体制模索を」(『産経新聞』 2008年 3月 6日 「政策を問う」)를 참조.

지금과 같은 전적으로 공업폐기물 처리만을 염두에 둔 정책을 세우는 것은 도리어 자원의 재이용을 촉진하는 구조를 만들 수 없다. 정부는 회수체제를 확립할 수 없어 매립이나 소각처분으로 폐기가전 속의 희소자원도 충분히 재이용할 수 없어 무질서에 가까운 상태가 계속될 뿐이다.

통계에 의하면 중국은 매년 평균 TV가 500만대, 냉장고는 400만대, 세탁기는 600만대 정도가 버려진다고 보고되고 있으며 또한 500만대에 가까운 PC가 기기교체로 버려진다고 예상된다. 여기에 에어컨을 더하면 5종류의 가전으로 연간 약 3000만대가 폐기되는 것이다. 또한 최근의 중국 국내의 가전보유량은 TV 3.5억대, 냉장고 1.3억대, 세탁기 1.7억대로 에어컨과 PC를 더하면 약 9억대가 된다. 이들 대부분이 이전 세기인 1980년대 후반에 제조된 것이며 수명이 15년 정도라고 하면 중국은 이미 가전제품 교체기에 완전히 돌입하였다고 볼 수 있다.

게다가 TV, 냉장고, 세탁기, 에어컨 및 PC의 연간 신규생산량은 약 2억대라고 하며, 폐기가전은 향후에도 확실히 계속해서 늘어날 것이다. 매년 누적되는 폐기가전에 대해서 환경오염을 일으키지 않고 회수하여 무해화(無害化) 처리를 하는 것은 지금의 중국에게는 지극히 어려운 과제이다. 폐기가전의 유효한 회수처리체제가 없다는 것이 자원의 낭비와 환경오염 및 파괴를 가져오는 근본적인 원인이다.

중국정부는 최근 폐기가전의 회수법규를 만들어 문제에 대처하려고 「폐구전기전자제품회수처리관리조례」를 공포하고 2011년부터 시행하였다. 이 조례는 TV, 냉장고, 세탁기, 에어컨, PC에 대해서 생산자책임제를 실시하고 있다. 가전제조사에게 원재료의 회수·재이용을 전제로 한 제품구조와 생산방법의 채택을 의무지우고 판매점에 대해서도 폐기제품의 회수책임을 규정하였다. 또한 회수제품은 자격이 있는 처리업자에 넘겨주어야 할 의무가 있으며 위반시에는 10만 위안 이하의 벌금을 과하고 있다. 2008년 2월에 시행된 「전자폐기물오염환경방치관리변법(電子廢棄物汚染環境防治管理弁法)」에서도 가전제조사에 대하여 자격이 있는 처리업자가 회수시스템을 구축하도록 촉구하고 있다.

폐구전기전자제품회수처리관리조례는 성립하기까지 많은 세월을 필요로 하였지만 이는 이 조례가 '확대생산자책임제(Extended Producer Responsibility, EPR)'를 필수적인 중요한 원칙으로 하기 위한 것에 원인이 있다. 가전제조사는 2007년 3월에 시행한 중국판 RoHS인 「전자정보제품오염제어관리변법(电子情报制品汚染制御管理弁法)」에 따라 유해물질을 함유하지 않은 재료를 사용해야 하며 또한 원재료가 회수재이용하기 쉬운 제품설계로 할 것을 이미 의무로 하고 있다. 이에 더하여 판매점과 함께 폐기가전의 회수조치도 강구하도록 의무를 부과하였기 때문에, 급격한 규제강화는 적은 이익으로 생존경쟁에 쫓기는 기업에게 큰 압력이 되었고 그들의 강렬한 반대를 불러일으키게 된 것으로 보인다.

이에 기업이 재자원화로 배출권을 얻게 되며 그 양도이익이 생겨 폐기가전의 회수처리에도 힘쓰지 않겠느냐는 것이다. 진작부터 폐기물의 시장기구를 확립하는 것이 필요하다고 해 왔지만 온난화방지와 공업폐기물의 재자원화를 연결시키는 구조가 시장확립에 즉각적인 힘을 발휘할 수 있지 않겠는가?

현재 교토의정서의 CDM을 사용한 온실가스 배출감축사업은 중국이 세계에서 가장 많이 진행하고 있으며 향후 예상되는 배출감축예정총량으로는 중국은 여전히 세계전체의 절반 이상을 차지하는 세계 제일의 CDM 실시국이다. 2005년 10월에 CDM의 운용방법을 구체적으로 규정한 「CDM 사업운행관리변법(CDM 事業運行管理弁法)」이 시행되어 중점분야로서 에너지효율향상, 신에너지와 재생가능에너지의 개발이용 등이 규정되었고 '절능감배(節能減排)'(생산공정의 에너지절약과 환경부담의 저감)에 투자하는 CDM이 장려되게 되었다.

그러나 문제는 커다란 양도수익을 노린 나머지, 신에너지의 개발 등에 기여하지 않는 HFC23 분해프로젝트가 전배출감축사업의 약 7할을 차지하고 있어 에너지의 대량낭비를 둘러싼 구조문제의 해결이 이루어지지 않는 것이다. 이는 CDM에 의한 에너지절약기술의 유치에는 한계가 있는 것과 관련이 있다고 한다. 또한 공업폐기물과의 접점에서는 연료화할 수 있는 폐기물이 주목받을 뿐이고, 아직 온난화방지와 공업폐기물의 재자원화를 연결시킨다는 시각은 없다.

중국은 다른 온난화대책보다도 공업폐기물재자원화를 중시하고 있지만, 폐기물정책만을 염두에 두어도 재자원화의 구조는 활발하게 돌아가지 않는다. 자원의 재이용을 촉진하는 구조를 훌륭하게 만들어내기 위해서는 지구온난화방지를 추구하는 국제사회의 왕성한 의욕을 도입하는 것이 유리하다. 이는 중국 국내에서의 폐기물정책 장애와 CDM 정책의 왜곡을 동시에 극복하는 것으로 이어진다.

자원과 에너지의 낭비가 환경오염을 가져오고 있는 현상을 타개하기 위해서는 자원재생을 입구로 해서 온난화방지의 국제적인 체제로 들어가는 것이 앞길을 열어줄 것이다. 중국은 그렇게 열린 전망에 대해서 더욱 인식을 깊이 할 필요가 있다. 향후 중국정부의 투철한 통찰이 현명한 정책선택의 결단을 내리기를 기대한다.

(4) 교토체제의 확대는 현재의 경제혜택을 넘어선다

2008년 전반의 지구온난화방지에 관한 주요 20개국 각료급회의(G20)에서 일본이 포스트교토의 유력한 배출감축방법으로 제안한 전력과 철강 등의 산업과 분야별로 온실가스배출감축을 추진하는 '섹터별 접근'은 중국이나 인도 등의 개도국의 반발을 불러왔다. 이 방식은 개도국을 포함하여 선진국과 같은 지표로 목표와 성적을 측정하기 때문에, 그리고 일본이 각 산업과 분야에서 감축목표를 쌓아올려 국가 전체의 목표로 해야 한다고 제안한 것이기도 하여, 중국은 개도국도 감축의무를 지게 되는 것은 아닌가 하는 강한 경계심을 보였다. G20 직후, 중국의 온난화문제 담당각료인 셰전화(解振華)는 중국은 새로운 체제구성을 바라지 않는다고 표명하였다.

또한 그해 후반 교토의정서에 이은 온난화방지체제를 논의하였던 UN의 작업반에서는 EU가 '섹터별 접근'에 대해서 경제적으로 뒤처져

에너지절약이 추진되지 않고 있는 국가 · 지역일수록 감축목표가 과대해져서 심각한 불공평을 발생시킬 수 있다는 우려를 표명하였다. 이와 같이 선진국 중에서도 개도국의 국가 사정을 감안하여 일본의 제안에 난색을 표하는 주장이 나오고 있다.

포스트교토에서 온실가스 감축을 본격화하기 위해서는 중국이나 인도 등 대량배출국의 협력을 빼놓을 수 없다. 또한 중국이나 인도 등의 참가를 스스로가 구속력 있는 약속을 교환하는 조건으로 삼고 있는 미국의 지지를 얻기 위해서도 중국의 참가는 필수적인 것이다.

그러면 배출감축의 의무화에 저항하는 중국을 어떻게 설득하는 것이 현명한 것일까? 교토메커니즘의 제도적 성립을 살펴보고 기본적인 부분부터 재차 살펴보도록 하겠다.

중국이 배출감축의 국제적인 의무를 받아들이기 위해서는 중국이 현재의 CDM이 생산하는 배출권에서 얻고 있는 경제혜택을 넘는 무언가가 필요하다. 공업폐기물의 재자원화에서도 배출권이 발생하도록 교토메커니즘을 확대하면, 중국은 자국내의 공업폐기물이 급증하고 있는 이상 국제적으로 거래되는 공업폐기물의 9할이 중국에 유입된다는 점에서도 배출권발생조건이 급증하여, 여기에서 얻어지는 경제혜택은 현재의 CDM에서 얻어지는 배출권에서 얻는 경제혜택을 훨씬 뛰어넘는다. 만약 중국이 이 제안을 받아들이지 않으면 이러한 초과혜택도 없는 것이다.

참고로 재자원화에서도 배출권이 발생되도록 교토메커니즘 제도를 확대하는 것은 매우 정당하다. 왜냐하면 배출권의 발생은 재생가능에너지의 개발이용을 제외하면 주로 CO_2 배출감축사업의 에너지절약을 달성한 실적에 대해서 부여하는 것이며, 재자원화는 처녀자원의 발굴에서 정련까지의 절차를 따르는 것보다 확실하게 에너지절약을 달성하는 것이기 때문이다. 도리어 같은 에너지절약을 달성하는 재자원화를 교토메커니즘에서 빼놓고 있는 것이 부당하다고도 말할 수 있을 것이다. 이에 더하여 제도의 확대에 의해 현재의 재자원화 정도 이상으로 재자원화를 촉진할 가능성이 높아, 에너지절약이 현재의 재자원화 이상으로 발전하게 되는 것도 잉여혜택으로 생각할 수 있을 정도이다.

또한 제도확대 후의 재자원화는 이행주체자에게는 재생한 희귀금속의 매각이익과 배출권의 귀속이라는 2중의 경제혜택이 있다. 이 2중의 경제혜택을 합친 전부는 중국에게 있어 현재의 CDM 활용이 잘 되지 않는 경우에, 중국이 현재의 CDM이 생산하는 배출권에서 얻고 있는 경제적 혜택을 크게 넘을 것임은 틀림없다.

그러나 만약 재자원화까지 제도를 확대하지 않은 채로 중국이 배출감축의 의무를 지게 될 것을 가정하면 중국은 현재의 CDM이 생산하는 배출권에서 얻고 있는 경제혜택 이상의 혜택을 얻기가 어렵게 될 것이다. 원래 재자원화에서도 배출권이 발생할 수 있도록 교토메커니즘제도를 확대하는 것이 국제적인 화제가 되지 않는 상황하에서, 개도국이 배출감축의 의무를 지도록 하는 제도의 변경은 그러한 경제적인 불이익을 가져올 것을 쉽게 예상할 수 있다. 그러한 우려도 중국이 제도의 기본은 변경해서는 안 된다는 주장을 바꾸지 않는 이유이다.

이러한 중국의 저항에 대해서는 제도를 확대하여 배출권의 발생을 늘릴 수밖에 없다. 이는 국가차원에서 배출감축의 의무를 지면 언젠가 이것은 상한이 정해진 민간의 배출권거래로 전가되어, 그 결과 CDM과의 사이에서 발생하는 경제혜택의 차이를 해소하기 위해서는 제도를 확대하여 배출권의 발생을 늘리는 것밖에는 원리적으로 손을 쓸 수 없기 때문이다. 즉 배출감축의 의무를 지고 있어도 경제혜택의 총액이 줄어들지 않기 위해서는 상한이 정해진 배출권거래로 CDM의 경제혜택이 상쇄되는 분만큼 배출권의 발생이 늘어날 필요가 있다.

이에 대한 이해도를 높이기 위해서는 다음과 같이 기본부터 정리해 두는 것이 좋다.

배출감축의 의무를 지는 것과 지지 않는 것의 상징적인 차이는 상한이 정해진 배출권거래와 CDM의 차이일 것이다. 배출권거래와 CDM은 어떤 점이 닮았고 어떤 점이 다른 것일까? 에너지절약사업을 중심으로 비교해보자.

가령 A사와 B사의 거래를 상정한 배출권거래는 에너지절약을 이행하여 상한보다 잉여분에 배출권이 발생하여 매각할 수 있다. CDM은 에너지절약을 이행하여 배출권이 발생하는 것은 마찬가지이지만 다만 이것은 에너지절약분이 통째로 배출권이 되어, 기술 · 자금의 제공을 받는 개도국 측이 생산주체이므로 취득하고 매각할 수 있다. ESCO 유사 에너지절약지원자는 주로 발생한 배출권을 사서 전매이익을 취득하는 경제혜택만을 가진다.

발생한 배출권이 에너지절약의 이행주체에게 귀속한다는 점에서는 같지만 기본적으로 ESCO 유사 에너지절약지원자에게 기대지 않고, 생산주체가 스스로 에너지절약을 실시하는 것이 어려운 개도국의 경우에는 CDM이 적용된다. 또한 어느 쪽도 상한선이 있고 없음에 관계없이 배출권매매에 참가하여 전매이익을 얻는 것은 자유이다.

또 하나의 유사점으로 배출권거래도 CDM도 각각의 구조 자체에 사용에너지 절감이익과 배출권의 발생이익이라는 이중의 경제혜택이 발생한다. ESCO가 사용에너지절감이익만을 발생시키지 않는 것과는 다르다. 이렇게 보면 배출권거래와 CDM의 차이는 전자는 배출권의 발생이 상한선 분만큼만 차감되지만 후자는 0부터 에너지절약을 이행한 부분만큼이 모두 배출권으로 된다는 점이 배출감축의무를 지는가 지지 않는가의 문제를 생각할 때 중요한 차이가 될 것이라고 본다.

재자원화에서도 배출권이 발생하도록 교토메커니즘제도를 확대하여 중국이 배출감축의 국제적인 의무를 지게 된 후의 일을 생각해보자. 그 때 재자원화에서 배출권이 발생하는 것은 에너지절약에 대해서 배출권을 부여하는 것이므로 CDM 방식을 남긴다고 해도 당연히 CDM뿐만 아니라 통상의 단독이행에서도 공동이행에서도 배출권은 발생하게 된다. 그렇게 하면 중국은 기술수준 기타 사정에 따라 CDM 방식을 사용해도 좋고, 자국내 주체의 이행에 의해서 배출권을 확보하는 것도 가능해진다. 따라서 현재의 CDM에서 얻어지는 경제혜택과 비교하여 배출권이 발생할 여지가 늘어나는 만큼 중국에게는 경제혜택이 크게 늘어나게 될 것이다.

만약 배출권을 재자원화까지 확대하지 않으면 중국은 감축수치가 의무화된 부분만큼 경제혜택이 줄어들게 되지만, 확대하면 의무화된 부분만큼을 해소하여 배출권이 발생할 여지가 늘어날 것이다. 그리고 늘어나는 것은 중국을 끌어들이는 것에 플러스로 작용할 것은 확실하지 않겠는가? 그렇게 되면 중국은 지금과 같이 CDM의 경제혜택에 집착해서 의무화에 저항하는 자세를 전환하지 않을까? 이는 실제로 기술이전을 하는 것은 민간기업이며 특허나 기술점유로 가로막혀 실제로 지금까지 국가가 계획을 세운 지원계획은 시범원조에 그치고 민간의 비즈니스로서 확산되지 못하여 현재의 CDM 이용은 커다란 한계에 직면하고 있기 때문이다.

또한 중국 국내에서 공업폐기물의 재자원화가 촉진되는 혜택 이외에도 본분인 배출권의 증가에 의한 혜택이 크다는 것을 중국정부도 인식하고 있을 것이다. 재자원화에서도 배출권이 발생하도록 교토메커니즘제도를 확대하는 것은 배출권거래에 의해서든 CDM에 의해서든 네트(net)의 총액으로 현재의 CDM에서 얻어지는 경제혜택을 넘도록 제도설계를 한 것이 되는 것이다.

(5) CO_2 감축효과의 국제적인 평가규칙을 구체화하는 지자체의 역할

지구온난화방지는 지구규모의 문제이므로 국가간의 협상이나 협력의 문제라고 인식하기 마련이다. 그러나 실제로 에너지절약 조치를 추진하는 것은 기업이나 시민이므로 기업이 입지하고 주민이 근접한 지자체가 중요한 역할을 차지하고 있다고 할 수 있다. 산업도시의 지자체에서는 특히 기업과의 협동을 빼놓을 수 없다.

가령 가와사키시(川崎市)는 지구온난화문제에 적극적으로 도전할 것을 주장하고 있지만, CO_2 배출의 80%가 산업에서 기인하기 때문에 온난화방지를 염두에 둔 산업진흥의 제도적인 도구를 많이 준비하고 있다. 그 중에서도 기업에게 힘이 되는 것이 가와사키시가 공해를 극복한 경험을 비즈니스 기회로 전환시킬 수 있도록 근린 개도국에게 국제적인 가교를 놓는 기본작업을 추진하고 있다는 점이다.[36)]

특히 국가간의 협력만으로는 한계가 있는 개도국에 대한 구체적인 기술이전 등에서 민간이 실력을 발휘할 수 있기 위한 환경만들기가 바로 지자체의 역할이라고 생각된다. 종래 국가에 의한 기술이전 계획은 시범원조에 그쳐, 민간시장은 확대되지 않았던 것을 필자도 평가나 심사에 관여하여 경험하고 있다. 실제 기술이전은 시장 안에서 기술을 전파하는 역할을 담당할 기업이 여럿 끼어들 필요가 있다. 이를 위해서는 기업의 비즈니스 지원을 구체적으로 전개할 수 있는 지자체가 나설 차례이다.

가와사키시는 2008년도의 신규사업으로 '카본 챌린지 가와사키 에코전략(CC 가와사키)'를 내놓아, 기업이 가와사키에서 제조한 에너지절약제품을 수출하거나 온난화대책에 공헌하는 기술제공을 한 경우 해외에서의 CO_2 감축효과를 어떻게 제품이나 기술의 수입국과 나눌 것인지 국제적인 지자체간의 평가규칙을 책정하려고 하고 있다.[37)] 그 평가규칙이 기업의 수익에 반영되는 형태로 책정된다면 기술이전이 내실있게 촉진되게 되어 추진력 있는 국제공헌이 기대될 수 있을 것이다.

개도국으로의 기술이전에서 핵심이 되는 것은 기술이 기능면에서 현지화되기 쉽고, 비용면에서 현지의 사정에 적합해야 한다. 그 점에서 교토의정서의 CDM에서는 개도국에게 알맞는 지속가능한 발전에 이바

---

36) 가와사키시의 역할 및 공헌에 대해서는 Takao Abe & Takiyoshi Ohwada, "Overcoming the Image of a 'City of Pollution' to become a Model City for the World-Communicating the Features of Its Eco-Town to the World" (가와사키시장과의 공개대담) *Science & Technology In Japan* 2008 Vol.26 No.101. 및 大和田滝恵 「川崎市は国際貢献の内実を高める射程と標的を見極めよ-C02削減効果の国際的な評価ルールを効果的に策定するために」(『中国上海・環境ビジネスNEWS』6号 2008年 4月 24日 수록)을 참조.

37) 同前.

지하는 것에 주안점을 두고 있어, 발전단계에 따른 실용적인 기술이 바람직하게 된다. 또한 가령 그것이 첨단기술이라고 해도 선진국기업이 배출권을 얻을 수 있다면 그만큼 비용을 절감할 수 있는 여유가 생겨난다. 가와사키시가 생각하는 CO_2 감축효과의 국제적인 평가규칙은 개도국에 대한 기술이전에 관해서는 CDM 구조에 편입해 나간다고 하는 것이 현실적인 것일 것이다.

또한 개도국에서는 온난화와 같은 지구규모의 문제에 더하여 국내의 급속한 경제발전에 수반한 환경오염이나 에너지 문제 쪽에 관심이 높다. 그래서 국내의 환경오염개선이 온난화대책에도 즉각적으로 이어질 수 있는 방법을 생각해야 한다.

오염의 개선과 표리일체인 폐기물의 재자원화가 에너지절약을 가져온다면 이는 온난화대책이 될 수 있으므로, 포스트교토에서는 재자원화에도 배출권을 부여하는 것이 유익한 아이디어이다. 재자원화는 확실히 에너지절약도 될 수 있고, 플러스 알파의 경제혜택이 있다는 것은 판명되었지만 이를 구체적인 프로그램으로서 전개하기 위해서는 기업을 다수 거느리고 있는 지자체가 적극적으로 관여할 필요가 있다. 폐기물의 재생문제는 업종횡단적인 공통문제이기 때문에 에너지절약도 된다는 것을 기업이 확인하면 동맥산업에서의 에너지절약기술뿐만 아니라 정맥산업의 재자원화기술도 배출권의 발생으로 이익이 남는 기술이전이 될 것이다.

이와 같이 폐기물의 재자원화와 온난화방지를 연결시키는 CDM의 구조는 경제혜택이 확실히 생긴다는 것을 입증하면 중국시장의 배출권 발생여지는 거의 무진장하며 대부분의 기술이전에서 가와사키시가 생각하고 있는 CO_2 감축효과의 국제적인 평가규칙은 보다 책정하기 쉬워질 것이다.

중국 상하이의 푸동신취(浦東新區)에서는 공업폐기물의 재자원화가 궤도에 오르기 직전에까지 이르러 있으며, 여기에서 CDM 배출권을 더하면 그 흐름은 촉진된다. 따라서 그야말로 가와사키시와 푸동신취에서 검토되고 있는 재자원화 프로젝트는 CO_2 감축효과의 국제적인 평가 규칙을 책정해 나갈 때의 검증기반이 된다.

중국은 지구온난화문제를 고려하여 특히 중요한 국가라고 세계가 보고 있다. 포스트교토 체제에 중국의 참가를 촉진하기 위해서는 배출권의 발생여지를 확대시켜주는 것이 현실적인 교환조건이 될 것이라고 필자는 생각하고 있지만, 가와사키시는 상하이에서 실적을 만들어 반드시 국가를 움직이는 트렌드 세터의 역할을 해 주었으면 한다.

5. 맺음에 갈음하여

—'율'의 경쟁은 불공평하고 무모한 것—

EU나 일본이 표명하고 있는 감축목표 의무화라는 사고방식에 따르는 형태로, 가령 중국이 상당한 양보를 해서 일본과 마찬가지로 1990년 대비 25% 감축목표를 표명하였다고 하자.[38] 그러나 중국은 생산단위당 에너지효율이 일본의 8～11배(통계에 따라 다르다)나 나쁘다. 그만큼 많은 CO_2를 배출하기 때문에 그 25%를 감축한다 하더라도 어느 정도 의미가 있는 것인가?

일본의 GDP 단위 CO_2 배출량을 100으로 한 경우, 25% 감축하면 실제 배출량은 75인데, 중국은 에너지효율이 일본에 비해 최대 11배나 나쁘기 때문에 GDP 단위 CO_2 배출량도 그만큼 많아, 거기에서 25%를 감축해도 실제 배출량은 825가 된다. GDP가 거의 동등한 중일 양국의 25% 감축에는 이런 차이가 있다.

여기에서 알 수 있는 것은 생산단위당 에너지효율이 나쁜 국가일수록 보다 많은 온실가스 감축률을 떠안아야 하는 것이다. 그러나 현재는

38) 하토야마 정권은 2020년까지 온실가스 감축의 중기목표에 대해서 1990년 대비 25% 감축을 국제적으로 공언하였다. 이 온실가스 감축의 국제수준을 논평하고 있는 전문은 大和田滝恵 「温室効果ガス25%削減の公言-「率」の競争は不公平」(『フジサンケイビジネスアイ』 2009年 12月 4日号 수록)을 참조.

감축률 자체를 비교해서 서로 경쟁하여 이를 국제적인 의무화의 대상으로 하는 사고방식이 주류를 이루고 있다. 또한 감축률은 그 국가의 온실가스 총배출량에 대응하는 것으로, 감축총량은 GDP에 비례하기 때문에 GDP가 크고 에너지효율이 높은 나라일수록 감축률의 목표가 다소 낮아도 온실가스의 감축규모로서는 절대적으로 공헌도가 높아진다. 이 절대적 공헌도라는 공평한 지표에 의하면 일본의 25% 감축목표는 세계 최대의 공헌을 공표한 것이 된다. 한편, 에너지 효율이 나쁜 현재의 중국에게 감축목표 의무화를 강요하여 감축률을 경쟁하는 것도 무모한 것이다.

사항색인〈국문〉

| ㅈ |

사항색인〈영문〉

편집자

오와다 다키요시(大和田滝惠) 죠치(上智)대학 법학부 · 지구환경대학원 교수, 중국강소성 경제사회발전 연구회 고급고문, 저서 「중국환경정책강의—현지의 감각으로 본 정책원리」 등 다수.

오카무라 다카시(岡村 堯) 죠치대학 명예교수, NPO법인지구환경경제연구기구 이사장, 변호사, 저서 「유럽환경법」, 「신유럽법」 등 다수.

집필자소개(목차순)

야마가타 도시오(山形俊男) 도쿄대학대학원 이학계연구과장 · 이학부장. 해양, 기후역학관계 논문 다수. 일본해양학회상, 일본기상학회상, 미국기상학회 스베르드루프(Sverdrup) 금메달, 자수포장(紫綬褒章) 수상.

니시오카 슈조(西岡秀三) 국립환경연구소 특별객원연구원, 저탄소사회 국제연구 네트워크 사무국장, 중앙환경심의회 임시위원. 편저서 「일본저탄소사회의 시나리오—이산화탄소 70% 감축의 여정」 등.

니시무라 무츠요시(西村六善) 외부성 조약국협정과장, 관방총무과장, 시카고총영사, 아태국장, OECD 주재대사, 멕시코대사를 거쳐 기후변화담당 특별전권대사, 기후변화협상담당 정부대표 등 역임. 2008년부터 내각관방 참여. UN사무총장주최 기후변화자금문제고급고문회의 위원.

우오즈미 류타(魚住隆太) KPMG AZSA Sustainability(주) 설립. 대표이사 사장(공인회계사, 환경계량사), CSR보고서심사 · CO_2배출량검증업무에 종사. 국내크레딧심사협의회 회장. 공저 「Q&A 자산제거채무의 실무가이드」 외.

게센 히데오(気仙英郎) 이와테(岩手) 일일신문사를 거쳐 산케이(産經)신문사 입사. 센다이(仙台) 총국기자, 경제부기자, 미국 캘리포니아대학 샌디에고대학 대학원 객원연구원, 워싱턴특파원, 경제부편집위원, 경제부편집위원 겸 논설위원 등 역임. 2009년부터 논설위원, 공저 「저주는 풀렸는가」 외.

역자약력

박덕영(Deok-Young PARK)

연세대학교 법과대학 졸업
연세대학교 대학원 법학석사, 법학박사
국비유학시험 합격(국제법 분야)
영국 University of Cambridge 법학석사(LL.M.)
영국 University of Edinburgh 박사과정 마침
프로그램심의 조정위원회 수석연구원/지적재산권팀장
숙명여자대학교 법과대학 조교수
사법시험, 외무고시, 행정고시, PSAT 출제위원
대한국제법학회 연구이사, 부회장
Yonsei Law Journal 편집위원장
외교통상부 FTA 민간자문위원
국방부 국방기관 평가위원
한국국제경제법학회 회장
(현)연세대학교 법학전문대학원 부교수
(현)연세대학교 법학연구원 부원장/EU법센터장
(현)법무부 국제투자/지식재산권 자문위원
(현)국회 입법자문위원/법제처 법제자문위원

박지은(Ji-Eun PARK)

성균관대학교 법과대학 법학부 졸업
연세대학교 일반대학원 법학과 석사 졸업
연세대학교 법학연구원 SSK 기후변화와 통상법센터 연구원

김경우(Kyung-Woo KIM)

서울대학교 법과대학 법학부 졸업
연세대학교 일반대학원 법학과 석사과정
연세대학교 법학연구원 SSK 기후변화와 통상법센터 연구원

기후변화시대 기업의 대응전략

2013년 6월 17일 초판 인쇄
2013년 6월 20일 초판 발행

편 자 오와다 다키요시 · 오카무라 다카시
역 자 박덕영 · 박지은 · 김경우
발행인 이 방 원
발행처 세창출판사
서울 서대문구 경기대로 88 (냉천빌딩 4층)
전화 723-8660 팩스 720-4579
e - mail: sc1992@empal.com
http://www.sechangpub.co.kr
신고번호 제300-1990-63호

정가 27,000 원

ISBN 978-89-8411-418-0 93300

이 도서의 국립중앙도서관 출판시도서목록(CIP)은 서지정보유통지원시스템 홈페이지(http://seoji.nl.go.kr)와 국가자료공동목록시스템(http://www.nl.go.kr/kolisnet)에서 이용하실 수 있습니다.(CIP제어번호: CIP2013009059)